高等学校工程应用型"十二五"系列规划教材

微机原理与接口技术

饶志强　钮文良　编著

科学出版社

北京

内 容 简 介

本书系统地介绍了 80X86 PC 机的原理、汇编语言程序设计及接口技术。主要内容包括 8086 微处理器、8086 指令系统、汇编语言基本语法、汇编语言程序设计、半导体存储器、中断系统、常用可编程接口芯片、嵌入式系统等内容。

本书内容精炼、实例丰富，其中大量的接口电路和程序是作者多年来在科研和教学中反复提炼得来的，因而本书应用性强、突出工程实际应用，可作为大专院校和高职高专的高等教育"汇编语言程序设计""微机原理及应用""接口技术""微机原理与嵌入式系统"等课程的教学用书。

本书可作为电气、电子、通信、机电一体化、生物医学工程、物联网工程等工程应用型本科教材，也可作为应用工程师的参考书。

图书在版编目（CIP）数据

微机原理与接口技术 / 饶志强，钮文良编著. —北京：科学出版社，2015.9
高等学校工程应用型"十二五"系列规划教材
ISBN 978-7-03-045603-8

Ⅰ. ①微… Ⅱ. ①饶… ②钮… Ⅲ. ①微型计算机－理论－高等学校－教材②微型计算机－接口技术－高等学校－教材 Ⅳ. ①TP36

中国版本图书馆 CIP 数据核字（2015）第 212028 号

责任编辑：潘斯斯 张丽花 / 责任校对：桂伟利
责任印制：霍 兵 / 封面设计：迷底书装

斜 学 虫 版 社 出版
北京东黄城根北街 16 号
邮政编码：100717
http://www.sciencep.com

新科印刷有限公司 印刷
科学出版社发行 各地新华书店经销
*

2015 年 9 月第 一 版 开本：787×1092 1/16
2015 年 9 月第一次印刷 印张：19 1/2
字数：496 000

定价：46.00 元
（如有印装质量问题，我社负责调换）

前　言

　　"微机原理与接口技术"是高等院校电子信息科学与技术、计算机科学与技术专业的一门专业基础课，也是电子信息工程、通信工程、自动化等专业的必修课程。本书的任务是使学生从系统的角度出发，掌握微机系统的基本组成、工作原理、接口电路及应用方法，以提高其计算机硬件和软件知识，并将硬件和软件有机结合起来，培养其分析和设计微机应用系统的能力，并最终掌握微机系统的开发技巧。

　　本书以国家教育部计算机专业和电气、电子信息专业微机原理类课程教学大纲为基础，立足于本书教学内容和课程体系的改革，面向电子信息专业人才市场，以培养信息类专业高水平、高质量的工程技术人才为目标，参考了国内外大量的文献资料和相关教材，吸取各位专家之长，内容深入浅出、重点突出、条理清晰、通俗易懂、实用性强，每章后均附有习题。

　　全书分 8 章，内容包括：8086/8088 微处理器、8086 指令系统、汇编语言基本语法、汇编语言程序设计、半导体存储器、中断系统、常用可编程接口芯片、嵌入式系统等。书中内容注重理论和实践相结合，力求做到既有一定的理论基础，又能运用理论解决实际问题；既掌握一定的先进技术，又着眼于当前的应用服务。

　　本书可作为高等院校电类专业"微型计算机原理"和"嵌入式设计基础"等课程的教材，也可作为广大微机系统设计爱好者的入门读物。

　　本书由饶志强、钮文良编著，负责总体设计和统稿；梁家海、路铭、陈景霞、肖琳、申海伟参编，采用集体讨论、分工编写、交叉修改的方式进行。

　　本书的编写大纲及内容由李哲英教授审阅，朱定华教授对本书的出版给予了极大的关注和支持，提出了宝贵的建设性意见，在此表示衷心的感谢！本书编写得到了北京联合大学应用科技学院的教师和有关领导的大力支持。本书编写时参考了诸多书籍，在此对参考文献的作者表示感谢！最后，感谢科学出版社各位编辑为本书的出版倾注的大量的心血和热情，也正是他们前瞻性的眼光，才让读者有机会看到本书。

　　由于本书的编写风格和内容结构是一种新的尝试，加之作者水平有限，若书中存在疏漏之处，欢迎读者批评指正。读者可通过电子邮箱 yykjtzhiqaing@buu.edu.cn 与作者进行交流。

作　者

2015 年 7 月

目　　录

第1章　8086/8088 微处理器

教学提示：尽管微处理器已进入了 Pentium 时代，其内部结构和性能也发生了巨大的变化，但其基本结构仍然和早期的 8086/8088 相似，可以说8086/8088 是80X86 系列芯片的基础。本章就以 8086/8088 为例介绍微处理器的总体结构。

教学要求：通过本章的学习，读者可以了解 8086/8088 微处理器的内部结构、引脚和工作方式、存储器组织和工作时序。

注意：本章的学习是比较枯燥的一章，但论述的内容是为后续的学习做好基础性工作。内容不难，但是内容较多，基础知识较多，读者在学习中是不容易记住的。本章学习的最大难点就是记不住。所以在学习本章的内容时，希望课前预习，课后一定要多看几遍内容，同行之间要多多讨论，书后思考题和习题希望读者尽可能都做。

1.1　8086/8088 微处理器的内部结构

8086/8088 是Intel系列的16位微处理器，它是采用HMOS工艺制造的，内部包含约29000个晶体管，用单一的+5V 电源，时钟频率为 5～10MHz。

8086 有 16 根数据线和 20 根地址线，其寻址空间达 1MB；8088 是一种准 16 位微处理器，它的内部寄存器、内部运算部件以及内部操作都是按 16 位设计的，但对外的数据总线只有 8条。8086/8088 芯片内设有硬件乘除指令部件和串处理指令部件，可对位、字节、字、串、BCD 码等多种数据类型进行处理。

1.1.1　总线接口单元和执行单元

8086/8088 CPU 采用了全新的指令流水线结构(Instruction Pipeline)。从功能上看，它由两个独立的逻辑单元组成，即总线接口单元(Bus Interface Unit，BIU)和执行单元(Execute Unit，EU)。内部结构如图 1-1 所示。

1. 总线接口单元

BIU 的功能是 8086 CPU 与存储器或 I/O 设备之间的接口部件，负责全部引脚的操作。具体来说，BIU 负责产生指令地址，根据指令地址从存储器取出指令，送到指令队列中排队或直接送给 EU 去执行；BIU 也负责从存储器的指定单元或外设端口中取出指令规定的操作数传送给 EU，或者把 EU 的操作结果传送到指定的存储单元或外设端口中。

BIU 内部设有 4 个 16 位的段寄存器：代码段寄存器(Code Segment，CS)、数据段寄存器(Data Segment，DS)、堆栈段寄存器(Stake Segment，SS)和附加段寄存器(Extra Segment，ES)，还有一个 16 位的指令指针寄存器(Instruction Pointer，IP)，一个 6 字节指令队列缓冲器，20 位地址加法器和总线控制电路。

1)指令队列缓冲器

该缓冲器是用来暂存指令的一组暂存器，它由 6 个 8 位寄存器组成(8088 为 4 个)，最多可同时存放 6 个字节的指令。采用"先进先出"(First in First out，FIFO)原则，按顺序存放，再按顺序被取到 EU 中去执行。它遵循以下原则。

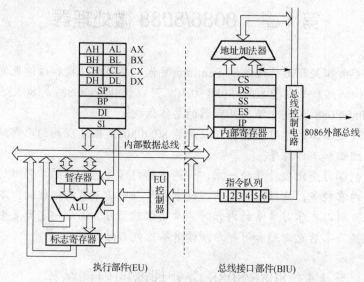

图 1-1 8086 CPU 内部结构

(1)取指令时，将指令存入队列缓冲器，缓冲器中只要有一条指令，EU 就开始执行。

(2)缓冲器中只要有一个字节没装指令，BIU 便自动执行取指操作，直到填满为止。

(3)在 EU 执行指令的过程中，当指令需要对存储器或 I/O 设备进行数据存取时，BIU 将在执行完当前取指的存储器周期后的下一个存储器周期，对指定的存储器单元或 I/O 设备进行存取操作，交换的数据通过 BIU 送 EU 进行处理。

(4)当 EU 执行完转移、调用和返回指令时，要清除队列缓冲器，同时，BIU 需从新的地址重新开始取指，新取的第一条指令将直接送 EU 执行，随后取的指令将填入指令队列。

2)20 位的地址加法器

地址加法器用来产生 20 位地址。8086 有 20 根地址线，可寻址 1MB，但内部所有的寄存器都是 16 位的，所以需要一个部件来根据 16 位寄存器提供的信息计算出 20 位物理地址，这个部件就是 20 位的地址加法器。地址计算公式是

$$物理地址=段基址值×16+偏移地址值$$

3)指令指针寄存器

指令指针寄存器的功能相当于程序计数器 PC，用于存放 EU 要执行的下一条指令的偏移地址。程序不能直接对 IP 进行存取，但可在程序运行中自动修正，使之指向要执行的下一条指令。每取一条指令字节，IP 自动加 1。

4)总线控制电路

8086 分配 20 条总线，用来传送 16 位数据信号、20 位地址信号和 4 位状态信号。这就需要分时进行传送。总线控制电路的功能就是以逻辑控制方法实现上述信号的分时传送。

2. 执行单元

执行单元 EU 包括一个 16 位的算术逻辑单元 ALU、一个 16 位的状态标志寄存器、一组数据暂存寄存器、一组指令指针和变址寄存器，一个数据暂存器和 EU 控制电路。

执行单元 EU 的功能是从 BIU 的指令队列中取出指令代码，然后执行指令所规定的全部功能。在执行指令的过程中，如果需要向存储器或 I/O 传送数据，则 EU 向 BIU 发出访问存储器或 I/O 的命令，并提供访问的地址和数据。

1）算术逻辑单元

算术逻辑单元（Arithmetic and Logic Unit，ALU）可以用来进行算术、逻辑运算，也可以按指令的寻址方式计算出寻址单元的 16 位偏移地址，并将其偏移地址送到 BIU 中形成一个 20 位的物理地址。ALU 只能进行运算，不能存放数据。在运算时数据先传送到暂存器中，再经 ALU 运算处理。运算后，运算结果经内部总线送回累加器或其他寄存器，或者存储单元中。

2）状态标志寄存器

状态标志寄存器（Flags，F）用来反映 CPU 运算后的状态特征或存放控制标志。

3）数据暂存寄存器

数据暂存寄存器协助 ALU 完成运算，对参加运算的数据进行暂存。

4）通用寄存器组

通用寄存器包括 8 个 16 位寄存器。其中 AX、BX、CX、DX 为数据寄存器，它们既可以存放 16 位数据，也可分为两半，分别寄存 8 位数据；SP（Stack Pointer）为堆栈指针，用于堆栈操作；BP（Base Pointer）为基址指针寄存器，用来存放位于堆栈段中的一个数据区基址的偏移量；SI（Source Index）源变址寄存器和 DI（Destination Index）目的变址寄存器，用来存放被寻址地址的偏移量。

5）控制单元

控制单元接收从 BIU 指令流队列中来的指令，经过解释、翻译形成各种控制信号，对 EU 的各个部件实现在规定时间内完成规定操作。

1.1.2　8086 CPU 内部寄存器

Intel 8086/8088 CPU 共有 14 个 16 位的寄存器，如图 1-2 所示。分别为 8 个通用寄存器（AX、BX、CX、DX、SP、BP、SI、DI）、2 个控制寄存器（IP、FLAGS）和 4 个段寄存器（CS、DS、SS、ES）。

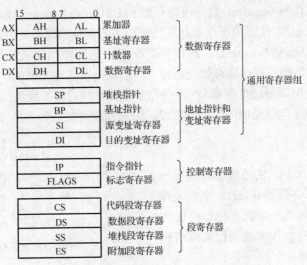

图 1-2　8086/8088 CPU 内部寄存器

1. 通用寄存器

通用寄存器共有 8 个，按照使用情况分为数据寄存器、指针寄存器和变址寄存器。

1）数据寄存器

8086 的通用数据寄存器既可用作 16 位寄存器 AX、BX、CX、DX，也可用作 8 位寄存器 AL、AH、BL、BH、CL、CH、DL、DH。它们均可独立寻址，独立使用。数据寄存器（Data Register）主要用来存放操作数或中间结果，以减少访问存储器的次数。

通常选 AX（AH、AL）作为累加器（Accumulator），但实际上，每个数据寄存器都具有累加器的功能，只不过对于同样的运算，使用 AX（AH、AL）比使用其他数据寄存器能得到更短的目标代码和更快的速度；BX（BH、BL）也叫基址寄存器（Base Register），可用作间接寻址的地址寄存器；CX（CH、CL）也叫计数器（Count Register），用来控制循环重复的次数；DX（DH、DL）是数据寄存器（Data Register），用来扩展累加器。在进行乘法和除法运算时，DX 和 AX 联合存放 32 位的二进制数（AX 存放低 16 位，DX 存放高 16 位）。

2）指针寄存器（Pointer Register）

SP（Stack Pointer）是堆栈指针寄存器，BP（Base Pointer）是基址指针寄存器，它们常用来指示相对于段起始地址的偏移量。BP 一般用于访问堆栈段的任意单元，SP 用于访问堆栈段的栈顶单元。

3）变址寄存器（Index Register）

SI（Source Index）源变址寄存器和 DI（Destination Index）目的变址寄存器用来存放当前数据段的偏移地址。SI 存放源操作数的偏移地址，DI 存放目的操作数的偏移地址。

2. 段寄存器

由于在 8086 系统中，需要用 20 位物理地址访问 1MB 的存储空间，但 8086 的内部结构以及内部数据的直接处理能力和寄存器都只有 16 位，故只能直接提供 16 位地址寻址 64KB 存储空间。为了能够寻址 1MB 空间，8086 CPU 中引入了存储器地址空间分段的概念。

8086 CPU 的 BIU 中有 4 个 16 位的段寄存器，是用来存放段起始地址值（又叫段基址值）的，8086 的指令能直接访问这 4 个段，即 SL Code Segment 代码段寄存器、SS（Stack Segment）堆栈段寄存器、DS（Data Segment）数据段寄存器和 ES（Extra Segment）附加段寄存器。

CS（Code Segment）：代码段寄存器存放当前程序所在段的段基址值，CPU 执行的指令将从代码段获得。SS（Stack Segment）：堆栈段寄存器给出程序当前所使用的堆栈段基址值。DS（Data Segment）：数据段寄存器存放当前程序的主数据段的段基址值，一般来说，程序所用的数据是放在数据段中，而段寄存器 DS 中保存了该数据段的段基址值；ES（Extra Segment）：附加段寄存器指出程序当前使用的附加数据段，用来存放附加数据段的段基址值数据。

3. 状态寄存器

Intel 8086/8088 CPU 的处理器设置了一个 16 位的状态标志寄存器（Flag）。其中安排了 9 位作用标志位，包括 6 个状态标志位（CF、PF、AF、ZF、SF、OF）和 3 个控制标志位（TF、IF、DF），如图 1-3 所示。

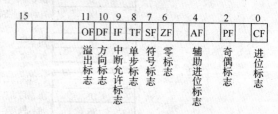

图 1-3　状态标志寄存器

由于该寄存器的标志位与指令队列中的指令代码一起参与对现行指令执行过程的控制，因此，我们可以把标志寄存器看成与指令队列缓冲器、指令指针寄存器一起实现计算机程序控制工作方式的一个辅助控制寄存器。

1) 状态标志

状态标志位用来反映 EU 执行算术或逻辑运算后的结果特征。

(1) CF(Carry Flag)进位标志：在进行算术运算时，如果在最高位产生了进位或借位，则 CF= 1，否则 CF= 0。

(2) PF(Parity Flag)奇偶标志：表明运算结果中"1"的个数是奇数还是偶数。若结果中有偶数个"1"，则 PF= 1；若结果中有奇数个"1"，则 PF= 0。

(3) AF(Auxiliary Carry Flag)辅助进位标志：在运算时，如果在第 4 位产生了进位或借位，则 AF= 1，否则 AF= 0。

(4) ZF(Zero Flag)零标志：如果运算结果为全"0"，则 ZF= 1，否则 ZF= 0。

(5) SF(Sign Flag)符号标志：该位与运算结果的最高有效位相同，当运算结果为负时，SF= 1；结果为正时，SF= 0。

(6) OF(Overflow Flag)溢出标志：当运算结果超出计算机用补码所能表示数的范围时，OF= 1，否则 OF= 0。

2) 控制标志

控制标志位用来控制 CPU 的操作，它由程序设置或由程序清除。

(1) TF(Trap Flag)单步标志：TF 是为了使程序调试方便而设置的。若 TF= 1，8086 CPU 处于单步工作方式，即每执行完一条指令就自动地产生一个内部中断，转去执行一个中断服务程序；当 TF= 0 时，8086 CPU 正常执行程序。

(2) IF(Interrupt-Enable Flag)中断允许标志：用指令 STI 可使 IF= 1，8086 CPU 开中断，允许接受外部从 INTR 引脚发来的可屏蔽中断请求；用指令 CLI 使 IF= 0，8086 CPU 关中断，不能接受外部从 INTR 引脚发来的中断请求。

(3) DF(Direction Flag)方向标志：DF 用来控制数据串操作指令的方向。用指令 STD 使 DF= 1，控制串操作指令将串操作数的地址偏移量以递减的方式改变，从高地址到低地址的方向对串操作数据进行处理；用指令 CLD 使 DF= 0，则控制串操作指令将以递增的顺序从低地址到高地址的方向对串操作数进行处理。

4. 指令指针寄存器

指令指针寄存器(Instruction Pointer，IP)相当于程序计数器 PC，用于控制程序中指令的执行顺序。IP 中的内容是下一条待取指令的偏移地址，每取一次指令，IP 内容就自动加 1，从而保证指令按顺序执行。IP 实际上是指令机器码存放单元的地址指针，IP 的内容可以被转移指令强制改写。但程序不能直接访问 IP，即不能用指令去取出 IP 的值或给 IP 赋值。

1.2　8086/8088 的引脚和工作方式

CPU 的功能越强，需要的引脚就越多，但由于受当时集成电路制造工艺的限制，芯片的引脚不可能做得很多。为了解决功能强和引脚少的矛盾，8086/8088 CPU 内采用了引脚复用技术，使部分引脚具有双重功能。

1.2.1 8086/8088 CPU 引脚特性

8086/8088 CPU 采用双列直插式的封装形式，有 40 条引脚，如图 1-4 所示。由于受集成电路制造工艺的限制，芯片的引脚不能做得很多。为了解决功能与引脚的矛盾，8086/8088 CPU 采用了分时复用的地址/数据总线，所以有一部分引脚具有双重功能。为了适应不同的应用环境，8086/8088 CPU 有两种工作方式：最大方式 ($\overline{\text{MX}}$) 和最小方式 (MN)，这由引脚 33(MN / $\overline{\text{MX}}$) 加以控制。最小方式适用于单微处理器组成的小系统，在这种系统中，所有的总线控制信号都直接由 8086/8088 产生。最大方式适用于多微处理器组成的大系统，它包含两个或多个微处理器，其中一个就是 8086/8088，称为主处理器，其他处理器则称为协处理器。

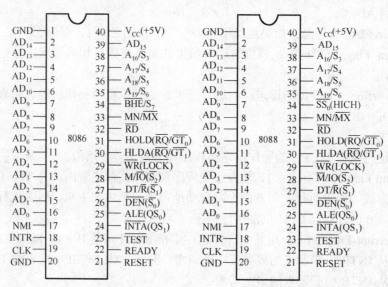

图 1-4 8086/8088 的引脚信号（括号中为最大方式引脚名）

CPU 的许多引脚在设计时都采用了三态门逻辑输出电路。即输出信号除了逻辑状态 1 和逻辑状态 0 以外，还有第三种状态——高阻状态（也叫悬空状态）。当输出为高阻状态时，表示芯片已放弃了对引脚的控制，该引脚所连接的设备就可以接管对它的控制了。

1. 地址/数据总线 $AD_{15} \sim AD_0$

地址数据总线（Address Data Bus）是分时复用的存储器或 I/O 端口地址和数据总线，双向工作，三态。它在总线周期的 T_1 状态作为地址线，输出要访问的存储器或 I/O 端口的地址；在总线周期的 $T_2 \sim T_3$ 状态作为数据线传输数据。

2. 地址/状态线 $A_{19}/S_6 \sim A_{16}/S_3$（Address Status）

地址/状态复用引脚，输出，三态。这些引脚在总线周期的 T_1 状态，用来输出地址的最高 4 位，在总线周期的 T_2、T_3、T_W 和 T_4 状态时，用来输出状态信息。

当 S_6 为 0 时，表示 8086/8088 CPU 当前与总线连接。S_5 表明中断允许标志的当前设置，为 1 时，表示当前允许可屏蔽中断请求，为 0 则禁止一切可屏蔽中断请求。状态信号中的 S_4 和 S_3 用来指示当前使用哪一段寄存器，具体规定如表 1-1 所示。

表 1-1　当前使用的段寄存器的指示

S_4	S_3	当前正在使用的段寄存器	S_4	S_3	当前正在使用的段寄存器
0	0	ES	1	0	$\overline{CS}$/不需要用段寄存器
0	1	SS	1	1	DS

3. 控制总线

(1) $\overline{BHE}$ / S_7（Bus High Enable/Status）。高 8 位数据总线允许/状态复用引脚，输出，三态。在总线周期的 T_1 状态，8086 在 $\overline{BHE}$ / S_7 引脚输出 $\overline{BHE}$ 信号，$\overline{BHE}$ = 0 表示高 8 位数据线 D_{15}～D_8 上的数据有效；在 T_2、T_3、T_W 和 T_4 状态，$\overline{BHE}$ / S_7 引脚输出状态信号 S_7，在 8086 设计中，S_7 为备用信号，其内容不固定。

通过 $\overline{BHE}$ 信号和 A_0 的组合就可以告诉连接在总线上的存储器，当前的数据在总线上将以何种形式出现。表 1-2 已归纳出 4 种读/写格式。

表 1-2　$\overline{BHE}$ 和 A_0 信号的意义

$\overline{BHE}$	A_0	操　　作	所使用的数据引脚
0	0	从偶地址开始读/写一个字	AD_{15}～AD_0
1	0	从偶地址开始读/写一个字节	AD_7～AD_0
0	1	从奇地址开始读/写一个字节	AD_{15}～AD_8
1	0	从奇地址开始读/写一个字(需要两个周期完成，第一个周期将低 8 位数据送 AD_{15}～AD_8，第二个周期将高 8 位数据送 AD_7～AD_0)	AD_{15}～AD_8 AD_7～AD_0
1	1	无存取操作	

从表 1-2 中可以看出，在 8086 系统中，如果要读/写从奇地址单元开始的一个字，需要用两个总线周期。

(2) $\overline{RD}$（Read）。读信号输出，三态。$\overline{RD}$ 信号指出将要执行一个对存储器或 I/O 端口的读操作。低电平有效，在一个执行读操作的总线周期中，$\overline{RD}$ 信号在 T_2、T_3 和 T_W 状态均为低电平。

(3) READY。等待状态控制（输入，高电平有效），表示数据传送已结束的信号。8086 CPU 与存储器或 I/O 相配时，当 CPU 发出读/写操作，而后者速度慢，来不及响应时，CPU 通常在 T_3 之后，检测 READY 引脚上的信号。如果 READY 为 0，则自动插入一个等待时钟周期，然后检测 READY 的状态，如果还是 0，则再插入等待周期，直到 READY=1 时为止；当 READY =1 时，即通知 CPU 数据传输完成，结束等待而进入 T_4 状态。

(4) $\overline{TEST}$。等待测试（输入，低电平有效），当 CPU 在执行 WAIT 指令时，每隔 5 个时钟周期对该线的输入进行一次测试。$\overline{TEST}$ =1 时，CPU 进入等待，重复执行 WAIT 指令，直到 $\overline{TEST}$ = 0，再继续执行 WAIT 后的下一条指令，等待期间允许外部中断。

(5) INTR（Interrupt Request）。屏蔽中断请求信号输入端，高电平有效。CPU 在执行每条指令的最后一个时钟周期时，会对 INTR 引脚的信号进行采样。若 CPU 的中断允许标志为 1，且又接收到 INTR 信号，则 CPU 会在执行完当前指令后，响应中断请求，执行一个中断处理子程序。

(6) NMI（Non-Maskable Interrupt）。非屏蔽中断请求信号输入，NMI 不受中断允许标志 IF 的影响，也不能用软件进行屏蔽。每当 NMI 端输入一个正沿触发信号时，CPU 会在执行完当前指令后，执行对应的不可屏蔽中断处理程序。

(7) RESET。复位信号输入，高电平有效。RESET 将使 8086 CPU 立即结束当前操作。CPU 内部进入复位工作。CPU 要求复位信号至少要保持 4 个时钟周期的高电平，才能结束正在进行的操作。当 RESET 信号变为低电平时，CPU 就开始执行再启动过程。复位后，CPU内部各寄存器的状态如表 1-3 所示。

表 1-3　复位后 CPU 中寄存器状态

寄存器	内容	寄存器	内容
状态标志寄存器 F	清零	堆栈段寄存器 SS	0000H
指令指针 IP	0000H	附加段寄存器 ES	0000H
代码段寄存器 CS	FFFFH	指令流队列	清空
数据段寄存器 DS	0000H		

（8）CLK（Clock）。系统时钟输入。8086/8088 要求时钟信号的占空比为33%，即 1/3 周期为高电平，2/3 周期为低电平，即时钟信号的低、高之比采用 2:1 时为最佳状态。

（9）MN / $\overline{\text{MX}}$。最小/最大方式信号输入。当 MN / $\overline{\text{MX}}$ 接 +5V 电压时，CPU 工作于最小方式；接地时，CPU 工作于最大方式。

4. 电源线 V$_{CC}$ 和地线 GND

电源线 V$_{CC}$（第 40 脚）接入的电压为 +5V，第 1 脚、第 20 脚为地线 GND，均应接地。

1.2.2　最小/最大工作方式

1. 8086 最小工作方式时的引脚功能

8086/8088 CPU 最小工作方式用于单片微处理器组成的小系统。在这种方式中，由8086/8088 CPU 直接产生小系统所需要的全部控制信号。当 MN / $\overline{\text{MX}}$ 接+5V 电压时，CPU 工作于最小方式，引脚 24～31 的控制功能如下。

（1）$\overline{\text{INTA}}$（Interrupt Ackonwledge）。中断响应信号，输出。该引脚用来对外设的中断请求INTR 做出响应。此后 CPU 进入中断响应周期，该周期由两个连续的典型总线周期构成，$\overline{\text{INTA}}$信号是位于连续总线周期中的两个负脉冲，在 T$_2$、T$_3$ 和 T$_W$ 状态为低电平，第 1 个负脉冲通知外部设备的接口，它发出的中断请求已获允许；外设接口收到第 2 个负脉冲后，往数据总线上放中断类型码，中断类型码代表中断源，从而使 CPU 得到了有关此中断请求的详尽信息。

（2）ALE（Address Latch Enable）。地址锁存允许信号，输出，三态。在任何一个总线周期的 T$_1$ 状态，ALE 输出有效电平(高电平)，表示当前在地址/数据复用总线上输出的是地址信息，地址锁存器 8282/8283 将 ALE 作为锁存信号，对地址进行锁存。

（3）$\overline{\text{DEN}}$（Data Enable）。数据允许信号，输出，三态，低电平有效。在用 8286/8287 作为数据总线收发器时，$\overline{\text{DEN}}$ 为收发器提供一个控制信号，表示 CPU 当前准备发送或接收数据，总线收发器将 $\overline{\text{DEN}}$ 作为输出允许信号。

（4）DT / $\overline{\text{R}}$（Data Transmit Receive）。数据发送/接收信号，输出，三态。用来控制 8286/8287的数据传送方向，当为高电平时，进行数据发送，低电平则进行数据接收。

（5）M / $\overline{\text{IO}}$（Memory Input and Output）。存储器/输入输出控制信号，输出，三态。用来区分 CPU 进行存储器访问还是输入/输出访问的控制信号。高电平时，CPU 和存储器之间进行数据传输；低电平时，表示 CPU 和输入/输出端口进行数据传输。8088 的对应引脚是 $\overline{\text{M}}$ / IO。

（6）$\overline{\text{WR}}$（Write）。写控制信号，输出，三态，低电平有效。表示 CPU 当前正在进行对存储器或 I/O 端口的写操作。它只在 T$_2$、T$_3$ 和 T$_W$ 状态有效。

（7）HOLD（Hold Request）。总线保持请求信号，输入，高电平有效，是系统中的其他总线主控部件向 CPU 发出的请求占用总线的控制信号。当 CPU 从 HOLD 处收到一个高电平请求信号时，如果 CPU 允许让出总线，并且就在当前总线周期完成时，它会在 T_4 状态从 HLDA 线上发出一个应答信号，同时使地址/数据总线和控制总线处于浮空。总线请求部件收到 HLDA 后，获得总线控制权，这时，HOLD 和 HLDA 都为高电平。当请求部件完成对总线的占用后，HOLD 变为低电平，CPU 收到无效信号后，将 HLDA 也变为低电平，即 CPU 又恢复了对地址/数据总线和控制总线的占有权。

（8）HLDA（Hold Acknowledge）。总线保持响应信号，输出，高电平有效，是与 HOLD 配合使用的联络信号。当 HLDA 为有效电平时，所有与三态门相接的 CPU 的引脚都应处于浮空，从而让出总线。

2. 8086 最小工作方式时的系统总线结构

所谓最小工作方式，就是系统中只有一个微处理器（如8086）。在这种系统中，所有的总线控制信号都直接由 8086 产生，系统中总线控制逻辑电路减到最少。最小工作方式系统适合于较小规模的应用，其典型系统结构图如图 1-5 所示。

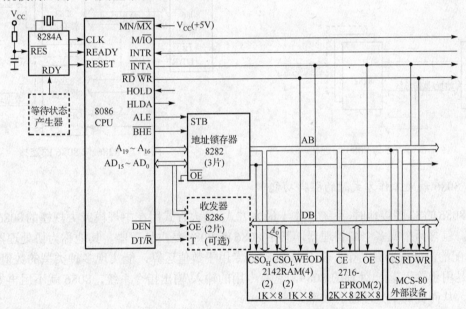

图 1-5　8086 最小方式典型系统结构

1）时钟发生器

一片 8284A 时钟发生器产生系统所需要的时钟信号 CLK，同时对外部 READY 信号和 RESET 信号进行同步。由 8284A 内部产生自激振荡，在 CLK 端输出占空比为 33% 的时钟信号。上电复位及按钮复位信号经 $\overline{\text{RES}}$ 端送入 8086，从存储器和外设来的等待请求信号送 RDY 端，经 8284 同步后再送 8086 的 READY 端。

2）地址锁存

由于受外部引脚数量的限制，8086 CPU 采用了地址/数据线分时复用的总线结构，使 CPU 不能同时发送地址和数据，在 T_1 状态，输出地址信号，而在 $T_2 \sim T_4$ 状态，总线用于数据传送。为了有一个稳定的地址信号，保证数据的有向传送，所以在系统中地址信号消失之前，必须用锁存器将地址锁存。地址锁存器 8282(3 片)与 8086 连接的原理图如图 1-6 所示。由于地址信号要一直有效，所以 8282 的输出端 $\overline{OE}$ 要接地。在 T_1 状态，CPU 输出地址锁存允许信号 ALE，将 ALE 接到 8282 的选通输入端 STB，当 ALE = 1 时，8282 输出跟随输入变化，用 ALE 的下降沿将总线上已经稳定的信号锁入 8282。

3) 数据线驱动

为了避免 T_1 期间出现的地址信息送入数据总线，CPU 用 $\overline{DEN}$ 信号表示复用的引脚已转换到数据状态的时刻，同时由于 CPU 的数据引脚驱动能力有限，为避免出现逻辑电平异常现象，需要给它加上一个总线驱动器，用 $\overline{DEN}$ 控制驱动器是否接通，以保证只在数据传输时驱动器接通。总线驱动器 8286 与 8086 的数据总线连接如图 1-7 所示。两片 8286 的 $A_7 \sim A_0$ 分别与 CPU 的 $AD_7 \sim AD_0$ 和 $AD_{15} \sim AD_8$ 相连，$\overline{OE}$ 端接 8086 数据输出允许信号端 $\overline{DEN}$，发送数据控制端 T(Transmit)接到数据发送/输出端 $DT/\overline{R}$。8286 是双向总线驱动器，$\overline{OE} = 1$ 时，8286 两端均为高阻状态。T = 1 时，数据从 A 传向 B；当 T = 0 时，数据从 B 传向 A。

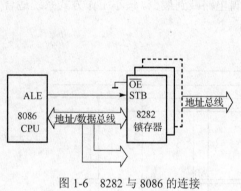

图 1-6　8282 与 8086 的连接

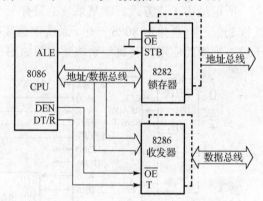

图 1-7　8286 与 8086 的连接

3. 8086 最大工作方式时的引脚功能

当 8086 的 33 脚接地时，系统工作于最大方式。最大方式用在中规模或大规模的 8086/8088 系统中，包含两个或多个微处理器，其中 8086 或 8088 是主处理器，其他称为协处理器。和 8086 匹配的协处理器有两个：一个是 8087，专用于数值运算，能实现多种类型的数值操作；另一个是用于输入/输出处理的 8089，它有专用的输入/输出指令系统，8086 就不用再处理这类工作，从而提高主处理器的效率。

(1) $\overline{S_2}$、$\overline{S_1}$、$\overline{S_0}$ (Bus Cycle Status)。总线周期状态信号，输出，三态。在最大方式下，这些信号组合起来指出当前总线周期中所进行的数据传输过程的类型。在最大方式系统中使用总线控制器 8288 后，就可以从 $\overline{S_2}$、$\overline{S_1}$、$\overline{S_0}$ 状态信息的编码中产生对存储器和 I/O 接口的控制信号。$\overline{S_2}$、$\overline{S_1}$、$\overline{S_0}$ 和具体的总线操作之间的对应关系如表 1-4 所示。

表 1-4　$\overline{S_2}$、$\overline{S_1}$、$\overline{S_0}$ 的编码与总线操作对应关系

$\overline{S_0}$	$\overline{S_1}$	$\overline{S_2}$	总线操作	$\overline{S_0}$	$\overline{S_1}$	$\overline{S_2}$	总线操作
0	0	0	中断响应	1	0	0	取指令码
0	0	1	读 I/O 端口	1	0	1	读存储器
0	1	0	写 I/O 端口	1	1	0	写存储器
0	1	1	暂停	1	1	1	无效

(2) QS_1、QS_0(Instruction Queue Status)。队列状态信号，输出。在最大方式下，这两个信号组合起来提供前一个时钟周期指令队列的状态，以便于外部对 8086/8088 内部指令队列的动作跟踪。QS_1、QS_0 表示的状态情况如表 1-5 所示。

表 1-5 指令队列状态位的编码

QS_1	QS_0	指令队列状态
0	0	无操作，队列中指令未被取出
0	1	从队列中取出当前指令的第一字节
1	0	队列空
1	1	从队列中取出指令的后续字节

(3) $\overline{LOCK}$。总线封锁信号，输出，三态。当 $\overline{LOCK}$ 为低电平时，系统中其他总线主部件就不能占有总线。为了保证 8086 CPU 在执行一条指令的过程中，总线使用权不会被其他主设备打断，可以在某一条指令的前面加上 $\overline{LOCK}$ 前缀。当这条指令执行时，CPU 会产生一个 $\overline{LOCK}$ 信号，直到该指令结束为止。

(4) $\overline{RQ}/\overline{GT_1}$、$\overline{RQ}/\overline{GT_0}$(Request Grant)。总线请求/总线请求输出信号。这两个信号端可供主 CPU 以外的两个处理器用来发出使用总线的请求信号和接收 CPU 对总线请求的回答信号。两者都是双向的，两个信号在同一引脚上传输，但方向相反。当它们同时发出请求时，$\overline{RQ}/\overline{GT_0}$ 比 $\overline{RQ}/\overline{GT_1}$ 的优先级高。

4. 8086 CPU 最大工作方式时的系统总线结构

图 1-8 所示是 8086 CPU 最大方式时的典型系统结构。

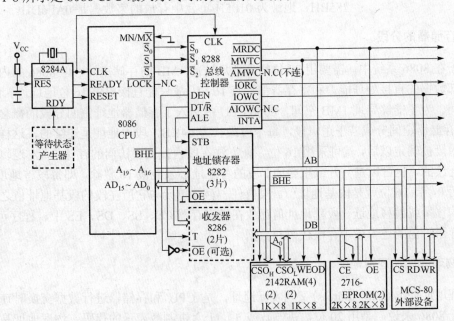

图 1-8 8086 CPU 最大方式的典型系统结构

系统中增加了总线控制器 8288，使总线控制功能更加完善。在最大方式下，许多总线控制信号都是通过总线控制器 8288 产生的，而不是 8086 直接产生。这样，在 8086 最小方式下提供的总线控制信号就可以重新定义，这些引脚大多用来支持多微处理器系统。

1.3　8086/8088 的存储器组织

存储器用来存储数据和程序，是计算机必不可少的重要部件。那么，在计算机中存储单元是如何划分的，以及如何确定单元地址等是读者必须要弄清楚的问题。

1.3.1　存储器的标准结构

8086 CPU 有 20 根地址线。无论在最小方式还是在最大方式下都可以寻址 1MB 的存储空间。存储器按字节编址，为 00000H～FFFFFH，每个字节用唯一的地址表示。若存放的数是字节形式，存储器将按顺序排列存放；当存放的数为一个字时，则将字的高位字节放在高地址中，将低位字节放在低地址中，高低地址连续。对于存放的字，其低位字节可以在奇数地址中(即从奇地址开始)存放。我们把这种方式称为非规则存放，这样存放的字称为非规则字，CPU 需要两次访问存储器才能存取该字。也可以在偶数地址中(即从偶地址开始)存放。

这种方式是规则存放，这样存放的字称为规则字，CPU 一次便可对该字所在的两个存储单元进行存取。为了加快程序的运行速度，编程时应注意用规则字。

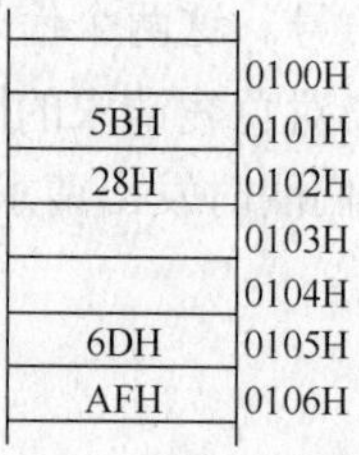

8088 系统由于其外部数据总线只有 8 位，CPU 每次访问存储器只读写一个字节，如果要读写一个字，CPU 需要访问两次存储器，所以 8088 系统无须考虑规则字和非规则字。

例如，在图 1-9 中，地址为 0102H 的单元中存放的字数据是 285BH，地址为 0105H 单元中存放的字数据是 0AF6DH。

图 1-9　字数据存储格式

1.3.2　存储器的分段

由于在 8086 系统中，需要用 20 位物理地址访问 1MB 的存储空间，但 8086 的内部结构以及内部数据的直接处理能力和寄存器都只有 16 位，故只能直接提供 16 位地址，寻址 64KB 存储空间。为了能够寻址 1MB 空间，8086 CPU 中引入了存储器地址空间分段的概念。即将 1MB 的存储器空间分成若干逻辑段，每个段最长为 64KB，段内地址是连续的，这样，一旦所访问的段被确定以后，就可采用 16 位寻址方法在段内找到要访问的存储单元。逻辑段之间可以是连续的，也可以是分开或重叠的。段的首地址必须能被 16 整除，即每段首地址的低 4 位必须为 0，高 16 位就是段基地址值。段内任一存储单元与它所在的段的段基地址值之间的距离称为偏移量或偏移地址。段基地址值存放在段寄存器 CS、SS、DS、ES 中，程序可以从 4 个段寄存器给出的逻辑段中存取代码和数据。

1.3.3　物理地址和逻辑地址

物理地址(Physical Address)又叫实际地址，是 CPU 和存储器进行数据交换时使用的地址。对于 8086 来说，是用 20 位二进制数或 5 位十六进制数表示的代码。物理地址是唯一能代表存储空间每个字节单元的地址。

任何一个存储单元可以被唯一地包含在一个逻辑段内，也可被包含在多个重叠的逻辑段中，段内存储单元的地址可以用相对于段基地址值的偏移量来表示，即用 16 位二进制无符号数表示。因此，只要已知一个存储单元的段基地址值和它的偏移量，也就知道了其物理地址，计算方法如下：

$$物理地址（20 位）= 段基地址值×10H + 偏移地址$$

"段基地址值×10H"就是将段基地址值(二进制形式)左移 4 位。8086 CPU 访问存储器时，对物理地址的计算是在总线接口单元中由地址加法器完成的，其产生过程如图 1-10 所示。段基地址值又简称为段基值。

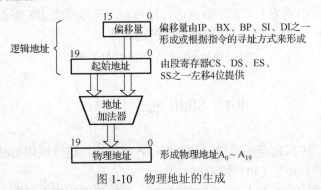

图 1-10　物理地址的生成

逻辑地址由两部分组成：段基值和偏移量，它们都是用无符号的 16 位二进制数或 4 位十六进制数表示。逻辑地址的一般表示形式为

段基值：偏移量

例如，计算物理地址 2000H：3114H，计算过程如图 1-11 所示。即 2000H：3114H 逻辑地址转换成物理地址是 23114H。

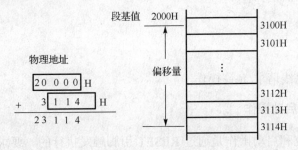

图 1-11　计算物理地址

又如，逻辑地址 0200：1200H 对应的物理地址是 03200H，但该物理地址又可由逻辑地址 0320：0000H、0210：1100H、0000：3200 等来描述。每当需要寻址一个内存单元时，总会产生一个 20 位的物理地址，至于用什么样的段基值，8086/8088 CPU 将根据当时的操作(取指令或取操作数)来自动地确定使用什么段基值。若是取指令，则自动选择 CS 的内容为段基值，用 IP 的内容作为偏移量，这样得到对应的物理地址；若是取操作数，CPU 会自动选择 DS 或 ES 的内容作为段基值，再加上根据那条指令的寻址方式得到的 16 位偏移量，便得到 20 位物理地址。

1.3.4　堆栈

所谓堆栈(Stack)是为保护数据、调度数据而开辟的特殊数据区域。堆栈的一端是固定的(栈底)，另一端是浮动的(栈顶)。正常的堆栈操作，其信息的存取在浮动的一端进行。堆栈中的数据严格按照"先进后出"(First In Last Out，FILO)的原则进行存取操作，即数据是由栈顶压入和弹出的。由堆栈段寄存器 SS 提供段基值，堆栈指针寄存器 SP 提供偏移地址，每当压入或弹出数据时，SP 的内容会自动修改，它始终指向堆栈的顶部。计算物理地址的公式是

$$物理地址(PA)=(SS)\times 10H+(SP)$$

当需要对堆栈段中的某个单元的数据进行操作时，还可使用 BP 寄存器通过各种寻址方式得到有效地址 EA 作为偏移地址，这样其物理地址是

$$物理地址(PA)=(SS)\times 10H+EA$$

1.4　8086 的工作时序

计算机系统为了完成自身的功能，需要执行各种操作，这些操作与时钟同步，按时序一步一步地执行，这就构成了 CPU 的操作时序。

下面是有关时序的几个基本概念：时钟周期、总线周期和指令周期。

时钟周期是时钟脉冲产生的，一个时钟周期又叫 T 周期；微处理器访问存储器或外设都要通过总线，完成一次总线操作所需的时间称为总线周期，它由几个 T 周期组成；指令周期是执行一条指令所需的时间，它由一个至几个总线周期组成。

归纳起来，8086 的主要操作有如下一些。

(1)系统的复位和启动操作。

(2)总线操作。

(3)暂停操作。

(4)中断操作。

(5)总线保持或总线请求/允许操作。

1.4.1　系统的复位和启动操作

8086/8088 的复位和启动操作是通过 RESET 引脚触发执行的。要求复位信号 RESET 至少维持 4 个时钟周期的高电平。一旦该信号进入高电平，8086/8088 CPU 就会结束现行操作，保持在复位状态，直到 RESET 变为低电平为止。

在复位状态时，CPU 内部各寄存器的内容如表 1-6 所示。

表 1-6　8086/8088 CPU 复位时寄存器状态

寄存器名	FR	IP	CS	DS	SS	ES	指令队列	其他寄存器
复位状态	0000H	0000H	FFFFH	0000H	0000H	0000H	清　空	0000H

从表 1-6 中可以看出，在复位时，代码段寄存器 CS 和指令指针 IP 分别初始化为 FFFFH 和 0000H，即在复位之后是 8086/8088 微处理器从存储器的 0FFFF0H 处开始执行指令的。

RESET 变为高电平后，再过一个时钟周期，所有三态输出线被设置成高阻状态，并一直保持，直到 RESET 回到低电平。

1.4.2　最小方式时总线时序

8086/8088 CPU 与存储器及 I/O 端口交换数据需要执行一个总线周期。它可以分为两部分，即读总线周期和写总线周期。前者是 CPU 从存储器或 I/O 端口读取数据，后者是 CPU 将数据写入存储器或 I/O 端口。

1. 读总线周期时序

一个最基本的读总线周期包含 4 个状态，即 T_1、T_2、T_3 和 T_4。在存储器和外设速度较慢时，要在 T_3 之后插入一个或几个等待状态 T_W。图 1-12 所示为 8086 CPU 最小方式时读总线周期时序图。图中画了 4 个 T 状态即一个总线周期，且每个 T 状态都是一个占空度约 33%的时钟周期，全部时序图都以这个时钟作为基准。

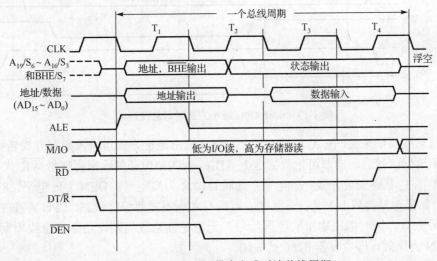

图 1-12　8086 CPU 最小方式时读总线周期

在读总线周期内，8086 CPU 可以完成取指令码或读存储器或读 I/O 端口数据的操作。

在 T_1 状态期间，CPU 输出 20 位地址信号、$\overline{\text{BHE}}$ 信号和 ALE 信号。ALE 的下降沿、地址 $A_0\sim A_{19}$ 及 $\overline{\text{BHE}}$ 已在 CPU 的局部总线上稳定可用，ALE 的下降沿将地址信息和 BHE 信号锁存在 8282 地址锁存器中。对于 8086 CPU，$\overline{\text{BHE}}$ 和 A_0 共同用来指出读取数据总线的高字节、低字节或同时读取数据总线的高、低字节。

在 $T_1\sim T_4$ 期间，$\overline{\text{M}}/\text{IO}$ 信号指出是读存储操作还是读 I/O 端口操作，$\text{DT}/\overline{\text{R}}$ 始终为低电平，用来控制 8286 的传送方向。在 T_2 状态，地址信号消失，$AD_{15}\sim AD_0$ 处于高阻状态，为读入数据作准备；$\overline{\text{BHE}}/S_7$、$A_{19}/S_6\sim A_{16}/S_3$ 输出状态信息 $S_7\sim S_3$；同时 $\overline{\text{DEN}}$ 和 $\overline{\text{RD}}$ 信号变为有效(低)电平，$\overline{\text{RD}}$ 用来指出被寻址的单元或端口将数据送入数据总线，$\overline{\text{DEN}}$ 使 8286 处于允许数据传送状态，如果存储器或 I/O 端口可立即完成数据传送，即能在 T_3 期间将数据放到总线上，CPU 便不用进入等待状态(此时 READY 信号为高电平)。

CPU 在 T_4 状态开始时从 $AD_{15}\sim AD_0$(8088 是从 $AD_7\sim AD_0$)读入数据，在此期间 $\overline{\text{RD}}$ 和 $\overline{\text{DEN}}$ 信号处于无效状态，此时，被寻址单元或端口终止数据输出。

2. 写总线周期时序

图 1-13 所示为 8086 CPU 最小方式时写总线周期时序图。

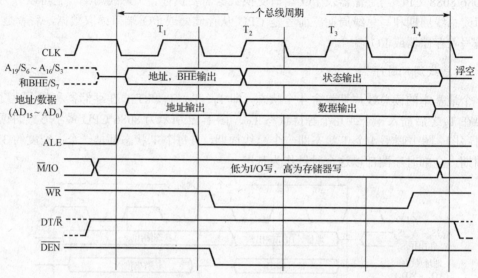

图 1-13　8086 CPU 最小方式时写总线周期

对于写总线周期来说，在 $AD_{15}\sim AD_0$ 上不存在输出地址方式与输入数据方式转换的过渡时间。撤销地址信号后，立即可把数据送上 $AD_{15}\sim AD_0$，但必须给出写信号 $\overline{WR}$ 代替 $\overline{RD}$。因此，$\overline{WR}$ 在 T_2 状态变成有效(低)电平；此时 $DT/\overline{R}$ 为高电平，$\overline{DEN}$ 为低电平，8286 处于正向传送。如果存储器或 I/O 端口可以完成数据写入而不需要等待状态，CPU 将在 T_4 状态前使 $\overline{WR}$ 信号无效，同时撤销输出的数据信号。无论是读总线周期，还是写总线周期，在 T_4 状态时 $\overline{DEN}$ 为无效，即收发器 8286 被关闭。

在读/写总线周期中，若使用的存储器或外设的工作速度不能满足上述基本时序的要求，可利用电路产生 READY 信号，经 8286 同步后送到 CPU 的 READY 线上，让 CPU 在 T_3 和 T_4 之间插入一个或几个等待(T_W)状态，解决 CPU 与存储器或外设之间的时间配合问题。8086 在 T_3 状态一开始测试 READY 线，若 READY 为高电平，则 T_3 状态后即进入 T_4 状态；若 READY 为低电平，在 T_3 状态后会插入一个 T_W 状态，以后在每一个 T_W 状态的开始，CPU 都会测试 READY 线，只有当它为高电平时，才在当前 T_W 状态结束后进入 T_4 状态。

3. 中断响应周期时序

当 CPU 检测出外部中断源通过 INTR 引线向 CPU 发出中断请求信号后，如果标志寄存器的中断允许标志位 IF = 1，则 CPU 在当前指令执行完以后，进入中断响应过程。通过执行两个连续的中断响应周期，CPU 转去执行中断服务程序。中断响应周期时序如图 1-14 所示。

在中断响应周期的两个总线周期中各从 $\overline{INTA}$ 端输出一个负脉冲，每个脉冲从 T_2 持续到 T_4 状态。在收到第二个脉冲后，接收中断响应的接口把中断类型码放到 $AD_7\sim AD_0$ 上，而在这两个总线周期的其余时间里，$AD_7\sim AD_0$ 处于浮空。CPU 读入中断类型码后，就可以在中断向量表中找到该外设的服务程序入口地址，转为中断服务。

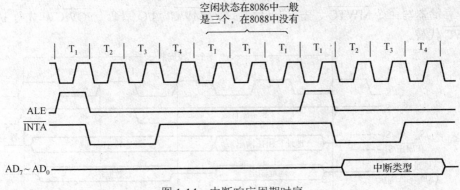

图 1-14 中断响应周期时序

4. 总线请求与总线响应时序

图 1-15 所示为 8086 CPU 最小方式时总线请求与响应的时序图。8086 CPU 是在每个时钟周期的上升沿检测 HOLD 引脚，如果在 T_4 之前或 T_1 期间识别出有效的 HOLD 信号（高电平），后续总线周期的控制权将授予提出请求的主控设备（如 DMAC），直到该主设备撤销保持请求（HOLD 回到低电平）时为止。此时 HLDA 引脚输出高电平作为响应，使 CPU 所有三态输出引脚处于高阻状态，发出 HOLD 请求信号的主控设备在接收到 HLDA（高电平）响应信号之后开始控制总线。

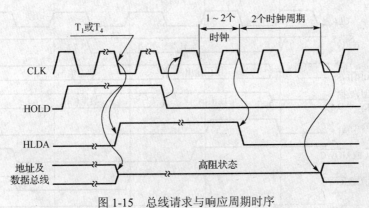

图 1-15 总线请求与响应周期时序

1.4.3 最大方式时总线时序

1. 读总线周期与写总线周期时序

图 1-16 和图 1-17 所示为 8086 CPU 最大方式时读总线周期与写总线周期时序图。需要说明的是，8088 不用 $\overline{BHE}$，数据只在 $AD_7 \sim AD_0$ 上传送。图中 $A_{19}/S_6 \sim A_{16}/S_3$、$AD_{15} \sim AD_0$ 及 $\overline{BHE}/S_7$ 的信号波形与最小方式相同。状态位 $\overline{S_2}$、$\overline{S_1}$、$\overline{S_0}$ 在总线周期开始之前设定，保持有效状态到 T_3，其余时间为无效（高电平）状态。与最小方式的不同之处有如下 3 点。

第一，用于 8282 锁存器及 8286 收发器的控制信号、读写控制信号和 $\overline{INTA}$ 在最大方式系统中均由 8288 总线控制器根据 CPU 输出的 3 个状态位 $\overline{S_2}$、$\overline{S_1}$、$\overline{S_0}$ 的状态产生。

第二，最小方式系统下的 M/$\overline{IO}$、$\overline{RD}$ 和 $\overline{WR}$ 信号由存储器读命令 MRDC、I/O 读命令

$\overline{\text{IORC}}$、存储器写命令 $\overline{\text{MWTC}}$、先行存储写命令 $\overline{\text{AMWC}}$、I/O 写命令 $\overline{\text{IOWC}}$ 和先行 I/O 写命令 $\overline{\text{AIOWC}}$ 代替。

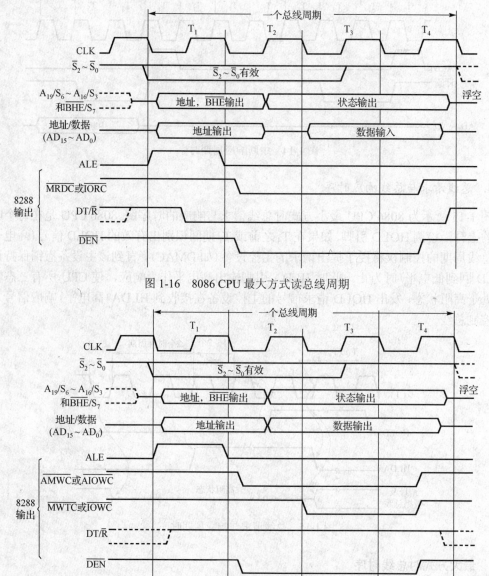

图 1-16　8086 CPU 最大方式读总线周期

图 1-17　8086 CPU 最大方式写总线周期

第三，8288 输出的数据允许信号 $\overline{\text{DEN}}$ 的极性与最小方式下 CPU 产生的 $\overline{\text{DEN}}$ 相反，使用时经反相加到 8286 的 $\overline{\text{OE}}$ 端。

在检测到 $\overline{\text{S}}_2$、$\overline{\text{S}}_1$、$\overline{\text{S}}_0$ 变为有效状态时，8288 总线控制器便在 T_1 期间输出 ALE 信号，并在 DT / $\overline{\text{R}}$ 引脚上输出与读写操作对应的信号(读为低电平，写为高电平)。T_2 期间，$\overline{\text{DEN}}$ 变为高电平，经反相后，控制 8286 允许数据通过，同时对存储器或 I/O 端口读操作产生 $\overline{\text{MRDC}}$ 或 $\overline{\text{IORC}}$ 信号，这两个信号将保持到 T_4 状态。对于存储器或 I/O 端口写操作，则 $T_2 \sim T_4$ 状态输出 $\overline{\text{AMWC}}$ 或 $\overline{\text{AIOWC}}$ 信号，$T_3 \sim T_4$ 状态输出 $\overline{\text{MWTC}}$ 或 $\overline{\text{IOWC}}$ 信号。在最大方式系统中，若在 T_3 状态开始时 READY 信号为低电平，则在 T_3 和 T_4 之间插入等待状态 T_W。

8088 CPU 最大方式系统除了不使用 $\overline{\text{BHE}}$，并且 $A_{15} \sim A_8$ 只输出地址，$AD_7 \sim AD_0$ 为地址/数据复用线以外，其他与 8086 CPU 相同。

2. 中断响应周期时序

在最大方式时，$\overline{\text{INTA}}$ 由 8288 输出。在中断响应周期中除了从第一个总线周期的 T_2 到第二个总线周期的 T_2 在 $\overline{\text{LOCK}}$ 引脚上输出低电平信号外，其他均与最小方式时的中断响应周期时序一致。

3. 总线请求和总线响应时序

总线请求和允许的过程是：另一总线主控设备输送一个低电平给 8086，表示总线请求，相当于最小方式下的总线请求信号 HOLD；在 CPU 的下一个 T_4 或 T_1 期间，CPU 输出一个低电平给请求总线的设备，作为总线响应信号，它相当于最小方式下总线响应信号 HLDA。当总线请求再输出一个低电平给 CPU 时，表示总线请求结束，主控设备释放总线。最大方式的总线请求和响应的控制方法与最小方式有所不同，它是通过信号 $\overline{\text{RQ}}/\overline{\text{GT}_0}$ 或 $\overline{\text{RQ}}/\overline{\text{GT}_1}$ 实现控制的。8086 CPU 最大方式时总线请求和总线响应周期时序如图 1-18 所示。

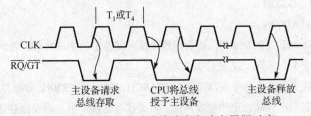

图 1-18　最大方式时总线请求和响应周期时序

其过程可分为三个阶段：请求、授予和释放。对于 8086/8088 CPU 的控制总线，这时的 $\overline{\text{RQ}}/\overline{\text{GT}}$ 通常为高电平。当 8087 或 8089（或二者同时）需要访问总线时，8087 或 8089 就在一个时钟状态期间使 $\overline{\text{RQ}}/\overline{\text{GT}}$ 处于低电平，作为向 8086/8088 CPU 发出的请求信号，CPU 在每个时钟的上升沿检测 $\overline{\text{RQ}}/\overline{\text{GT}}$ 信号，当处于以下条件时会检测出请求信号。

(1) 若 CPU 为 8086，当前一次总线传送不是对奇地址单元读或写一个字的低位字节；若为 8088，则不管是奇地址还是偶地址，都必须完成一个字的第二个字节的传送。

(2) 当前一个总线周期不是第一个中断响应周期。

(3) 不再执行带 LOCK 前缀的指令。

8086/8088 CPU 就立即在其后的 T_4 或 T_1 的下降沿，在同一引脚上发出授予信号，向 8087 或 8089 表示已使所有三态输出的引脚处于高阻状态，允许 8087 或 8089 使用总线。之后 8087 或 8089 开始对总线进行存取。完成存取操作后，再通过同一条 $\overline{\text{RQ}}/\overline{\text{GT}}$ 引脚向 CPU 发出低电平信号，释放信号，将总线控制权交还 CPU。CPU 在检测到释放信号后，又开始控制总线的操作。CPU、8087 以及 8089 都各有两条 $\overline{\text{RQ}}/\overline{\text{GT}}$ 引脚，其中 $\overline{\text{RQ}}/\overline{\text{GT}_0}$ 比 $\overline{\text{RQ}}/\overline{\text{GT}_1}$ 具有更高的优先级。

习　　题

1.1　在 8086 系统中，为什么要将存储器分段？

1.2　8086 CPU 能直接寻址多少个存储单元？它有多大的 I/O 地址空间？

1.3 在执行指令过程中，EU 能直接存取存储器操作数吗？

1.4 一个基本总线周期包括_____个 T 状态，每个 T 状态是_____个_____周期。

1.5 8086/8088 CPU 上电复位时的入口地址是_____，复位状态对寄存器有何影响？

1.6 逻辑地址由哪两部分组成？设内存中某一单元物理地址是 12345H，试写出至少两个不同的逻辑地址。

1.7 设 DS 的内容为 9000H，试指出当前数据段可寻址的存储空间范围。

1.8 8086 系统为什么要采用地址锁存器和数据驱动器？

1.9 决定 8086 最大方式和最小方式的引脚是哪条？其状态如何？

1.10 在最小方式下，一个标准的读总线周期是怎样安排时序的？

1.11 空闲周期和等待周期有何区别？

1.12 若当前代码段在存储器空间中的范围是 A0000H～AFFFFH，则 CS 的内容应是多少？

1.13 根据下列 CS：IP 的组合，求出要执行的下一条指令的存储器地址。

（1）CS：IP=1000H：2000H

（2）CS：IP=2000H：1000H

（3）CS：IP=1A00H：B000H

（4）CS：IP=3456H：AB09H

1.14 若当前 SS=3500H，SP=0800H，说明堆栈段在存储器中的物理地址，若此时入栈 10 个字节，SP 的内容是什么？若再出栈 6 个字节，SP 是什么值？

1.15 某程序数据段中存放了两个字，1EE5H 和 2A8CH，已知 DS=7850H，数据存放的偏移地址为 3121H 及 285AH。试画图说明它们在存储器中的存放情况。若要读取这两个字，需要对存储器进行几次操作？

1.16 说明 8086 系统中，最小模式和最大模式两种工作方式的主要区别是什么？

1.17 8086 系统中为什么要用地址锁存器？8282 地址锁存器与 CPU 如何连接？

1.18 哪个标志位控制 CPU 的 INTR 引脚？

1.19 什么叫总线周期？在 CPU 读/写总线周期中，数据在哪个机器状态出现在数据总线上？

1.20 8284 时钟发生器共给出哪几个时钟信号？

1.21 8086 CPU 重新启动后，从何处开始执行指令？

1.22 8086 CPU 的最小模式系统配置包括哪几部分？

第 2 章　8086 指令系统

教学提示： 指令系统是指 CPU 能执行的各种指令的集合。微处理器的主要功能是由它的指令系统来实现的。

教学要求： 通过本章的学习，读者可以了解 8086/8088 指令的概念、格式、寻址方式、分类和基本操作功能。

注意： 指令是组成语言的基础，汇编语言是面向机器的低级语言，通过学习汇编语言，才能真正理解计算机的工作原理和工作过程，才能深入地了解高级语言的一些概念。应用汇编语言，程序员可以直接操纵计算机的硬件，用汇编语言，才能编写出运行速度快、占有空间小的高效程序。即便是在高级语言功能非常强大的今天，一些程序设计语言不断被淘汰，新的优秀的编程语言不断出现，汇编语言仍然处于重要地位，发挥着它的重要作用，并且不能被其他语言替代。因此，要学好汇编语言，首先要学好指令。

2.1　8086/8088 寄存器组

在 8086/8088 系统中，程序员可以使用的寄存器有通用寄存器、段寄存器和标志寄存器。这些寄存器中某些有特定的用途，最常用的是通用寄存器。

2.1.1　8086/8088 CPU 寄存器组

8086/8088 包括 4 个 16 位的数据寄存器，2 个 16 位的指针寄存器，2 个 16 位变址寄存器，1 个 16 位的指令指针，4 个 16 位的段寄存器，一个 16 位标志寄存器。这 14 个 16 位寄存器分为 4 组，它们的名称和分组情况如图 2-1 所示。

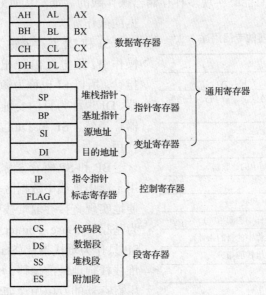

图 2-1　8086/8088 CPU 寄存器分组

1. 通用寄存器

数据寄存器、指针寄存器和变址寄存器统称为通用寄存器。之所以这样称呼，是因为这些寄存器除了各自规定的专门用途外，均可以用于传送和暂存数据，还可以保存算术逻辑运算中的操作数和运算结果。

1）数据寄存器

数据寄存器主要用于保存操作数运算结果等信息，数据寄存器的存在节省了为存取操作数所需占用总线和访问存储器的时间。

4 个 16 位的数据寄存器 AX、BX、CX、DX 可分解成 8 个独立的 8 位寄存器，这 8 个 8 位的寄存器有各自的名称，如图 2-1 所示，分别称为 AH、AL、BH、BL、CH、CL、DH、DL，并且均可以独立存取。名称中的字母 H 表示高，L 表示低。如 AH 表示高 8 位，AL 表示低 8 位，AH 寄存器和 AL 寄存器的合并就是 AX 寄存器。其他寄存器类推。

AX 和 AL 寄存器又称为累加寄存器（Accumulator）。一般通过累加器进行的操作所用的时间可能最少，此外累加器还有许多专门的用途，所以累加器使用得最普遍。

BX 寄存器称为基（BASE）地址寄存器，是 4 个寄存器中唯一可作为存储器指针使用的寄存器。

CX 寄存器称为计数（COUNT）寄存器。在字符串操作和循环操作时，用它来控制重复循环操作次数。在移位操作时，CL 寄存器用于保存移位的位数。

DX 寄存器称为数据（DATA）寄存器。在进行 32 位的乘除法操作时，用它存放被除数的高 16 位或余数。也用于存放 I/O 端口地址。

2）变址和指针寄存器

变址和指针寄存器主要用于存放某个存储单元的偏移地址，或某组存储单元开始地址的偏移，即作为存储器（短）指针使用。作为通用寄存器，它们也可以保存 16 位算术逻辑运算中的操作数和运算结果，有时运算结果表示存储单元地址的偏移量。注意，16 位的变址寄存器和指针寄存器不能分解成 8 位寄存器使用。利用变址寄存器和指针寄存器不仅能够有效地缩短机器指令的长度，而且能够实现多种存储器操作数的寻址，从而方便地实现对多种类型数据的操作。

SI 和 DI 寄存器称为变址寄存器。在字符串操作中，规定由 SI 给出源指针，由 DI 给出目的指针，所以 SI 也称为源变址（Source Index）寄存器，DI 也称为目的变址（Destination Index）寄存器。当然，SI 和 DI 也可作为一般存储器指针使用。

BP 和 SP 寄存器称为指针寄存器。BP 主要用于给出堆栈中数据区基址的偏移地址，从而方便地实现直接存取堆栈中的数据，所以 BP 也称为基指针（Base Pointer）寄存器。正常情况下，SP 只作为堆栈指针（Stack Pointer）使用，即保存堆栈栈顶地址的偏移。堆栈是一片存储区域。通用寄存器的专门用途如表 2-1 所示。

表 2-1　通用寄存器的专门用途

寄存器	用途
AX	字乘法、字除法、字 I/O
AL	字节乘法、字节除法、字节 I/O、十进制算术运算
AH	字节乘法、字节除法
BX	存储器指针
CX	串操作或循环控制中的计数器
CL	移位计数器
DX	字乘法、字除法、间接 I/O
SI	存储器指针（串操作中的源指针）
DI	存储器指针（串操作中的目的指针）
BP	存储器指针（存取堆栈的指针）
SP	堆栈指针

2. 段寄存器

8086/8088 CPU 依赖其内部的 4 个段寄存器实现寻址 1MB 物理地址空间。8086/8088 把 1MB 地址空间分成若干逻辑段，当前使用段的段值存放在段寄存器中。由段值和段内偏移形成 20 位地址，8086/8088 CPU 的 4 个段寄存器均是 16 位的，分别称为代码段（Code Segment）寄存器 CS，数据段（Data Segment）寄存器 DS，堆栈段（Stack Segment）寄存器 SS，附加段（Extra Segment）寄存器 ES。由于 8086/8088 有这 4 个寄存器，所以有 4 个当前使用段可直接存取，这 4 个当前段分别称为代码段、数据段、堆栈段和附加段。

3. 指令指针

8086/8088 CPU 中的指令指针 IP（Instruction Pointer）也是 16 位的，给出接着要执行的指令在代码段中的偏移。

2.1.2　标志寄存器

8086/8088 CPU 中有 1 个 16 位的标志寄存器，包含 9 个标志，主要用于反映处理器的状态和运算结果的某些特征。各标志在标志寄存器中的位置如下所示。

15	14	13	12	11	10	9	8	7	6	5	4	3	2	1	0
				OF	DF	IF	TF	SF	ZF		AF		PF		CF

有些指令的执行会影响部分标志，而有些指令的执行不会影响标志；反过来，有些指令的执行受某些标志的影响，有些指令的执行不受标志的影响。所以，程序员要充分注意指令与标志的关系。

9 个标志可分成两组，第一组 6 个标志主要受加减运算和逻辑运算结果的影响，称为运算结果标志。第二组标志不受运算结果的影响，称为状态控制标志。

运算结果标志包括以下 6 位。

OF（Overflow Flag）溢出标志：在运算过程中，若操作数超出了机器能表示的范围，则称为溢出。此时 OF 位置 1，否则置 0。

SF（Sign Flag）符号标志：记录运算结果的符号，结果为负时置 1，否则置 0。

ZF（Zero Flag）零标志：运算结果为 0 时置 1，否则置 0。

CF（Carry Flag）进位标志：记录运算时有效位产生的进位值。例如，执行加法指令时，最高有效位有进位时置 1，否则置 0。

AF（Auxiliary Carry Flag）辅助进位标志，记录运算时第 3 位（半个字节）产生的进位值。例如，执行加法指令时第 3 位有进位时置 1，否则置 0。

PF（Parity Flag）奇偶标志，用来为机器中传送信息时可能产生的代码出错情况提供检验条件。当结果操作数中 1 的个数为偶数时置 1，否则置 0。

控制标识位有如下 3 个。

DF（Direction Flag）方向标志：在串处理指令中控制处理信息的方向用。当 DF 位为 1 时，每次操作后是变址寄存器 SI 和 DI 减量，这样就是串处理从高地址向低地址方向处理。当 DF 为 0 时，则使 SI 和 DI 增量，使串处理从低地址向高地址方向处理。8086/8088 提供的专门用于设置方向标志 DF 的指令是 STF，专门用于清除 DF 的指令是 CLD。

IF（Interrupt Flag）中断向量。当 IF 为 1 时，允许中断，否则关闭中断。有关中断原理将在后面详细讲解。8086/8088 提供的专门用于设置中断允许标志 IF 的指令是 STI，专门用于清 IF 的指令是 CLI。

TF（Trap Flag）追踪标志，用于单步操作方式，当追踪标志 TF 被置 1 后，CPU 进入单步方式。所谓单步方式是指在一条指令执行后，产生一个单步中断，这主要用于程序的调试。8086/8088 没有专门设置和清除 TF 标志的指令，通过用其他方法设置或清除 TF。PSW 中标志位的符号表示如表 2-2 所示。

表 2-2　PSW 中标志位的符号表示（Debug 调试中使用）

标志名	标志位为 1	标志位为 0
OF　溢出(是/否)	OV	NV
DF　方向(减量/增量)	DN	UP
IF　中断(允许/关闭)	EI	DI
SF　符号(负/正)	NG	PL
ZF　零(是/否)	ZR	NZ
AF　辅助进位(是/否)	AC	NA
PF　奇偶(偶/奇)	PE	PO
CF　进位(是/否)	CY	NC

2.2　存储器分段和地址的形成

从 8086 开始采用分段的方法管理存储器。只有充分理解存储器分段的概念和存储器逻辑地址和物理地址的关系，才能熟练地使用 8086/8088 汇编语言。

2.2.1　存储单元的地址和内容

计算机存储信息的基本单位是一个二进制位，一位可存储一个二进制数：0 或 1。每 8 位组成一个字节，位编号如下所示。

7	6	5	4	3	2	1	0

IBM PC 的字长为 16 位，由 2 个字节组成，位编号如下所示。

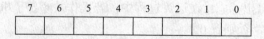

在存储器里以字节为单位存储信息。为了正确地存放或取得信息，每一个字节单元给一个存储器地址。地址从 0 开始编号，顺序地每次加 1。在机器里，地址也是用二进制数来表示的。当然它是无符号整数，书写格式为十六进制。

一个存储单元中存储的信息为该存储单元的内容。图 2-2 所示为存储器中部分存储单元存放信息的情况。从图中可以看到，地址为 56780H 的字节存储单元中的内容是 34H，而地址为 56781H 的字节存储单元中的内容是 12H。

一个字存放到存储器要占用连续的两个字节单元。系统规定，当把一个字节存放到存储器时，其低字节存放在地址较低的字节单元中，其高字节存放在地址较高的字节单元中。这样两个连续的字节单元就构成了一个字单元，字单元的地址采用低地址表示。例如，图中地址 56780H 的字单元的内容是 1234H，而地址为 834ABH 的字单元的内容是 6780H。

如图 2-2 所示的存储原则称为"高高低低"原则。在以字节方式存取字时需要特别注意该原则，当以字方式存取字时，处理器自动采用该原则。4 个连续的字节单元就构成了一个双字单元，双字单元的地址就是最低字节单元的地址。一个双字存放到存储器时也按照"高高低低"原则存储，也即高字在高地址字中，低字在低地址字中，也就是最高字节在最高地址字节单元中，最低字节在最低地址字节单元中。如图 2-2 所示，地址为 56780H 的双字单元中存放的内容是 29561234H。

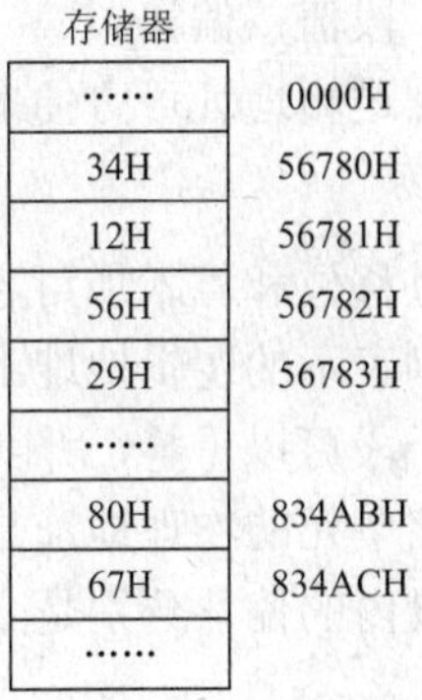

存储器	
……	0000H
34H	56780H
12H	56781H
56H	56782H
29H	56783H
……	
80H	834ABH
67H	834ACH
……	

图 2-2　"高高低低"原则存储示意图

2.2.2　存储器的分段

8086/8088 CPU 有 20 根地址线，可直接寻址的物理地址空间为 1MB($=2^{20}$）。系统存储器由以字节为单位的存储单元组成，存储单元的物理地址长 20 位，范围是 00000H～FFFFFH。尽管 8086/8088 内部的 ALU 每次最多进行 16 位运算，存放存储单元地址偏移的指针寄存器（如 IP、SP 以及 BP、SI、DI 和 BX）都是 16 位，但 8086/8088 通过对存储器分段使用段寄存器的方法有效地实现了寻址 1MB 物理空间。

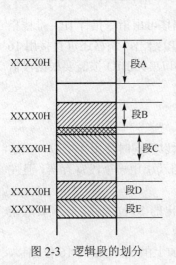

图 2-3　逻辑段的划分

根据需要把 1MB 地址空间划分成若干逻辑段。每个逻辑段必须满足如下两个条件：第一，逻辑段的开始地址必须是 16 的倍数；第二，逻辑段的最大长度为 64K。按照这两个条件，1MB 地址空间最多可划分成 64K 个逻辑段，最少也要划分成 16 个逻辑段。第一个条件与段寄存器长 16 位有关；第二个条件与指针寄存器长 16 位相关。

逻辑段与逻辑段可以相连，也可以不相连，还可以部分重叠。图 2-3 给出了若干逻辑段的划分情况。在图 2-3 中，段 B 与段 C 部分重叠，段 E 与段 D 相连。

这种存储器分段的方法不仅有利于实现寻址 1MB 空间，而且也十分有利于对 1MB 存储空间的管理。这种方法对实现程序的重定位和浮动、实现代码数据的隔离，以及充分利用存储空间都有益。

2.2.3　物理地址的形成

由于段的起始地址必须是 16 的倍数，所以段起始地址有如下形式：

bbbb bbbb bbbb bbbb 0000（二进制）

用 16 进制可表示成 XXX0（十六进制）。这种 20 位的段起始地址，可压缩表示成 16 位的 XXXX（十六进制）形式。我们把 20 位段起始地址的高 16 位 XXXX（十六进制）称为段值。显然，段起始地址等于段值乘 16（即左移 4 位）。要访问的某一个存储单元总是属于某个段。我们把存储单元的地址与所在段的起始地址的差称为段内偏移，简称偏移。在一个段内，通过偏移可指定要访问的存储单元，或者说要访问的存储单元可由偏移来指定。在整个 1MB 地址空间中，存储单元的物理地址等于段起始地址加上偏移。于是，存储单元的逻辑地址由段址和偏移两部分组成，用如下形式表示：

　　段值：偏移

根据逻辑地址可方便地得到存储单元的物理地址，计算公式如下：

$$物理地址=段值\times16+偏移$$

通过移位和算术加可容易地实现上述公式。图 2-4 是物理地址产生的示意图。例如，用十六进制表示的逻辑地址 1234：3456H 对应的存储单元的物理地址为 15796H。

由于段可以重叠，所以一个物理地址可用多个逻辑地址表示。图 2-5 是这样的一个例子，其中存储单元的物理地址是 12345H，标出的两个重叠段的段址分别是 10020H 和 12330H，在对应段内的偏移分别是 2325H 和 0015H。

　　图 2-4　物理地址产生示意图

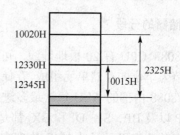
　　图 2-5　一个物理地址可对应多个逻辑地址

　　采用段值和偏移构成逻辑地址后，段值由段寄存器给出，偏移可由指令指针 IP、堆栈指针 SP 和其他可作为存储器指针使用的寄存器(SI、DI、BX 和 BP)给出，偏移还可直接用 16 位数给出。指令中不使用物理地址，而使用逻辑地址，由总线接口单元 BIU 按需要根据段值和偏移自动形成 20 位物理地址。

2.2.4　段寄存器的引用

　　由于 8086/8088 CPU 有 4 个段寄存器，可保存 4 个段值，所以可同时使用 4 个段，但这个段有所分工。每当需要产生一个 20 位的物理地址时，BIU 会自动引用一个段寄存器，且左移 4 位再与一个 16 位的偏移相加。

　　在取指令时，自动引用代码段寄存器 CS，再加上由 IP 所给出的 16 位偏移，得到要取指令的物理地址。

　　当涉及一个堆栈操作时，则自动引用堆栈段寄存器 SS，再加上由 SP 给出的 16 位偏移，得到堆栈操作所需的物理地址。当偏移涉及 BP 寄存器时，默认引用的段寄存器也为堆栈段寄存器 SS。

　　在存取一个普通存储器操作数时，则自动选择数据段寄存器 DS 或附加段寄存器 ES，再加上 16 位偏移，得到存储器操作数的物理地址。此时的 16 位偏移，可以是包含在指令中的直接地址，也可以是某一个 16 位存储器指针寄存器的值，也可以是指令中的偏移再加上存储器指针寄存器中的值，这取决于指令的寻址方式。除了串操作时目的段选择附加段寄存器 ES 外，默认选择数据段寄存器 DS。

　　在不改变段寄存器值的情况下，寻址的最大范围是 64KB。若某个程序使用的总的存储长度(包括代码、堆栈和数据区)不超过 64KB，则整个程序可以合用一个 64KB 的段。若有一个程序，它的代码长度、堆栈长度和数据区长度均不超过 64KB，则可在程序开始时分别给 DS 和 SS 等段寄存器赋值，在程序的其他地方就可不再考虑这些段寄存器所含的段值，程序就能正常地运行。假如某个程序的数据区长度超过 64KB，那么就要在两个或多个数据段中存取数据。如果出现这种情况，只要再从存取一个数据段改变到存取另一个数据段时，改变数据段寄存器内的段值就可以了。

由于 BIU 能根据需要自动选择段寄存器，所以通常情况下，在指令中不指明所需要的段寄存器。取指令和堆栈操作所引用的段寄存器分别规定为 CS 和 SS，是不可变的；串操作中目的段的段寄存器规定位 ES 也是不可变的。但是，在存取一般存储器操作数时，段寄存器可以不一定是 DS；当偏移涉及 BP 寄存器时，段寄存器也不是非要为 SS。8086/8088 允许使用段超越前缀，改变上述两种情况下所使用的段寄存器，也即用段超越前缀直接明确指定引用的段寄存器。表 2-3 列出了段寄存器的引用规定，其中"可选用的段寄存器"栏就列出了可作为段超越前缀改变的段寄存器，另外，有效地址 EA（Effective Address）就是指段内偏移。

表 2-3　段寄存器的引用规定

访问存储器涉及的方式	正常使用的段寄存器	可选用的段寄存器	偏移
取指令	CS	无	IP
堆栈操作	SS	无	SP
一般数据存取	DS	CS、ES、SS	有效地址
源数据串	DS	CS、ES、SS	SI
目的数据串	ES	无	DI
BP 作为指针寄存器使用	SS	CS、DS、ES	有效地址

2.3　8086/8088 的寻址方式

表示指令中操作数据所在的方法称为寻址方式。8086/8088 有 7 种基本的寻址方式：立即寻址、寄存器寻址、直接寻址、寄存器间接寻址、寄存器相对寻址、基址加变址寻址和相对基址加变址寻址。

直接寻址、寄存器间接寻址、寄存器相对寻址、基址加变址寻址和相对基址加变址寻址，这 5 种寻址方式属于存储器寻址，用于说明操作数所在存储单元的地址。由于总线接口单元BIU 能根据需要自动引用段寄存器得到段值，所以这 5 种方式也就是确定存放操作数的存储单元有效地址 EA 的方法。BIU 能根据需要自动引用段寄存地址 EA 是一个 16 位的无符号数，在利用这 5 种方法计算有效地址时，所得的结果认为是一个无符号数。

除了这些基本的寻址方式外，还有固定寻址和 I/O 端口寻址等。

2.3.1　立即寻址方式

操作数就包含在指令中，它作为指令的一部分，跟在操作码后存放在代码前。这种操作数称为立即数。

立即数可以是 8 位，也可以是 16 位，按"高高低低"原则存放，即高位字节在高地址存储单元，低位字节在低地址存储单元。

指令 MOV　AX，1234H 的存储和执行情况如图 2-6 所示，这种寻址方式主要用于给寄存器或存储单元赋初值的场合。

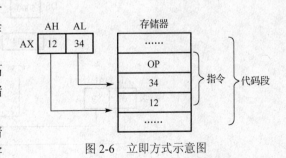

图 2-6　立即方式示意图

2.3.2　寄存器寻址方式

操作数在 CPU 内部的寄存器中，指令中指定寄存器号。对于 16 位操作数，寄存器可以是 AX、BX、CX、DX、SI、DI、SP 和 BP 等；对于 8 位操作数，寄存器可以是 AL、AH、BL、BH、CL、CH、DL 和 DH。

例如，指令 MOV　SI，AX 和指令 MOV　AL，DH 中的源操作数和目的操作数均是寄存器寻址。再如，如图 2-7 所示指令中，目的操作数采用寄存器寻址。

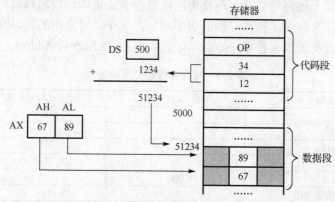

图 2-7　直接寻址方式示意图

由于操作数在寄存器中，不需要通过访问存储器来取得操作数，所以采用这种寻址方式的指令执行速度较快。

2.3.3　直接寻址方式

操作数在存储器中，指令直接包含操作数的有效地址。操作数一般存放在数据段，所以操作数的地址由 DS 加上指令中直接给出的 16 位偏移得到。如果采用段超越前缀，则操作数也可含在数据段外的其他段中。

设数据段寄存器 DS 的内容是 5000H 字存储单元中的内容是 6789H，那么在执行指令 MOV　AX，[1234H]后，寄存器 AX 的内容是 6789H。图 2-8 是此指令的存储和执行情况。为方便，本章常用(reg)表示寄存器 reg 的内容。于是该例的假设用(DS)=5000H 表示，执行结果用(AX)=6789H 表示。

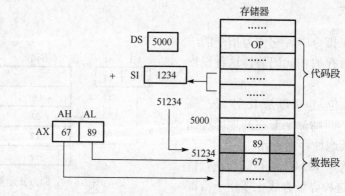

图 2-8　寄存间接寻址方式示意图

下面指令中目标操作数采用直接寻址，并且使用了段超越前缀：

    MOV ES: 5678H, BL   ; 用的段寄存器是 ES

这种寻址方式常用于处理单个存储器变量的情况。它可实现在 64KB 的段内寻找操作数。直接寻址的操作数通常是程序使用的变量。

注意立即寻址和直接寻址书写表示方法上的不同，直接寻址的地址要放在方括号中。在源程序中，往往用变量名表示。

2.3.4 寄存器间接寻址方式

操作数在存储器中，操作数有效地址在 SI、DI、BX、BP 这 4 个寄存器之一中。在一般情况（即不使用段超越前缀明确指定段寄存器）下，如果有效地址在 SI、DI 和 BX 中，则以 DS 段寄存器中的内容为段值；如果有效地址在 BP 中，则以 SS 段寄存器中的内容为段值。例如：

    MOV AX, [SI]

假设，(DS)=5000H，(SI)=F1234H。那么，存取的物理存储单元地址是 51234H。再设字存储单元的内容是 6789H，那么，在执行该命令后，(AX)=6789H。图 2-8 反映该指令的存储和执行情况。

下面指令种源操作数采用寄存器间接寻址，并且使用了段超越前缀：

    MOV   DL, CS:[BX]   ; 引用的段寄存器是 CS

下面指令中的操作数采用寄存器间接寻址，由于使用 BP 作为指针寄存器，所以默认的段寄存器是 SS：

    MOV [BP], CX   ; 引用的段寄存器是 BP

这种寻址方式可用于表格处理，在处理完表中的一项后，只要修改指针寄存器的内容就可以方便地处理表中的另一项。

请注意在书写表示寄存器间接寻址时，寄存器名一定要放在方括号中。下面两条指令的目的操作数的寻址方式完全不同：

    MOV [SI], AX   ; 目的操作数寄存器间接寻址
    MOV SI, AX   ; 目的操作数寄存器寻址

2.3.5 寄存器相对寻址方式

操作数在存储器中，操作数的有效地址是一个基址寄存器(BX、BP)或变址寄存器的(SI、DI)内容加上指令中给定的 8 位或 16 位位移量之和，即

$$EA = \begin{Bmatrix} (BX) \\ (BP) \\ (SI) \\ (DI) \end{Bmatrix} + \begin{Bmatrix} 8位 \\ 16位 \end{Bmatrix} 位移量$$

在一般情况（即不使用段超越前缀明确指定段寄存器）下，如果 SI、DI 或 BX 的内容作为有效地址的一部分，那么引用的段寄存器是 DS；如果 BP 的内容作为有效地址的一部分，那么引用的段寄存器是 SS。

在指令中，给定的 8 位或 16 位位移量采用补码形式表示。在计算有效地址时，如位移量是 8 位，则被符号扩展成 16 位。当所得的有效地址超过 FFFFH，则取其 64K 的模。例如：

```
MOV    AX, [DI+1223H]
```

假设，(DS)=5000H，　(DI)=3678H。那么，存取的物理存储单元是 5489BH。再设该字存储单元的内容是 55AAH，那么在执该命令后，(AX)=55AAH。图 2-9 反映该指令的存储和执行情况。

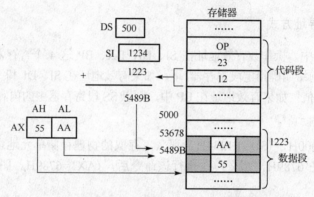

图 2-9　寄存器相对寻址示意图

下面指令中，源操作数采用寄存器相对寻址，引用的段寄存器是 SS：

```
MOV    BX, [BP-4]
```

下面指令中，目的操作数采用寄存器相对寻址，引用的段寄存器是 ES：

```
MOV    ES: [BX+5], AL
```

这种寻址方式同样可以用于表格处理，表格的首地址可设置为指令中的位移量，利用修改基址或变址寄存器的内容来存取表格中的项值。所以，这种方式很有利于实现高级语言中对结构或记录等数据类型所实施的操作。

请注意书写时基址或变址寄存器名一定要放在方括号中，而位移可不写在方括号中。下面两条指令源操作数的寻址方式是相同的，表示的形式等价：

```
MOV    AX, [SI+3]
MOV    AX, 3[SI]
```

2.3.6　基址加变址寻址方式

操作数在存储器中，操作数的有效地址由基址寄存器之一的内容与变址寄存器之一的内容相加得到。

在一般情况(即不使用段超越前缀明确指定段寄存器)下，如果 BP 之内容作为有效地址的一部分，则以 SS 中的内容为段值，否则以 DS 中的内容为段值。

当所得的有效地址超过 FFFFH 时，就取其 64K 的模。例如：

```
MOV AX, [BX+DI]
```

假设，(DS)=5000H，(BX)=1223H，(DI)=54H。那么，存取的物理存储单元地址是 51277H。再设该字存储单元的内容是 168H，那么，在执行该指令后，(AX)=168H。图 2-10 反映该指令的执行情况。

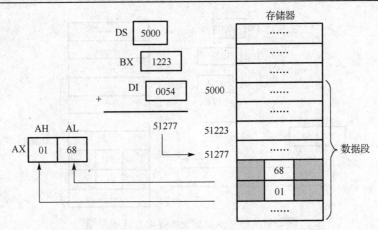

图 2-10　基址加变址寻址方式示意图

下面指令中，源操作数采用基址加变址寻址，通过增加段超越前缀来引用段寄存器 ES：

```
MOV    AX, ES:[BX+SI]
```

下面指令中，目的操作数采用基址加变址寻址，引用的段寄存器是 DX：

```
MOV    DX:[BP+SI], AL
```

这种寻址方式适用于数组或表格处理。用基址寄存器存放数组的首地址，而用变址寄存器来定位数组中的各元素，或反之。由于两个寄存器都可以改变，所以能更加灵活地访问数组或表格中的元素。

下面的两种方法是等价的：

```
MOV    AX, [BX+DI]
MOV    AX, [DI][BX]
```

2.3.7　相对基址加变址寻址方式

操作数在存储器中，操作数的有效地址由基址寄存器之一的内容与变址寄存器之一的内容与指令中给定的 8 位或 16 位位移量相加得到，也即

$$EA = \left\{ \begin{matrix} (BX) \\ (BP) \end{matrix} \right\} + \left\{ \begin{matrix} (SI) \\ (DI) \end{matrix} \right\} + \left\{ \begin{matrix} 8位 \\ 16位 \end{matrix} \ 位移量 \right\}$$

在一般情况（即不使用段超越前缀指令明确指定段寄存器）下，如果 BP 中的内容作为有效地址的一部分，则以 SS 段寄存器中的内容为段值，否则以 DS 段寄存器中的内容为段值。

在指令中给定的 8 位或 16 位位移量采用补码形式表示。在计算有效地址时，如果位移量是 8 位，那么被带符号扩展成 16 位。当所得的有效地址超过 FFFFH 时，就取其 64K 的模。例如：

```
MOV    AX,    [BX+DI-2]
```

假设，(DS)=5000H，(BX)=1223H，(DI)=54H。那么，存取的物理存储单元是 51275H。再设该字存储单元的内容是 7654H，那么在执行该指令后，(AX)=7654H。图 2-11 反映该指令的存储和执行情况，位移用补码表示。

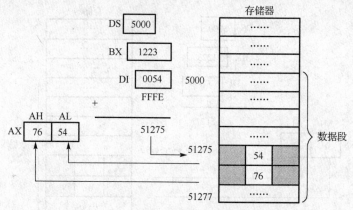

图 2-11 相对基址加变址寻址方式示意图

尽管相对基址加变址这种寻址方式最复杂，但也是最灵活的。相对基址加变址寻址这种寻址方式的表示方法多种多样，下面 4 种表示方法是等价的。

```
MOV    AX, [BX+DI+1234H]
MOV    AX, 1234H[BX+DI]
MOV    AX, 1234H, [BX][DI]
MOV    AX, 1234H[DI][BX]
```

2.4 8086/8088 指令系统

本节详细介绍 8086/8088 指令集中的部分常用指令。

2.4.1 指令集说明

1) 分组

与早前的 8 位微处理器相比，8086/8088 的指令系统丰富，而且指令的功能也强。大多数指令既能处理字数据，又能处理字节数据。算术运算和逻辑运算不局限于累加器，存储器操作数也可直接参加算术逻辑运算。

8086/8088 的指令系统可分为如下 6 个功能组：

(1) 数据传送；

(2) 算术运算；

(3) 逻辑运算；

(4) 串操作；

(5) 程序控制；

(6) 处理器控制。

2) 指令表示格式

为了方便地介绍指令系统中的指令，我们先介绍汇编语言中指令语句的一般格式。在汇编语言中，指令语句可由四部分组成，一般格式如下：

　[标号：]　　指令助记符　　[操作数 1　　[操作数　2]]　[；注释]

指令是否带有操作数，完全取决于指令本身。有的指令无操作数，有的指令有操作数，有的指令只有一个操作数，有的指令有需要两个操作数。标号的使用取决于程序的需要，是否写上注释由程序员决定。请注意：标号只被汇编程序识别，它与指令本身无关；由分号引导的注释则纯粹是为了理解和阅读程序的需要，汇编程序将其全部忽略，绝对不影响指令。

3) 其他说明

对于每一条指令，程序员要注意以下几点：

(1) 指令的功能；

(2) 适用于指令的操作数寻址方式；

(3) 指令对标志的影响；

(4) 指令的长度和执行时间。

2.4.2　数据传送指令

数据传送指令负责把数据、地址或立即数传送到寄存器或存储单元中。它又可以分为 4 种，分别说明如下。

1. MOV 传送指令

MOV 传送指令是使用最频繁的指令，其格式如下：

```
MOV    DST, SRC
```

此指令把一个字节或一个字从源操作数 SRC 送至目的操作数 DST。

源操作数可以是累加器、寄存器、存储单元以及立即数，而目的操作数可以是累加器、寄存器和存储单元。传送不改变源操作数。

MOV 指令可实现的传送方向如图 2-12 所示。具体地说，数据传送指令能实现下列传送功能。

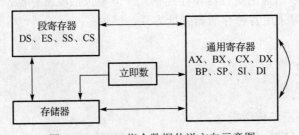

图 2-12　MOV 指令数据传送方向示意图

(1) CPU 内部寄存器的数据传送。例如：

```
MOV    AH, AL
MOV    BP, SP
MOV    AX, CS
```

(2) 立即数送至通用寄存器或存储单元(各种存储器寻址方式)。例如：

```
MOV    AL, 3
MOV    SI, -5
MOV    VARB, -1      ; VARB 是变量名，代表一个存储单元
MOV    VARW, 3456H   ; VARW 是一个字变量
MOV    [SI], 6543H
```

注意: 立即数不能直接传送到段寄存器,立即数永远不能作为目的操作数。

(3)寄存器与存储器间的数据传送。例如:

```
MOV   AX, VARW    ; VARW 是一个字变量
MOV   VARW, DS
```

对存储器操作数而言,可采用各种存储器寻址方式,这一点对其他指令也一直成立。关于 MOV 指令,要遵守下列规定。①源操作数和目的操作数类型要一致。即同时为字节或字,不能一个是字节,另一个是字。②除了串操作指令位,源操作数和目的操作数不能同时是存储器操作数。

这些例外和规定不仅适用于 MOV 指令,也同样适用于所有涉及操作数的指令。

如果要在两个存储单元件传送数据,可利用通用寄存器过渡的方法进行。例如:

```
MOV   AX, VARW1   ; 把字变量 VARW1 的内容送到字变量 VARW2
MOV   VARW2, AX
```

这种利用通用寄存器过渡的方法,也适用于段寄存器间的数据传送。例如:

```
MOV   AX, CS      ; 把 CS 的内容送到 DS
MOV   DS, AX
```

2. 交换指令

利用交换指令可方便地实现通用寄存器与通用寄存器或存储单元间的数据交换。交换指令的格式如下:

```
XCHG   OPRD1, OPRD2
```

此指令把操作数 OPRD1 的内容与操作数 OPRD2 的内容交换。操作数同时是字节或字。OPRD1 和 OPRD2 可以是通用寄存器和存储单元。但不包括段寄存器,也不能同时是存储单元,不能有立即数。可采用各种存储器寻址方式。例如:

```
XCHG   AL, AH
XCHG   [SI+BP+3], BX
```

3. 地址传送指令

8086/8088 有如下三条传送指令。

1)指令 LEA(Load Effective Address)

指令 LEA 称为传送有效地址指令,其格式如下:

```
LEA   REG, OPRD
```

该指令把操作数 OPRD 的有效地址传送到操作数 REG。操作数 OPRD 必须是一个存储器操作数,操作数 REG 必须是一个 16 位的通用寄存器。例如:

```
LEA   AX, BUFFER       ; BUFFER 是变量名
LEA   DX, [BX+3]
```

请注意,LEA 指令与把存储单元中的数据传送到寄存器的 MOV 指令有本质上的区别。假设变量 BUFFER 的偏移是 1234H,该自变量的值为 5678H,那么执行完指令 LEA   AX,BUFFER 后,AX 寄存器中的值为 1234H,而不是 5678H,在执行完指令 MOV   AX,BUFFER 后,AX 寄存器中的值为 5678H,而不是 1234H。

2) 指令 LDS（Load Pointer into DS）

段值和段内偏移构成 32 位的指针地址。该指令传送 32 位地址指针，其格式如下：

```
LDS     REG, OPRD
```

该指令把操作数 OPRD 中所含的一个 32 位地址指针的段值部分送到数据段寄存器 DS，把偏移部分送到指令给出的通用寄存器 REG。操作数 OPRD 必须是一个 32 位的存储器操作数，操作数 REG 可以是一个 16 位的通用寄存器，但实际使用的往往是变址寄存器或指针寄存器。例如：

```
LDS     DS, [BX]
LDS     SI, FARPOINTER                ; FARPOINTER 是一个双字变量
```

假设双字变量 FARPOINTER 包含的 32 位地址指针的段值为 5678H，偏移为 1234H，那么在执行指令 LDS　SI, FARPOINTER 后，段寄存器 DS 的值为 5678H，寄存器 SI 的值为 1234H。32 位地址指针的偏移部分存储在双字变量的低地址字中，段值部分存储在高地址字中。图 2-13 是该指令的执行示意图。

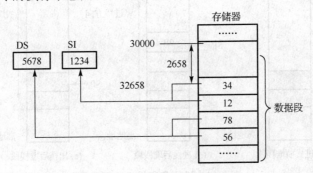

图 2-13　LDS 指令示意图

3) 指令 LES（Load Pointer into ES）

LES 指令也传送 32 位地址指针，其格式如下：

```
LES     REG, OPRD
```

该指令把操作数 OPRD 中所含的 32 位地址指针的段值部分送到附加段寄存器 ES，把偏移部分送到指令给出的通用寄存器 REG。其他说明同指令 LDS。

4. 堆栈操作指令

在 8086/8088 系统中，堆栈是一段 RAM 区域。称为栈底的一端地址较大，称为栈顶的一端地址较小。堆栈的段值在堆栈段寄存器 SS 中，堆栈指针寄存器 SP 始终指向栈顶。只要重新设置 SS 和 SP 的初值（例如，用 MOV 指令），就可以改变堆栈的位置。堆栈的深度由 SP 的初值决定。

堆栈操作始终遵守"后进先出"的原则，所有数据的存入和取出都在栈顶进行。在 8086/8088 系统中，进出堆栈的数据均以字为单位。

我们先列出堆栈的如下主要用途，每种用途的具体使用情况在以后的章节中陆续介绍：

(1) 现场和返回地址的保护；

(2) 寄存器内容的保护；

(3) 传递参数；

（4）寄存局部变量。

堆栈操作指令分为两种：进栈指令 PUSH 和出栈指令 POP。

1）进栈指令 PUSH

进栈指令把 16 位数据压入堆栈，其格式如下：

```
PUSH    SRC
```

指令把源操作数 SRC 压入堆栈。它先把堆栈指针寄存器 SP 的值减 2，然后把源操作数 SRC 送入由 SP 所指的栈顶。图 2-14（a）和（b）所示为指令 PUSH　AX 执行前后堆栈的变化情况，假设 AX=8A9BH。随着压入堆栈的数据增多，堆栈也逐步扩展。SP 值随着压栈而减小，但每次操作完，SP 总是指向栈顶。当把一个 16 位数据压入堆栈时，总是遵守"高高低低"的存储原则。

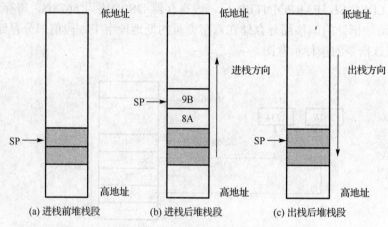

图 2-14　进栈和出栈操作示意图

源操作 SRC 可以是通用寄存器和段寄存器，也可以是字存储单元。例如：

```
PUSH  SI
PUSH  DS
PUSH  VARW       ；VARW 是字变量
PUSH  [SI]
```

2）出栈指令 POP

出栈指令从堆栈弹出 16 位数据，其格式如下：

```
POP   DST
```

该指令从栈顶弹出一个字数据到目的操作数 DST。它先把堆栈指针寄存器 SP 所指的字数据送至目的操作数 DST，然后 SP 值加 2，使其仍指向栈顶。图 2-14（b）和（c）所示为执行指令 POP AX 前后的堆栈变化情况。随着弹出堆栈的数据增多，堆栈也逐步收缩。SP 值随着弹出操作而增大，但每次操作完，SP 总是指向栈顶。

目的操作数 DST 可以是通用寄存器和段寄存器（但 CS 例外），也可以是字存储单元。例如：

```
POP  [SI]
POP  VARW       ；VARW 是字变量
POP  ES
POP  SI
```

下面的程序段说明堆栈的一种用途,临时保存寄存器的内容。

```
PUSH    DS        ; 保护 DS
PUSH    CS
POP     DS        ; 使 DS 的内容与 CS 的内容相同
……               ; 其他操作
POP     DS        ; 恢复 DS
```

2.4.3　标志操作指令

8086/8088 指令集中,有一部分指令是专门对标志寄存器或标志位进行的,包括 4 条标志寄存器传送指令和 7 条专门用于设置或清除某些标志位的指令。

1．标志传送指令

标志传送指令属于数据传送指令组。

1) 指令 LAHF(Losa AH with Flags)

指令 LAHF 采用固定寻址方式,指令格式如下:

```
LAHF
```

该条指令把标志寄存器的低 8 位(包括符号标志 SF、零标志 ZF、辅助进位标志 AF、奇偶标志 PF 和进位标志 CF)传送到寄存器 AH 的指定位,即相应地传送至寄存器 AH 的位 7、6、4、2 和 0,其他位(位 5、3 和 1)的内容无定义,如图 2-15 所示。

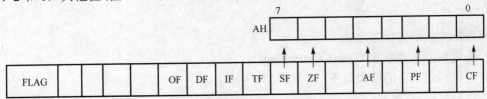

图 2-15　LAHF 指令示意图

这条指令本身不影响这些标志和其他标志。

2) 指令 SAHF(Store AH Flags)

指令 SAHF 采用固定寻址方式,其格式如下:

```
SAHF
```

该条指令与指令 LAHF 刚好相反,把寄存器 AH 的指定位送至标志寄存器低 8 位的 SF、ZF、AF、PF 和 CF 标志位。因而这些标志的内容就要受到影响,并取决于 AH 中相应位的状态。但这条指令不影响溢出标志 OF、方向标志 DF、中断允许标志 IF 和追踪标志 TF,也即不影响标志寄存器的高位字节。例如:

```
MOV     AH,     0CH
SAHF              ; CF=1, PF=0, AF=0, ZF=1, SF=1
```

3) 指令 PUSHF

指令 PUSHF 的格式如下:

```
PUSHF
```

该条指令把标志寄存器的内容压入堆栈,即先把堆栈指针寄存器 SP 的值减 2,然后把标志寄存器的内容送入由 SP 所指的栈顶。

这条指令不影响标志。

4）指令 POPF

指令 POPF 的格式如下：

```
POPF
```

该条指令把当前堆栈顶的一个字传送到标志寄存器，同时相应地修改堆栈指针，即把堆栈指针寄存器 SP 的值加 2。

在执行该指令后，标志寄存器的各位会发生相应的变化。

这条指令和 PUSHF 指令一起可以保存和恢复标志寄存器的内容，即保存和恢复各标志的值。另外，这两条指令也可以用来改变追踪标志 TF。在 8086/8088 指令系统中，没有专门设置和清除 TF 标志的指令，为了改变 TF 标志，可先用 PUSHF 指令将标志压入堆栈，然后设法改变栈顶字单元中的第 8 位（把整个标志寄存器看成一个字），再用 POPF 指令把该字弹回到标志寄存器。这样，其余的标志不受影响，而只有 TF 标志按需要改变了。

2． 标志位操作指令

标志位操作指令属于处理器控制指令组，它们仅对指令规定的标志产生指令规定的影响，对其他标志没有影响。

1）清进位标志指令 CLC（CLear Carry Flag）

清进位标志指令的格式如下：

```
CLC
```

该条指令使进位标志为 0。

2）置进位标志指令 STC（SeT Carry Flag）

置进位标志指令的格式如下：

```
STC
```

该条指令使进位标志为 1。

3）进位标志取反指令 CMC（CoMplement Carry Flag）

进位标志取反指令的格式如下：

```
CMC
```

该条指令使进位标志取反。若 CF 为 1，则使 CF 为 0，否则 CF 为 1。

4）清方向标志 CLD（Clear Direction Flag）

清方向标志指令的格式如下：

```
CLD
```

该条指令使方向标志 DF 为 0。从而在执行串操作指令时，使地址按递增方式变化。

5）置方向标志 STD（SeT Direction Flag）

置方向标志指令的格式如下：

```
STD
```

该条指令使方向标志 DF 为 1。从而在执行串操作指令时，使地址按递减方式变化。

6）清中断允许标志 CLI（Clear Interrupt Enable Flag）

清中断允许标志指令的格式如下：

```
    CLI
```

该条指令使中断允许标志 IF 为 0，于是 CPU 就不响应来自外部装置的可屏蔽中断。但对不可屏蔽中断和内部中断都没有影响。

7) 置中断允许标志 STI（SeT Interrupt Enable Flag）

置中断允许标志指令的格式如下：

```
    STI
```

该条指令使中断允许标志 IF 为 1，则 CPU 可以响应可屏蔽中断。

2.4.4　加减运算指令

8086/8088 提供加、减、乘和除 4 种基本算术运算操作。这些操作都可用于字节或字的运算，也可以用于无符号数的运算或有符号数的运算。有符号数用补码表示。加减运算指令不再分为无符号数运算指令和有符号数运算指令，而乘除运算指令还分为无符号数运算指令和有符号数运算指令。另外，8086/8088 还提供了各种十进制算术运算调整指令。

关于加减运算指令，有如下几点通用说明，请予以注意。

(1) 加减运算指令对无符号数和有符号数的处理一视同仁。既作为无符号数而影响标志 CF 和 AF，也作为有符号数影响标志 OF 和 SF，当然总会影响标志 ZF。加减运算指令也要影响标志 PF。有些指令稍有例外。

(2) 可参与加减运算的操作数如图 2-16 所示。总是只有通用寄存器或存储单元可用于存放运算结果。如果参与运算的操作数有两个，则最多只能有一个是存储器操作数。

(3) 如果参与运算的操作数有两个，则它们的类型必须一致，即同时为字节或同时为字。

(4) 存储器操作数可采用前面介绍的 4 种存储器操作数寻址方式。

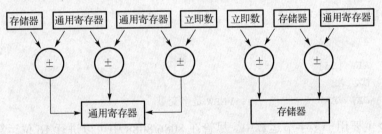

图 2-16　参与加减运算的操作数

1. 加法指令

1) 普通加法指令 ADD（ADDiton）

普通加法指令的格式如下：

```
    ADD OPRD1,  OPRD2
```

这条指令完成两个操作数相加，结果送至目的操作数 OPRD1，即

```
    OPRD1<=OPRD1+OPRD2
```

例如：

```
    ADD  AL, 5
    ADD  AL, AH
```

```
        ADD  DI, DI
        ADD  BL, VARB        ; VARB 是字节变量
        ADD  VARW, SI        ; VARW 是字变量
        ADD  [BX+SI-3], AX
```

用下面的程序片段说明加法指令及其对标志的影响，同时说明 8 位数据寄存器与 16 位数据寄存器间的关系。注释用于说明对应指令执行完后受影响的寄存器和标志位的变化。为了便于说明，采用十六位进制的形式表示数据。

```
        MOV  AX, 7896H       ; AX=7896H, 即 AH=78H, AL=96H
                             ; 各标志位保持不变
        ADD  AL, AH          ; AL=0EH, AH=78H, 即 AX=780EH
                             ; CF=1, ZF=0, SF=0, OF=0, AF=0, PF=0
        ADD  AH, AL          ; AH=86H, AL=0EH, 即 AX=860EH
                             ; CF=0, ZF=0, SF=1, OF=1, AF=1, PF=0
        ADD  AL, 0F2H        ; AL=00H, AH=86H, 即 AX=8600H
                             ; CF=1, ZF=1, SF=0, OF=0, AF=1, PF=1
        ADD  AX, 1234H       ; AX=9834H, 即 AH=98, AL=34H
                             ; CF=0, ZF=0, SF=1, OF=O, AF=O, PF=0
```

2) 带进位加指令 ADC（Add with Carry）

带进位加指令的格式如下：

```
        ADC  OPRD1, OPRD2
```

这条指令与 ADD 指令类似，完成两个操作数的相加，但还要把进位标志 CF 的现行值加上去，把结果送至目的操作数 OPRD1，即

```
        OPRD1<=OPRD2+CF
```

例如：

```
        ADC  AL, [SI]
        ADC  DX, AX
        ADC  DX, VARW                ; VARW 是字变量
```

ADC 指令主要用于多字节运算中。尽管在 8086/8088 中可以进行 16 位运算，但 16 位二进制数能表达的整数的范围还是很有限的。为了扩大数的范围，仍然需要多字节运算。例如，有两个 4 字节的数相加，加法要分两次进行，先进行低两字节相加，然后再做高两字节相加。在高两字节相加时，要把低两字节相加以后可能出现的进位考虑进去，用 ADC 指令实现这点很方便。

下面的程序片段实现两个 4 字节数相加，注意传送指令不影响标志。

```
        MOV    AX, FIRST1      ; FIRST1 是存放第一个数低两字节的变量
        ADD    AX, SECOND1     ; SECOND1 是存放第二个数低两字节的变量
        MOV    THIRD1, AX      ; 保存低两字节相加的结果到 THIRD1 变量中
        MOV    AX, FIRST2      ; FIRST2 是存放第一个数高两字节的变量
        ADC    AX, SECOND2     ; SECOND2 是存放第二个数高两字节的变量
        MOV    THIRD2, AX      ; 保存结果的高两字节到 THIRD2 变量中
```

3）加 1 指令 INC（INCrement）

加 1 指令的格式如下：

```
INC   OPRD
```

这条指令完成对操作数 OPRD 加 1，然后把结果送回 OPRD，即

```
OPRD<=OPRD+1
```

例如：

```
INC   AL
INC   VARB  ; VARB 是字节变量
```

目的操作数（DST）可以是通用寄存器，也可以是储存单元。这条指令执行的结果影响标志 ZF、SF、OF、PF 和 AF，但它不影响 CF。

该指令主要用于调整地址指针和计数器。例如，假设有 100 个 16 位无符号数存放在 1234：5678H 开始的内存中，现需要求它们的和。设把 32 位的和保存在 DX（高位）和 AX 寄存器中。

下面的程序片段能实现上述功能：

```
      ...
      MOV  AX, 1234H
      MOV  DS, AX       ; 置数据段寄存器值
      MOV  SI, 5678H    ; 置指针初值
      MOV  AX, 0        ; 清 32 位累加和
      MOV  DX, AX
      MOV  CX, 100      ; 置数据个数计数器
NEXT: ADD  AX, [SI]     ; 求和
      ADC  DX, 0        ; 加上可能的进位
      INC  SI           ; 调整指针
      INC  SI
      DEC  CX           ; 计数器减 1
      JNZ  NEXT         ; 如果不为 0，那么就继续累加下一个数据
      ...
```

2. 减法指令

1）普通减法指令 SUB（SUBtraction）

普通减法指令的格式如下：

```
SUB  OPRD1,  OPRD2
```

这条指令完成两个操作数相减，从 OPRD1 中减去 OPRD2，结果送到目标操作数 OPRD1 中，即

```
OPRD1<=OPRD1-OPRD2
```

例如：

```
SUB  AH, 12
SUB  BX, BP
SUB  AL, [BX]
SUB  BX, VARW    ; VARW 是字变量
SUB  [BP-2], AX
```

我们用下面的程序片段说明减法指令及其对标志的影响，同时再次说明 8 位数据寄存器与 16 位数据寄存器间的关系。注释用于说明对应指令执行完受影响的寄存器和标志位的变化。为了便于说明，还采用十六进制的形式表示数据。

```
MOV  BX, 9048H;    BX=9048H, 即 BH=90H, BL=48H
SUB  BH, BL        ; BH=48H, BL=48H, 即 BX=4848H
                   ; CF=0, ZF=0, SF=0, OF=1, AF=1, PF=1
SUB  BL, BH        ; BL=00H, BH=48H, 即 BX=4800
                   ; CF=0, ZF=1, SF=0, OF=0, AF=0, PF=1
SUB  LB, 5         ; BL=FBH, BH=48H, 即 BX=48FBH
                   ; CF=1, ZF=0, SF=1, OF=0, AF=1, PF=0
SUB  BX, 8F34H     ; BX=B9C7H, 即 BH=B9H, BL=C7H
                   ; CF=1, ZF=0, SF=1, OF=1, AF=0, PF=0
```

2）带进（借）位减指令 SBB（SuBtract with Borrow）

带借位指令的格式如下：

```
SBB  OPRD1,   OPRD2
```

这条指令与 SUB 指令类似，在操作数 OPRD1 减去操作数 OPRD2 的同时还要减去借位（进位）标志 CF 的现行值，例如：

```
SBB  AL,   DL
SBB  DX,   AX
```

该指令主要用于多字节数相减的场合。

3）减 1 指令 DEC（DECrement）

减 1 指令的格式如下：

```
DEC     OPRD
```

这条指令把操作数 OPRD 减 1，并把结果送回 OPRD，即

```
OPRD<=OPRD-1
```

例如：

```
DEC     BX
DEC     VARB     ; VARB 是字节变量
```

操作数 OPRD 可以是通用寄存器，也可以是存储单元。在相减时，把操作数作为一个无符号数对待。这条指令执行的结果影响标志 ZF、SF、OF、PF 和 AF，但它不影响 CF。

该指令主要用于调整地址指针和计数器。

4）取补指令 NEG（NEGate）

取补指令的格式如下：

```
NEG     OPRD
```

这条指令对操作数取补，就是用零减去操作数 OPRD，再把结果送回 OPRD，也即

```
OPRD<=0-OPRD
```

例如：

```
NEG     AL
```

```
        NEG      VARW[SI]          ;有效地址是变量 VARW 的位移加 SI 的值
```

若在字节操作是对–128 取补，或在字操作是对–32768 取补，则操作数没有变化，但 OF 被置位。操作数可以是通用寄存器，也可以是存储单元。此指令的执行结果影响 CF、ZF、SF、OF、AF 和 PF，一般总使 CF 为 1，除非操作数为 0。

5) 比较指令 CMP(CoMPare)

比较指令的格式如下：

```
    CMP   OPRD1, OPRD2
```

这条指令完成操作数 OPRD1 减去操作数 OPRD2，运算结果不送到 OPRD1，但影响标志 CF、ZF、SF、OF、AF 和 PF。例如：

```
    CMP   SI, DI
    CMP   CL, 5
    CMP   DX, [BP-4]
```

比较指令主要用于比较两个数的关系，是否相等，谁大谁小。在执行了比较指令后，可根据 ZF 是否置位，判断两者是否相等；如果两者是无符号数，则可根据 CF 判断大小；如果两者是有符号数，则要根据 SF 和 OF 判断大小。例如，设有两个 64 位数按"高高低低"原则存放同一个段的两个缓冲区 DATA1 和 DATA2 中，现需要计算 DATA1–DATA2。下面的程序计算 DATA1–DATA2，结果存放在 DATA1 中，可能发生的借位保留在 CF 中。

```
        ...
        MOV   CX, 4                ;64 位分成 4 个字
        SUB   BX, BX               ;清指针，同时清 CF
NEXT:  MOV   AX, DATA2[BX]         ;取减数
        SBB   DATA1[BX], AX        ;带借位减
        INC   BX                   ;调整指针
        INC   BX
        DEX   CX                   ;是否已处理完 4 个字
        JNZ   NEXT                 ;没完继续
        ...
```

2.4.5 乘除运算指令

8086/8088 除了提供加减运算指令外，还提供乘除运算指令。乘除运算指令分为无符号数运算指令和有符号数运算指令。这点与加减运算指令不同。乘除运算指令对标志位的影响有些特别，不像加减运算指令对标志位的影响那样自然。

1. 乘法指令

在乘法指令中，一个操作数总是隐含在寄存器 AL(8 位数相乘)或者 AX(16 位数相乘)中，另一个操作数可以采用除立即数方式以外的一种寻址方式。

1) 无符号数乘法指令 MUL(MULtiply)

无符号指令的格式如下：

```
    MUL   OPRD
```

如果 OPRD 是字节操作数，则把 AL 中的无符号数语 OPRD 相乘，16 位结果送到 AX 中；

如果 OPRD 是字操作数，则把 AX 中的无符号数与 OPRD 相乘，32 位结果送到 DX 和 AX 对中，DX 含高 16 位，AX 含低 16 位。所以由操作数 OPRD 决定是字节相乘，还是字相乘。例如：

```
MUL  BL
MUL  AX
MUL  VARW    ；VARW 是字变量
```

如果乘积结果的高半部分（字节相乘时为 AH，在字相乘时为 DX）不等于零，则标志 CF=1，OF=1；否则 CF=0，OF=0。所以 CF=1 和 OF=1 表示在 AH 或 DX 中含有结果的有效数。该指令对其他标志位无定义。

2）有符号数乘法指令 IMUL（SIgned　MULtiply）

有符号数乘指令的格式如下：

```
IMUL  OPRD
```

这条指令把被乘数和乘数均作为有符号数，此外与指令 MUL 完全类似。例如：

```
IMUL  CL
IMUL  DX
IMUL  VARW      ；VARW 是字变量
```

如果乘积结果的高半部分（字节相乘时为 AH，在字相乘时为 DX）不是低半部分的符号扩展，则标志 CF=1，OF=1；否则 CF=O，OF=0。所以 CF=1 和 OF=1 表示在 AH 或 DX 中含有结果的有效数。该指令对其他标志位无定义。

2. 除法指令

在除法指令中，被除数总是隐含在寄存器 AX（除数是 8 位）、DX 和 AX（除数是 16 位）中，另一个操作数可以采用除立即数方式外的任一种寻址方式。

1）无符号数除法指令 DIV（DIVision）

无符号数除法指令的格式如下：

```
DIV  OPRD
```

如果 OPRD 是字节操作数，则把 AX 中的无符号数除以 OPRD，8 位的商送到 AL 中，8 位的余数送到 AH。如果 OPRD 是字操作数，则把 DX（高 16 位）和 AX 中的无符号数除以 OPRD，16 位的商送到 AX，16 位的余数送到 DX 中。所以由操作数 OPRD 决定是字节除，还是字除。例如：

```
DIV  BL
DIV  SI
DIV  VARW    ；VARW 是字变量
```

注意： 如果除数为 0，或者在 8 位数除时商超过 8 位，或者在 16 位时商超过 16 位，则认为是除溢出，引起 0 号中断。

除法指令对标志位的影响无定义。

2）有符号数除法指令 IDIV（signed　DIVision）

有符号数除法指令的格式如下：

```
        IDIV  OPRD
```

这条指令把被除数和除数均作为有符号数，此外与指令 DIV 完全类似。

例如：

```
        IDIV  CX
        IDIV  VARW      ; VARW 是字变量
```

当除数为 0，或者商太大(字节除时超过 127，字除时超过 32767)，或者商太小(字节除时小于–127，字除时小于–32767)时，则引起 0 号中断。

3. 符号扩展指令

由于除法指令隐含使用字被除数或双字被除数，所以当被除数为字节，或者除数和被除数均为字节时，需要在除操作前扩展被除数。为此 8086/8088 专门提供了符号扩展指令。

1) 字节转换为字指令 CBW(Convert　Byte　to　Word)

字节转换为字指令的格式如下：

```
        CBW
```

这条指令把寄存器 AL 中的符号扩展到寄存器 AH。即若 AL 的最高有效位为 0，则 AH=0；若 AL 的最高有效位为 1，则 AH=0FFH。例如：

```
        MOV   AX, 3487H   ; AX=3487H, 即 AH=34H,  AL=87H
        CBW               ; AH=0FFH, AL=87H, 即 AX=0FF87H
```

这条指令能在两个字节相除以前，产生一个字长度的被除数。这条指令不影响各标志位。

2) 字转换为双字指令 CWD(Converts Word　to Double　word)

字转换为双字指令的格式如下：

```
        CWD
```

这条指令把寄存器 AX 中的符号扩展到寄存器 DX。即若 AX 的最高有效位为 0，则 DX=0；若 AX 的最高有效位为 1，则 DX=0FFFFH。例如：

```
        MOV   AX, 4567H   ; AX=4567H
        CWD               ; AX=4567H,  DX=0
```

这条指令能在两个字相除以前，产生一个双字长度的被除数。该指令不影响各标志位。

注意：在无符号数除之前，不宜用 CBW 或 CWD 指令扩展符号位，一般采用 XOR 指令清高 8 位或高 16 位。

例，计算如下表达式的值：

$$(X*Y+Z-1024)/75$$

假设其中的 X、Y 和 Z 均为 16 位带符号数，分别存放在名为 XXX、YYY 和 ZZZ 的变量单元中。再假设计算结果的商保存在 AX 中，余数保存在 DX 中。下面的程序片段能够满足要求。

```
        ...
        MOV  AX, XXX
        IMUL YYY              ;计算 X*Y
        MOV  CX, AX
```

```
MOV  BX, DX              ; 积保存到 BX：CX 中
MOV  AX, ZZZ
CWD                      ; 把 ZZZ 扩展成 32 位
ADD  AX, CX              ; 再计算和
ADC  DX, BX
SUB  AX, 1024            ; 再计算差
SBB  DX, 0
MOV  CX, 75
IDIV CX                  ; 最后计算商和余数
……
```

2.4.6　逻辑运算和移位指令

这组指令包括逻辑运算、移位和循环移位指令三部分。逻辑运算指令除指令 NOT 外，均有两个操作数。移位和循环移位指令只有一个操作数。关于这组指令有如下几点通用说明，请予以注意。

(1) 如果指令有两个操作数，那么这两个操作数也可结合如图 2-16 所示。但最多只能有一个为储存器操作数。

(2) 只有通用寄存器或存储器操作数可作为目的操作数，用于存放运算结果。

(3) 如果只有一个操作数，则该操作数既是源又是目的。

(4) 操作数可以是字节，也可以是字。但如果有两个操作数，则它们的类型必须一致，即同时为字节或同时为字。

(5) 对于储存器操作数可采用 2.3 节中介绍的 4 种存储器操作数寻址方式。

1. 逻辑运算指令

1) 否操作指令 NOT

否操作指令的格式如下：

```
NOT  OPRD
```

这条指令把操作数 OPRD 取反，然后送回 OPRD。例如：

```
NOT  AX
```

操作数 OPRD 可以是通用寄存器，也可以是存储器操作数。此指令对标志位没有影响。

2) 与操作指令 AND

与操作指令的格式如下：

```
AND  OPRD1,  OPRD2
```

这条指令对两个操作数进行按位的逻辑"与"运算，结果送到目的操作数 OPRD1。例如：

```
AND   DH,   DH
AND   AX, ES: [SI]
```

该指令执行以后，标志 CF=0，标志 OF=0，标志 PF、ZF、SF 反映运算结果，标志 AF 未定义。

某个操作数自己与自己相"与"，则值不变，但可使进位标志 CF 清 0。与操作指令主要用在使一个操作数中的若干位维持不变，而另外若干位清为 0 的场合。把要维持不变的这些

位与"1"相"与"，而把要清为 0 的这些位与"0"相"与"就能达到这样的目的。例如：

```
MOV  AL, 34H        ; AL=34H
AND  AL, 0FH        ; AL=04H
```

3) 或操作指令 OR

或操作指令的格式如下：

```
OR  OPRD1, OPRD2
```

这条指令对两个操作数进行按位的逻辑"或"运算，结果送到目的操作数 OPRD1。例如：

```
OR   AX, 8080H
OR   CL, AL
OR   [BX-3], AX
```

OR 指令执行以后，标志 CF=0，标志 OF=0，标志 PF、ZF、SF 反映运算结果，标志 AF 未定义。

某个操作数自己与自己相"或"，则值不变，但可使进位标志 CF 清 0，或操作指令主要用在使一个操作数中的若干位维持不变，而另外若干位置为 1 的场合。把要维持不变的这些位与"0"相"或"，而把要置为 1 的这些位与"1"相"或"就能达到这样的目的。例如：

```
MOV  AL, 41H          ; AL=01000001B，B 表示二进制
OR   AL, 20H          ; AL=01100001B
```

4) 异或操作指令 XOR

异或指令的格式如下：

```
XOR  OPRD1,  OPRD2
```

这条指令对两个操作数进行按位的逻辑"异或"运算，结果送到目的操作数 OPRD1。该指令执行以后，标志 CF=0，标志 OF=0，标志 PF、ZF、SF 反映运算结果，标志 AF 未定义。

某个操作数自己与自己相"异或"，则结果为 0，并可使进位标志 CF 清 0。例如：

```
XOR   DX, DC     ; DX=0,     CF=0
```

异或操作指令主要用在使一个操作数中的若干位维持不变，而另外若干位置取反的场合。把要维持不变的这些位与"0"相"异或"，而把要取反的这些位与"1"相"异或"就能达到这样的目的。例如：

```
MOV  AL, 34H           ; AL=00110100B，符号 B 表示二进制
XOR  AL, 0FH           ; AL=00111011B
```

5) 测试指令 TEST

测试指令的格式如下：

```
TEST  OPRD1,   OPRD2
```

这条指令和指令 AND 类似，也把两个操作数进行按位"与"，但结果不送到操作数 OPRD1，仅仅影响标志。该指令执行以后，标志 ZF、PF 和 SF 反映运算结果，标志 CF 和 OF 被清 0。

该指令通常用于检测某些位是否为 1，但又不希望改变原操作数值的场合。例如，要检查 AL 中的位 6 或位 2 是否有一位为 1，可使用如下指令：

```
        TEST   AL, 01000100B ; 符号 B 表示二进制
```

如果位 6 和位 2 全为 0，那么在执行上面的指令后，ZF 被置 1，否则 Z 被清 0。

2. 一般移位指令

8086/8088 有 3 条一般移位指令：算术左移指令、逻辑左移指令、算术右移指令、逻辑右移指令。一般格式如下：

```
        SAL   OPRD, m            ; 算术左移指令(同逻辑左移指令)
        SHL   OPRD, m            ; 逻辑左移指令
        SAR   OPRD, m            ; 算术右移指令
        SHR   OPRD, m            ; 逻辑右移指令
```

其中，m 是移位位数，或为 1 或为 CL。当要移多个位时，移位位数需要存放在 CL 寄存器中。操作数 OPRD 可以是通用寄存器，也可以是存储器操作数。

1) 算术左移或逻辑左移指令 SAL/SHL(Shift Arithmetic Left 或 Shift Logic Left)

算术左移或逻辑左移进行相同的动作，尽管为了方便提供两个助记符，但只有一条机器指令。具体格式如下：

```
        SHL   OPRD, m      或者
        SHL   OPRD, m
```

算术左移 SAL/逻辑左移 SHL 指令把操作数 OPRD 左移 m 位，每移动一位，右边用 0 补足一位，移出的最高位进入标志位 CF，如图 2-17(a)所示。

下面的程序片段用于说明该指令的使用及其对标志位的影响，注释给出了指令执行完后的操作数值和受影响的标志变化情况。

```
        MOV   AL, 8CH    ; AL=8CH
        SHL   AL, 1      ; AL=18H, CF=1, PF=1, ZF=0, SF=0, OF=1
        MOV   CL, 6      ; CL=6
        SHL   AL, CL     ; AL=0, CF=0, PF=1, ZF=1, SF=0, OF=0
```

只要左移以后的结果未超出一个字节或一个字的表达范围，那么每左移一次，原操作数每一位的权增加了一倍，也即相当于原数乘 2。下面的程序片段实现把寄存器 AL 中的内容(设为无符号数)乘 10，结果存放在 AX 中。

```
        XOR   AH, AH     ; (AH)=0
        SHL   AX, 1      ; 2X
        MOV   BX, AX     ; 暂存 2X
        SHL   AX, 1      ; 4X
        SHL   AX, 1      ; 8X
        ADD   AX, BX     ; 8X+2X
```

2) 算术右移指令 SAR(Shift Arithmetic Right)

算术右移指令的格式如下：

```
        SAR   OPRD, m
```

该指令使操作数右移 m 位，同时每移一位，左边的符号位保持不变，移出的最低位进入标志位 CF，如图 2-17(b)所示。例如：

```
SAR  AL, 1
SAR  BX, CL
```

对于有符号数和无符号数而言，算术右移一位相当于除以 2。

3) 逻辑右移指令 SHR（Shift Logic Right）

逻辑右移指令的格式如下：

```
SHR  OPRD, m
```

该指令使操作右移 m 位，同时每移一位，左边用 0 补足，移出的最低位进入标志位 CF。
如图 2-17(c) 所示。例如：

```
SHR  BL, 1
SHR  AX, CL
```

对于无符号数而言，逻辑右移一位相当于除以 2。

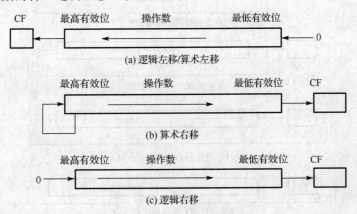

图 2-17 移位指令示意图

在汇编语言程序设计中，经常需要对以位为单位的数据进行合并和分解处理。一般通过
移位指令和逻辑运算指令进行这种数据的合并和分解处理。

例如，假设 DATA1 和 DATA2 各长 4 位，分别存放在 AL 寄存器的低 4 位和高 4 位中，
现要把它们分别存放到 BL 寄存器和 BH 寄存器的低 4 位中。

下面的程序片段能实现上述要求。

```
...
MOV  BL, AL
AND  LB, 0FH    ; 得 DATA1
MOV  AH, AL     ; 得 DATA2
MOV  CL, 4
SHR  BH, CL
...
```

3. 循环移位指令

8086/8088 有 4 条循环移位指令：左循环移位指令 ROL（Rotate Left）、右循环移位指令
ROR（Rotate Right）、带进位左循环移位指令 RCL（Rotate Left through CF）、带进位右循环移
位指令 RCR（Rotate Right through CF）。这些指令可以一次只移一位，也可以一次移多位。若
移多位，那么移位次数存放在 CL 寄存器中。

这些指令的格式如下：

```
ROL   OPRD, m
ROR   OPRD, m
RCL   OPRD, m
RCR   OPRD, m
```

其中，m 是移位的次数，或为 1 或为 CL。操作数 OPRD 可以是通用寄存器，也可以是存储器操作数。

前两条循环指令没有把进位标志位 CF 包含在循环的环中；后两条循环指令把进位标志 CF 包含在循环的环中，即作为整个循环的一部分。4 条循环指令的操作如图 2-18 所示。

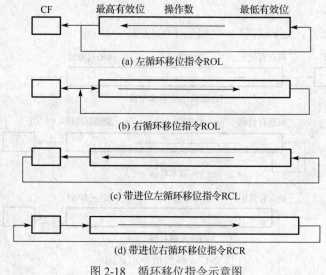

(a) 左循环移位指令ROL

(b) 右循环移位指令ROL

(c) 带进位左循环移位指令RCL

(d) 带进位右循环移位指令RCR

图 2-18　循环移位指令示意图

这些指令只影响标志 CF 和 OF。

左循环移位指令 ROL，它每移位一次，操作数左移，其最高位移入最低位，同时最高位也移入进位标志 CF。

右循环移位指令 ROR，它每移位一次，操作数右移，其最低位移入最高位，同时最低位也移入进位标志 CF。

带进位左循环移位指令 RCL，它每移位一次，操作数左移，其最高位移入进位标志 CF，CF 移入最低位。

带进位右循环移位指令 RCL，它每移位一次，操作数右移，其最低位移入进位标志 CF，CF 移入最高位。

对于不带进位的循环移位指令而言，如果操作数是 8 位，那么在移位 8 次后，操作数就能复原；如果操作是 16 位，那么在移位 16 次后，操作数就能复原。对于带进位的循环移位指令而言，如果操作数是 8 位，那么在移位 9 次后，操作就能复原；如果操作的是 16 位，那么在移位 17 次后，操作就能复原。例如：

```
MOV CL, 9
RCR AL, CL
```

通过带进位循环移位指令和其他移位指令的结合，可以实现两个或多个操作数的重新结合。

例如，下面的程序片段实现把 AL 的高 4 位与低 4 位交换。

```
ROL   AL, 1
ROL   AL, 1
ROL   AL, 1
ROL   AL, 1
```

例如，下面的程序片段实现把 AL 的最低位送入 BL 的最低位，仍保持 AL 不变。

```
ROR   BL, 1
ROR   AL, 1
RCL   BL, 1
ROL   AL, 1
```

例如，设 DATA1 存放在 AL 的低 4 位，DATA2 存放在 AH 的低 4 位，DATA3 存放在 SI 的低 4 位，DATA4 存放在 SI 的高 4 位。现要把这 4 个数据合并为 16 位，并存放到 DX 寄存器中。存放要求如下：

DH		DL	
DATA1	DATA2	DATA3	DATA4

实现上述功能的程序片段如下：

```
...
; 把 DATA1 送到 DH 的高 4 位，即 DX 的高 4 位
MOV   DH, AL
MOV   CL, 4
SHL   DH, CL
; 把 DATA2 送到 DH 的低 4 位，即 DX 的位 11 至位 8
AND   AH, 0FH
OR    DH, AH
; 把 DATA4 送到 DLDE 的低 4 位，即 DX 的低 4 位，同时 DATA3 送到 AL 的高 4 位
MOV   AX, SI
SHL   AX, 1
RCL   DL, 1
SHL   AX, 1
RCL   DL, 1
SHL   AX, 1
RCL   DL, 1
SHL   AX, 1
RCL   DL, 1
; 把 DATA3 送到 DL 的高 4 位，即 DX 的位 7 至位 4
AND   DL, 0FH
OR    DL, AL
...
```

下面的程序片段，也能实现上述功能，请比较。

```
...
; 把 DATA1 与 DATA2 合并，存放到 DH
MOV     CL, 4
```

```
ROL      AL, CL
AND      AX, 0FF0H
MOV      DH, AH
OR       DH, AL
;把 DATA3 与 DATA4 合并，存放到 DL
MOV      AX, SI
ROR      AX, CL
MOV      DL, AH
...
```

2.4.7　转移指令

8086/8088 提供了大量用于控制程序流程的指令，按功能可分成如下 4 类：

(1)无条件转移指令和条件转移指令；

(2)循环指令；

(3)过程调用和过程返回指令；

(4)软中断指令和中断返回指令。

由于程序代码可以分为多个段，所以根据转移时是否重置代码段寄存器 CS 的内容，它们又可分为段内转移和段间转移两大类。段内转移是指仅重新设置指令指针 IP 的转移，由于没有重置 CS，所以转移后继续执行的指令仍在同一个代码段中。条件转移指令和循环指令只能实现段内转移。段间转移是指不仅重新设置 IP，而且重新设置代码段寄存器 CS 的转移，由于重置 CS，所以转移后继续执行的指令在另一段中。软中断指令和中断返回指令总是段间转移。无条件转移指令和过程调用及返回指令既可以是段内转移，也可以是段间转移。段内转移也称为近转移，段间转移也称为远转移。

对无条件转移指令和过程调用指令而言，按确定转移目的地址的方式还可分为直接转移和间接转移两种。

下面介绍无条件转移指令、条件转移指令和循环指令。这些指令均不影响标志。

1. 无条件转移指令

1)无条件段内直接转移指令

无条件段内直接转移指令的使用格式如下：

```
JMP   标号
```

这条指令使控制无条件地转移到标号地址处。例如：

```
NEXT:   MOV  AX, CX
        ...
JMP     NEXT      ;转 NEXT 处
        ...
JMP     OVER      ;转 OVER 处
        ...
OVER:   MOV AX, 1
```

无条件段内直接转移指令对应的机器指令格式如下，由操作码和地址差值构成。

指令操作码	地址差

其中的地址差是程序中该无条件转移指令的下一条指令的开始地址到转移目标地址（标号所指定指令的开始地址）的差值，由汇编程序在汇编时计算得出。因此，在执行无条件段内转移指令时，实际的动作是把指令中的地址差加到指令指针 IP 上，使 IP 中的内容为目标地址，从而达到转移的目的。图 2-19 是无条件段内转移指令的存储和执行示意图。请注意，指令中的地址差值由汇编程序计算得出。

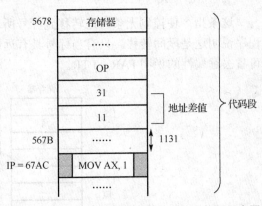

图 2-19　无条件段内转移指令的存储和执行示意图

段内无条件直接转移指令中的地址差可用一个字节表示，也可用一个字表示。如果地址差值只要用一个字节表示，就称为短转移；如果地址差值要用一个字表示，就称为近转移。一个字节表示的地址差的范围是–128～+128，所以，如果以转移指令本身为基准，那么短转移的范围则为–126～+129。一个字表示的地址差的范围是 0～65535，当 IP 与地址差之和超过 65535 时，那么便在段内超越（即取 65536 的模），所以，近转移的范围是整个段。

如果当汇编程序汇编到该转移指令时能够正确地计算出地址差，那么汇编程序就根据地址差的大小，决定使用一个字节表示地址差，还是使用一个字表示地址差。例如，上例中的 **JMP　NEXT** 指令。如果当汇编程序汇编到该指令时还不能计算出地址差，那么汇编程序就按两字节地址差汇编此转移指令。例如，上例中的 **JMP OVER** 指令。对于后一种情况，如果程序员在写程序时能估计出一字节就可表示地址差，那么可在标号前加一个汇编程序操作符 **SHORT**，例如：

```
JMP  SHORT OVER
```

这样，汇编程序就按一字节的地址差汇编此转移指令。当实际的地址差无法用一个字节表示时，汇编程序会发出汇编出现错误的提示信息。

这种利用目标地址与当前转移指令本身地址之间的差值记录转移目标地址的转移方式也称为相对转移。相对转移有利于程序的浮动。

2) 无条件段内间接转移指令

无条件段内间接转移指令的格式如下：

```
JMP  OPRD
```

这条指令使控制无条件地转移到由操作数 OPRD 中的内容给定的目标地址处。操作数 OPRD 可以是通用寄存器，也可以是字存储单元。例如：

```
JMP  CX              ; CX 寄存器的内容送 IP
JMP  WORD PTR [1234H] ; 字存储单元[1234H]的内容送 IP
```

图 2-20 给出了上述指令的存储和执行示意图。其中假设当前数据段偏移 1234H 处字单元的内容是 5678H。

3) 无条件段间直接转移指令

无条件段间直接转移指令的使用格式如下：

　　　　JMP　FAR　PTR 标号

　　这条指令使控制无条件地转移到标号所对应的地址处。标号前的符号 FAR　PTR 向汇编程序说明这是段间转移。只有当标号具有远属性，且标号处的指令已先被汇编的情况下，才可省去远属性的说明 FAR　PTR。

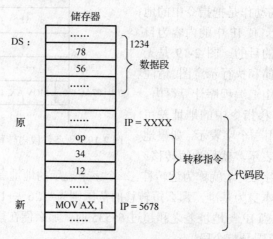

图 2-20　无条件段内间接转移指令示意图

例如：

　　　　JMP　FAR　PTR　EXIT　；EXIT 是定义在另一个代码段中的标号

无条件段间直接转移指令的机器指令格式如下，由操作码及包括段值和偏移的地址构成。

指令操作码	目标地址偏移	目标地址段值

　　无条件段间直接转移指令的具体动作是把指令中包含的目标地址的段值和偏移分别置入 CS 和 IP。

　　这种指令中，直接包含转移目标地址的转移方式称为绝对转移。

　　4）无条件段间间接转移指令

　　无条件段间间接转移指令的格式如下：

　　　　JMP　OPRD

　　这条指令使控制无条件地转移到由操作数 OPRD 的内容给定的目标地址处。操作数 OPRD 必须是双字存储单元。例如：

　　　　JMP　DWORD PTR [1234H]　　　　；双字存储单元的低字内容送 IP
　　　　　　　　　　　　　　　　　　　　；双字存储单元的高字内容送 CS

2. 条件转移指令

　　8086/8088 提供了大量的条件转移指令，它们根据某标志位或某些标志位的逻辑运算来判别条件是否成立。如果条件建立，则转移，否则继续顺序执行。所有条件转移都只是段内转移。

　　条件转移也采用相对转移方式。即通过在 IP 上加一个地址差的方法实现转移。但条件转移指令中只用一个字节表示地址差，所以，如果以条件转移指令本身作为基准，那么条件转移的范围为−126～+129。如果条件转移的目的超出此范围，那么必须借助无条件转移指令。

条件转移指令不影响标志。

条件转移指令的格式列于表 2-4 中，有些条件转移指令有两个助记符，还有些条件转移指令有 3 个助记符。使用多个助记符的目的是便于记忆和使用。

表 2-4　条件转移指令

指令格式		转移条件	转移说明	其他说明
JZ	标号	ZF=1	等于 0 转移	单个标志
JE	标号	ZF=1	或者相等转移	
JNZ	标号	ZF=0	不等于 0 转移	单个标志
JNE	标号	ZF=0	或者不相等转移	
JS	标号	SF=1	为负转移	单个标志
JNS	标号	SF=0	为正转移	单个标志
JO	标号	OF=1	溢出转移	单个标志
JNO	标号	OF=0	不溢出转移	单个标志
JP	标号	PF=1	偶转移	单个标志
JPE	标号	PF=1		
JNP	标号	PF=0	奇转移	单个标志
JPO	标号	PF=0		
JB	符号	CF=1	低于转移或者不高于等于转移	单个标志
JNAE	符号	CF=1	或者进位标志被置转移	无符号数
JC	符号	CF=1		
JNB	符号	CF=0	不低于转移或者高于等于转移	单个标志
JAE	符号	CF=0	或者进位标志被清转移	无符号数
JNC	符号	CF=0		
JBE	符号	(CF 或 ZF)=1	低于等于转移或者不高于转移	两个标志无符号数
JNA	符号	(CF 或 ZF)=1		
JNBE	符号	(CF 或 ZF)=0	不低于等于转移或者高于转移	两个标志无符号数
JA	符号	(CF 或 ZF)=0		
JL	符号	(SF 异或 OF)=1	小于转移或者不大于等于转移	两个标志有符号数
JNGE	符号	(SF 异或 OF)=1		
JNL	标号	(SF 异或 OF)=0	不小于转移	两个标志有符号数
JGE	标号	(SF 异或 OF)=0	或者大于等于转移	
JLE	标号	((SF 异或 OF)或 ZF)=1	小于等于转移	三个标志有符号数
JNG	标号	((SF 异或 OF)或 ZF)=1	不大于转移	
JNLE	符号	((SF 异或 OF)或 ZF)=1	不小于等于转移	三个标志有符号数
JG	符号	((SF 异或 OF)或 ZF)=1	大于转移	

条件转移指令是使用得最多的转移指令。通常，在条件转移指令前，总安排相关条件判别指令。

下面的程序片段测试 AX 的低 4 位是否全是 0，如果均是 0，那么使 CX=0，否则使 CX=−1。

```
MOV   CX, - 1        ; 先使 CX= -1
TEST  AX, 0FH        ; 测试 AX 的低 4 位
JNZ   NZERO          ; 不全为 0 则转移
MOV   CX, 0          ; 全为 0 时使 CX=0
NZERO: …
```

从表 2-4 中可见，无符号数之间大小比较后的条件转移指令和有符号数之间的大小比较

后的条件转移指令有很大不同。有符号数间的次序关系称为大于(G)、等于(E)和小于(L);无符号数间的次序关系称为高于(A)、等于(E)和低于(B)。所以,在使用时要注意区分它们,不能混淆。

下面的程序片段实现两个无符号数(设在 AX 和 BX 中)的比较,把较大的数存放到 AX 中,把较小的数存放在 BX 中。

```
        CMP   AX, BX
        JAE   OK          ; 无符号数比较大小转移
        XCHG  AX, BX
  OK:   …
```

如果要比较的两个数是有符号数,则可用下面的程序片段。

```
        CMP   AX, BX
        JGE   OK          ; 有符号数比较大小转移
        XCHG  AX, BX
  OK:   …
```

从表 2-4 中可见,无符号数之间大小比较后的条件转移指令和有符号数之间的大小比较后的条件转移指令测试的标志完全不同。

不论无符号数还是有符号数,两数是否相等由 ZF 标志反映。

当两个无符号数相减时,CF 位的情况说明了是否有错位。因此进位标志 CF 反映两个无符号数比较后的大小关系,用于无符号数的条件转移指令(如 JB 和 JAE 等)检测标志 CF,以判别条件是否成立。但进位标志 CF 不能反映两个有符号数比较后的大小关系。两个有符号数比较后的大小关系由符号标志 SF 和溢出标志 OF 一起反映。所以用于有符号数比较后的条件转移指令(如 JL 和 JGE 等)检测标志 SF 和 OF,以判别条件是否成立。

设要比较的两个不相等的有符号数 a 和 b 分别存放在寄存器 AX 和 BX 中,执行指令 CMP AX, BX 后,标志 SF 及 OF 的设置情况和两数的大小情况如下:

当没有溢出(OF=0)时,若 SF=0,则 a>b;若 SF=0,则 a<b。

当产生溢出(OF=1)时,若 SF=0,则 a<b;若 SF=1,则 a>b。

据此可推断出表 2-4 中用于有符号数比较后的条件转移指令所测试的条件。

3. 循环指令

利用条件转移指令和无条件转移指令可以实现循环。但为了更加方便循环的实现,8066/8088 还提供了 4 条用于实现循环的循环指令。

循环指令类似于条件转移指令,不仅属于段内转移,也采用相对转移的方式,即通过在 IP 上加一个地址差的方式实现转移。循环指令中也只用一个字节表示地址差,所以,如果以循环指令本身作为基准,那么循环转移的范围为−126~+129。

循环指令不影响各标志。

1)计数循环指令 LOOP

计数循环指令的格式如下:

```
    LOOP    标号
```

这条指令使寄存器 CX 的值减 1,如果结果不等于 0,则转移到标号,否则顺序执行 LOOP 指令后的指令。该指令类似于如下的两条指令:

```
        DEC   CX
        JNZ     标号
```

通常在利用 LOOP 指令构成循环时，先要设置好计数器 CX 的初值，即循环次数。由于首先进行 CX 寄存器减 1 操作，再判断结果是否为 0，所以最多可循环 65536 次。

如下程序片段实现把从偏移 1000H 开始的 512 个字节的数据复制到从偏移 3000H 开始的缓冲区中（假设在当前数据段中进行转移）：

```
            MOV   SI, 1000H        ; 置源指针
            MOV   DI, 3000H        ; 置目标指针
            MOV   CX, 512          ; 置计数初值
    NEXT:   MOV   AL, [SI]
            INC   SI
            MOV   [DI], AL
            INC   DI
            LOOP  NEXT             ; 控制循环
```

2) 等于/全零循环指令 LOOPE/LOOPZ

等于/全零循环指令有两个助记符，格式如下：

```
    LOOPE   标号
```

或者

```
    LOOPZ   标号
```

这条指令使寄存器 CX 的值减 1，如果结果不等于 0，并且零标志 ZF 等于 1，则转移到标号，否则顺序执行。注意指令本身实施的寄存器 CX 减 1 操作不影响标志。

如下的程序片段在字符串中查找第一个非 'A' 字符，如果找不到，那么使 BX=0FFFFH。

```
            ...
            MOV     AL, 'A'
            DEC     DI
    NEXT:   INC     DI
            CMO     AL, [DI]
            LOOPE   NEXT
            MOV     BX, DI
            JNE     OK
            MOV     BX, -1
    OK:     ...
```

3) 不等于/非零循环指令 LOOP/LOOPNZ

不等于/非零循环指令有两个助记符，格式如下：

```
    LOOPNE   标号
    LOOPNZ   标号
```

这条指令使寄存器 CX 的值减 1，如果结果不等于 0，并且零标志 ZF 等于 0，则转移到标号，否则顺序执行。注意指令本身实施的寄存器 CX 减 1 操作不影响标志。

4) 跳转指令 JCXZ

跳转指令也可以认为是条件转移指令。跳转指令的格式如下：

```
        JCXZ      标号
```

该指令实现当寄存器 CX 的值等于 0 时转移到标号，否则顺序执行。通常该指令用在循环开始前，以便在循环次数为 0 时，跳过循环体。例如：

```
        ...
        JCXZ     OK         ；如果循环计数为 0，就跳过循环
NEXT:   ...                 ；循环体
        ...
        LOOP     NEXT       ；根据计数控制循环
OK :    ...
```

2.4.8　字符串处理

字符串是字符的一个序列。对字符串的操作处理包括复制、检索、插入、删除和替换等。为了便于对字符串进行有效的处理，8086/8088 提供专门用于处理字符串的指令，我们称为字符串操作指令，简称为串操作指令。本节先介绍串操作指令及与串操作指令密切相关的重复前缀，然后举例说明如何利用它们进行字符串处理。

1. 字符串操作指令

1）一般说明

8086/8088 共有 5 种基本的串操作指令。每种基本的串操作指令包括两条指令，一条适用于以字节为单元的字符串，另一条适用于以字为单元的字符串。

在字符串操作指令中，由变址寄存器 SI 指向源操作数(串)，由变址寄存器 DI 指向目的操作数(串)。规定源串存放在当前数据段中，目的串存放在当前附加段中，也即在涉及源操作数时，引用数据段寄存器 DS；在涉及目的操作数时，引用附加段寄存器 ES。换句话说，DS:SI 指向源串，ES:DI 指向目的串。

串操作指令执行时会自动调整作为指针使用的寄存器 SI 或 DI 之值。若串操作的单元是字节，则调整值为 1；若串操作的单元是字，则调整值为 2。此外，字符串操作的方向(处理字符串中单元的次序)由标志寄存器中的方向标志 DF 控制。当方向标志 DF 复位(为 0)时，按递增方式调整寄存器 SI 或 DI 值；当方向标志 DF 置位(为 1)时，按递减方式调整寄存器 SI 或 DI 的值。

2）字符串装入指令(LOAD String)

字符串装入指令的格式如下：

```
        LODSB         ；装入字节(Byte)
        LODSW         ；装入字(Word)
```

字符串装入指令只是把字符串中的一个字符装入累加器中。字节装入指令 LODSB 把寄存器 SI 所指向的一个字节数据装入累加器 AL 中，然后根据方向标志复位或置位使 SI 的值增 1 或减 1。它类似于下面的两条指令：

```
        MOV  AL, [SI]
        INC  SI    或 DEC  SI
```

字装入指令 LODSW 把寄存器 SI 所指向的一个字数据装入累加器 AX 中，然后根据方向标志 DF 复位或置位使 SI 的值增 2 或减 2。类似于如下的两条指令：

```
        MOV    AX, [SI]
        ADD    SI, 2    或 SUB    SI, 2
```

　　字符串装入指令的源操作是存储操作数，所以引用数据段寄存器 DS。字符串装入指令不影响标志。

　　下面的子程序使用了 LODSB 指令。此外，该子程序算法也较好，所以它的效率较高。例如：

```
        ; 子程序名：STRLWR
        ; 功能：把字符串中的大写字母转化为小写(字符串以 0 结尾)
        ; 入口参数：DS：SI=字符串首地址的段值：偏移
        ; 出口参数：无
STRLWR    PROC
          PUSH    SI
          CLD                        ; 清方向标志(以便按增值方式调整指针)
          JMP     SHORT  STRLWR2
STRLWR1:  SUB     AL, 'A'
          CMP     AL, 'Z'—'A'
          JA      STRLWR2
          ADD     AL, 'a'
          MOM[SI-1], AL              ; 注意指针已被调整
STRLWR2:  LODSB                      ; 取一字符，同时调整指针
          AND     AL, AL
          JNZ     STRLWR1
          POP     SI
          RET
STRLWR    ENDP
```

　　在汇编语言中，两条字符串装入指令的格式可统一为如下一种格式：

```
        LODS    OPRD
```

　　汇编程序根据操作数的类型决定使用字节装入指令还是字装入指令。也即如果操作数的类型为字节，则采用 LODSB 指令；如果操作数的类型为字，则采用 LODSW 指令。请注意，操作数 OPRD 不影响指针寄存器 SI 的值，所以在使用上述格式的串装入指令时，仍必须先给 SI 赋合适的值。例如：

```
        ...
MESS  DB    'HELLO', 0
TAB   DW      123, 43, 332, 44, -1
MOV   SL, OFFSET  MESS
LODS  MESS                ; LODSB
......
MOV   SL, OFFSET  TAB
LODS  TAB                 ; LODSW
...
```

3) 字符串存储指令(STOre String)

字符串存储指令的格式如下：

```
STOSB          ；存储字节
STOSW          ；存储字
```

字符串存储指令只是把累加器的值存到字符串中，即替换字符串中的一个字符。

字节存储指令 STOSB 把累加器 AL 的内容送到寄存器 DI 所指向的存储单元中，然后根据方向标志 DF 复位置位使 DI 的值增 1 或减 1。它类似于下面的两条指令：

```
MOV    ES: [DI], AL
INC    DI    或 DEC   DI
```

字装入指令 STOSW 把累加器 AX 的内容送到寄存器 DI 所指向的存储单元中，然后根据方向标志 DF 复位或置位使 DI 的值增 2 或减 2。类似于如下两条指令：

```
MOV    ES: [DI], AX
ADD    DI, 2    或  SUB    DI, 2
```

字符串存储指令的源操作是累加器 AL 或 AX，目的操作是存储操作数，所以引用当前附加段寄存器 ES。字符串存储指令不影响标志。

在汇编语言中，两条字符串存储指令的格式可统一为如下一种格式：

```
STOS   OPRD
```

汇编程序根据操作数 OPRD 的类型决定使用字节存储指令还是字存储指令。操作数 OPRD 不影响指针寄存器 DI 之值。

例如，如下程序片段把当前数据段中偏移地址 1000H 开始的 100 字节的数据传送到从偏移地址 2000H 开始的单元中。

```
         CLD                          ；方向标志(以便按增值方式调整指针)
         PUSH   DS                    ；由于在当前数据段中传送数据
         POP    ES                    ；所以使 ES 等于 DS
         MOV    SI, 1000H             ；置源串指针初值
         MOV    DI, 2000H             ；置目的串指针初值
         MOV    CX, 100               ；置循环次数
NEXT:    LODSB                        ；取一字节数据
         STOSB                        ；存一字节数据
```

4) 字符串传送指令（MOVe String）

字符串传送指令的格式如下：

```
MOVSB          ；字节传送
MOVSW          ；字传送
```

字节传送指令 MOVSB 把寄存器 SI 所指向的一个字节数据传送到由寄存器 DI 所指向的存储单元中，然后根据方向标志 DF 复位或置位使 SI 和 DI 的值分别增 1 或减 1。字传送指令 MOVSW 把寄存器 SI 所指向的一个字数据传送到由寄存器 DI 所指向的存储单元中，然后根据方向 DF 标志复位或置位使 SI 和 DI 的值分别增 2 或减 2。注意，根据 DS 和 SI 计算源操作数地址，根据 ES 和 DI 计算目的操作数地址。字符串传送指令不影响标志。

该指令的源操作数和目的操作均在存储器中。它与下面的字符串比较指令一起属于特殊情况。

在汇编语言中，两条字符串传送指令的格式可统一为如下一种格式：

```
MOVS        ORPD1,   ORPD2
```

两个操作数的类型应该一致。汇编程序根据操作数的类型决定使用字节传送指令还是字传送指令。也即如果操作数的类型为字节，则采用 MOVSB 指令；如果操作数的类型为字，则采用 MOVSW 指令。请注意，操作数 OPRD1 或 OPRD2 可起到方便阅读程序的作用，但不影响寄存器 SI 和 DI 的值，所以在使用上述格式的串传送指令时，仍必须先给 SI 和 DI 赋合适的值。

前面，我们利用了字符串装入指令和字符串存储指令的结合实现数据块的移动。现在利用字符串传送指令实现数据块的移动。假设要求同上，程序片段如下，请作比较。

```
        CLD                 ; 清方向标志
        …                   ; 其他指令同上
        MOV   CX, 100       ; 置循环次数
NEXT:   NOVSB               ; 每次传送以字节数据
        LOOP  NEXT
```

现在，循环体中只有一条串传送指令，指令速度可明显提高。在这个程序片段中，把 100 个字节的数据当作以字为单元的字符串，那么这个字符串也就只有 50 个单元了，于是循环次数可减少一半，执行速度还会提高。改写后的程序片段如下：

```
        CLD                 ; 清方向标志
        …                   ; 其他指令同上
        MOV   CX, 100/2     ; 置循环次数
NEXT:   MOVSW               ; 每次传送一字节数据
        LOOP     NEXT
```

5) 字符串扫描指令 (SCAn String)

字符串比较指令的格式如下：

```
SCASB             ; 串字节扫描
SCASW             ; 串字扫描
```

串字节扫描指令 SCASB 把累加器的内容与由寄存器所指向一个字节数据采用相减方式比较，相减结果反映到各有关标志位 (AF、CF、OF、PF、SF 和 ZF)，但不影响两个操作数，然后根据方向标志复位或置位使其值增 1 或减 1。串字扫描指令 SCASW 把累加器 AX 的内容由寄存器 DI 所指向的一个字数据比较，结果影响标志，然后 DI 的值增 2 或减 2。

下面的程序检测 AL 中的字符是否为十六进制数符：

```
                …
        STRING   DB    '0123456789ABCDEFabcdef'
        STRINGL  EQU     $  -  STRING
                …
        CLD
        MOV DX, SEG STRING
        MOV ES, DX
        MOV CX, STRINGL
        MOV DI, OFFSET  STRING
NEXT:   SCASB
        LOOPNZ  NEXT
```

```
                JNZ    NOT_FOUND
        FOUND:  …
                …
        NOT_FOUND:
                …
```

在汇编语言中，两条字符串比较指令的格式可统一为如下一种格式：

```
    SCAS    OPRD
```

汇编程序根据操作数的类型决定使用串字节扫描指令还是串字扫描指令。

6）字符串比较指令（COMPare String）

字符串比较指令的格式如下：

```
    CMPSB        ；串字节比较
    CMPSW        ；串字比较
```

串字节比较指令 CMPSB 把寄存器 SI 所指向的一个字节数据与由寄存器 DI 指向一个字节数据采用相减方式比较，相减结果反映到各有关标志位（AF、CF、OF、PF、SF 和 ZF），但不要影响两个操作数，然后根据方向标志 DF 复位或置位使 SI 和 DI 的值分别增 1 或减 1。串字比较指令 CMPSW 把寄存器 SI 所指向的一个字数据与由寄存器 DI 所指向的一个字数据比较，结果影响标志。

在汇编语言中，两条字符串比较指令的格式可统一为如下一种格式：

```
    CMPS OPRD1,  OPRD2
```

两个操作数的类型应该一致。汇编程序根据操作数的类型决定使用串字节比较指令还是串字比较指令。请注意，OPRD1 或 OPRD2 不影响寄存器 SI 和 DI 之值和段寄存器 DS 和 ES 之值。

2. 重复前缀

由于串操作指令每次只能对字符串中的一个字符进行处理，所以只用了一个循环，以便完成对整个字符的处理。为了进一步提高效率，8086/8088 还提供了重复指令前缀。重复前缀可加在串操作指令之前，达到重复执行其后的串操作指令的目的。

1）重复前缀 REP

REP 作为一个串操作指令的前缀，它重复其后的串操作指令动作。每一次重复都先判断 CX 是否为 0，如果为 0 就结束重复，否则 CX 的值减 1，重复其后的串操作指令。所以，当 CX 值为 0 时，就不执行其后的字符串操作指令。

它类似于 LOOP 指令，但 LOOP 指令是先把 CX 的值减 1，再判断是否为 0。

注意，在重复过程中 CX 的减 1 操作，不影响各标志。

重复前缀 REP 主要用在串传送指令 MOVS 和串存储指令 STOS 之前。值得指出的是，一般不在 LODSB 或 LODSW 指令之前使用任何重复前缀。

使用重复前缀 REP，可进一步改写前面的移动数据块的程序片段如下，请作比较。

```
    CLD                    ；如果已清方向标志，则这条指令可省
    …                      ；其他指令同上
    MOV    CX, 50
```

```
    REP    MOVSW              ; 重复执行(CX)次
```

在下面的子程序中，重复前缀 REP 与串存储操作指令配合，实现用指定的字符填充指定的缓冲区。

```
    ; 子程序名：FILLB
    ; 功能：用指定字符填指定缓冲区
    ; 入口参数：ES:DI=缓冲区首地址
    ;              CX=缓冲区长度，AL=充填字符
    ; 出口参数：无
     FILLB     ORPC
               PUSH    AX
               PUSH    DI
               JCXZ    FILLB_1     ; CX 值为 0 时直接跳过(可省)
               CLD
               SHR     CX, 1       ; 字节数转成字数
               MOV     AH, AL      ; 使 AH 与 AL 相同
               REP     STOSW       ; 按字填充
               JNC     FILLB_1     ; 如果缓冲区长度为偶数，则转
               STOGB               ; 补缓冲区长度为奇数时的一字节
     FILLB_1:  POP     DI
               POP     AX
               RET
     FILLB     ENDP
```

在上面的子程序中，先按字充填缓冲区，再处理可能出现的"零头"，这与重复 CX 次字节充填相比，可获得更高的效率。注意，字符串存储指令 STOSW 不影响标志。

2) 重复前缀 REPZ/REPE

REPZ 与 REPE 是一个前缀的两个助记符。下面的介绍以 REPZ 为代表。

REPZ 作为一个串操作指令的前缀，它重复其后的串操作指令动作。每重复一次，CX 的值减 1，重复一直进行到 CX 为 0 或串操作指令使零标志 ZF 为 0 时。重复结束条件的检查是在重复开始之前进行的。

注意，在重复过程中，CX 的值减 1 操作，不影响标志。

重复前缀 REPZ 主要用在字符串比较指令 CMPSB 和字符串扫描指令 SCSA 之前。由于传送指令 MOVS 和串存储指令 STOS 都不影响标志，所以在这些串操作指令前使用前缀 REP 和前缀 REPZ 的效果一样。

在下面的子程序中，重复前缀 REPZ 与串比较指令 CMPSB 配合，实现两个字符串的比较。重复前缀 REPZ 与 CMPSB 的配合表示当相同时继续比较。

```
    ; 子程序名：STRCMP
    ; 功能：比较字符串是否相同
    ; 入口参数：DS:SI=字符串 1 首地址的段值：偏移
    ;              ES:DI=字符串 2 首地址的段值：偏移
    ; 出口参数：AX=0 表示两字符串相同，否则表示字符串不同
    ; 说明：设字符串均以 0 为结束标志
    STRCMP  PROC
```

```
                CLD
                PUSH    DI
                XOR     AL, AL              ; 先测一个字符串的长度
                MOV     CX, 0FFFFH
        NEXT:   SCASB
                JNZ     NEXT
                NOT     CX                  ; CX 含字符串 2 的长度(包括结束标志)
                POP     DI
                REPZ    CMPSB               ; 两个串比较(包括结束标志在内)
                MOV     AL, [SI-1]
                MOV     BL, ES:[DI-1]
                XOR     AH, AH              ; 如两个字符串相同, 则 AL 应等于 BL
                MOV     BH, AH
                SUB     AX, BX
                RET
        STRCMP  ENDP
```

如果重复前缀 REPZ 与 SCASB 相配合, 则表示当相等时继续搜索, 直到第一个不等时为止(当然 CX 的值决定了最终搜索的次数)。

3) 说明

重复的字符串处理操作过程可被中断。CPU 在处理字符串的下一个字符之前识别中断。如果发生中断, 那么在中断处理返回以后, 重复过程再从中断点继续执行下去。但应注意, 若指令前还有其他前缀(段超越前缀或锁定前缀), 中断返回时其他前缀就不再有效。因为 CPU 在中断时, 只能"记住"一个前缀, 即字符串操作指令前的重复前缀。若字符串操作指令必须使用一个以上的前缀, 则可在此之前禁止中断。

3. 字符串操作举例

下面再举几例来说明字符串操作指令和重复前缀的使用, 同时说明如何进行字符串操作。

例 2.1　写一个判别字符是否在字符串中出现的子程序。设字符串以 0 结尾。

串扫描指令可用于在字符串中搜索指定的字符, 从而判别字符是否属于字符串。下面的子程序并没有利用串扫描指令, 代码虽长, 自有其独到之处, 请注意。

```
        ; 子程序名: STRCHR
        ; 功能: 判字符是否属于字符串
        ; 入口参数: DS:SI 搜索字符串首地址的段值: 偏移
        ;           AL=字符代码
        ; 出口参数: CF=0 表示字符在字符串中, 字符首次出现处的偏移
        ;           CF=1 表示字符不在字符串中
        STRCHR  PROC
                PUSH    BX
                PUSH    SI
                CLD
                MOV     BL, AL              ; 字符串复制到 BL 寄存器
                TEST    SI, 1               ; 判地址是否为偶
                JZ      STRCHR1             ; 若是, 则转
                LODSB                       ; 取第一个字符, 比较之
```

```
            CMP       AL, BL
            JZ        STRCHR3
            AND       AL, AL
            JZ        STRCHR2
STRCHR1:    LODSW                       ; 取一个字
            CMP       AL, BL            ; 比较低字节
            JZ        STRCHR4
            AND       AL, AL
            JZ        STRCHR2
            CMP       AH, BL
            JZ        STRCHR3
            AND       AH, AH
            JNZ       STRCHR1
STRCHR2:    STC
            JMP       SHORT STRCHR5
STRCHR3:    INC       SI
STRCHR4:    LEA       AX, [SI-2]
STRCHR5:    POP       SI
            POP       BX
            RET
STRCHR      ENDP
```

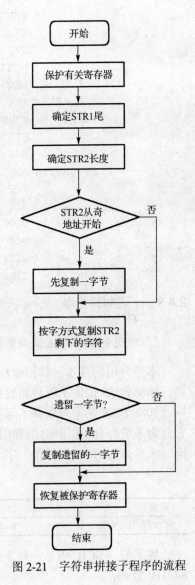

图 2-21　字符串拼接子程序的流程

　　上面的子程序对从奇地址开始存放的字符串的第一个字符作了特别处理。在随后的循环处理中，字符串便从偶地址开始，每次取一个字，即两个字符，再逐个字符比较。为什么要从偶地址开始取一个字？较好的理由留给读者思考。

　　例 2.2　写一个在字符串 1 后追加字符串 2 的子程序。设字符串均以 0 结尾。

　　该子程序的实现流程如图 2-21 所示。现再作几点说明：①要传送的字符串 2 包括其结束标志；②字符串 2 的传送以字传送为主，考虑了从偶地址开始进行字的传送；③最后处理可能遗留的一字节。

```
; 子程序明：STRCAT
; 功能：在字符串 1 末追加字符串 2
; 入口参数：DS:SI 字符串 1 起始地址的段值：偏移
;            DS:DI 字符串 2 起始地址的段值：偏移
; 出口参数：无
; 说明：不考虑在字符串 1 后是否留有足够的空间
            STRCAT    PROC
                      PUSH      ES
                      PUSH      AX
                      PUSH      CX
                      PUSH      SI
                      PUSH      DI
                      CLD
```

```
                    PUSH      DS
                    POP       ES
                    PUSH      DI
                    MOV       DI, SI
                    XOR       AL, AL
                    MOV       CX, 0FFFFH
                    REPNZ     SCASB           ;确定字符串 1 的尾
                    LEA       SI, [DI-1]      ;SI 指向字符串 1 的结束标志
                    POP       DI
                    MOV       CX, 0FFFFH
                    REPNZ     SCASB           ;CX 测字符串 2 的长度
                    NOT       CX              ;DI 为字符串 2 包括结束标志的长度
                    SUB       DI, CX          ;再次指向字符串 2 的首
                    XCHG      SI, DI          ;为拼接作准备
                    TEST      SI, 1           ;字符串 2 是否从奇地址开始?
                    JZ        STRCAT1
                    MOVSB                     ;特别处理第一字节
                    DEC       CX
        STRCAT1:    SHR       CX, 1           ;移动数据块长度除 2
        REPZ:       MOVSW                     ;字移动
        JNC:        STRCAT2
                    MOVSB                     ;补字移动时遗留的一字节
        STRCAT2:    POP       DI
                    POP       SI
                    POP       CX
                    POP       AX
                    POP       ES
                    RET
        STRCAT      ENDP
```

2.4.9 十进制调指令

1. 十进制数算术运算调整指令及应用

本节介绍的算术运算指令都是对二进制数进行操作。为了方便地进行十进制数的算术运算,8086/8088 提供了各种调整指令。本节介绍这些调整指令,并举例说明它们的应用。

8086/8088 的十进制算术运算调整指令所认可的十进制数以及 8421 码如表 2-5 所示的,它分为未组合(或非压缩)的和组合(或压缩)的两种。组合的 BCD 码是指一个字节含两位 BCD码;未组合的 BCD 码是指一字节含一位 BCD 码,字节的高 4 位无意义。

表 2-5 8421 码表示十进制数

十进制数	0	1	2	3	4	5	6	7	8	9
BCD 码	0000	0001	0010	0011	0100	0101	0110	0111	1000	1001

数字的 ASCII 码是一种非组合的 BCD 码。因为数字的 ASCII 码的低 4 位是对应的8421BCD 码。

1)组合的 BCD 码加法调整指令 DAA(Decimal Adjust for Addition)

组合的 BCD 码加法调整指令的格式如下:

```
DAA
```

这条指令对在 AL 中的和(由两个组合的码相加后的结果)进行调整,产生一个组合的码。调整方法如下:

(1)若 AL 中的低四位在 A~F 之间,或 AF 为 1,则 AL←(AL)+6,且 AF 位置 1;

(2)若 AL 中的高四位在 A~F 之间,或 CF 为 1,则 AL←(AL)+60H,且 CF 位置 1。

该指令影响标志 AF、CF、PF、SF 和 ZF,但不影响标志 OF。

下面是为了说明该指令而写的一个程序片段,每条指令执行后的结果作为注释给出。第一条指令使 AL 含表示两位是进制数 34 的组合 BCD 码;第二条指令进行加操作,因为 ADD 是二进制数相加,所以结果为 7BH,但作为十进制数 34 加 47 的结果应为 81。第三条指令进行调整,得正确结果 81。第五条指令又把由第四条指令相加的结果进行调整,得结果 68(百位进入 CF)。第七条指令把由第六条指令相加的结果进行调整,得结果 48(百位进入 CF)。

```
MOV    AL，34H
ADD    AL，47H        ; AL=7BH，   AF=0，   CF=0
DAA                   ; AL=81H，   AF=1，   CF=0
ADC    AL，87H        ; AL=08H，   AF=0，   CF=1
DAA                   ; AL=68H，   AF=0，   CF=1
ADC    AL，79H        ; AL=E2H，   AF=1，   CF=0
DAA                   ; AL=48H，   AF=1，   CF=0
```

2)组合的 BCD 码减法调整指令 DAS(Decimal　Adjust Subtraction)

组合的 BCD 码减法调整指令格式如下:

```
DAS
```

这条指令对在 AL 中的差(由两个组合的 BCD 码相减后的结果)进行调整,产生一个组合的 BCD 码。调整方法如下:

(1)若 AL 中的低 4 位在 A ～ F 之间,或 AF 为 1,则 AL←(AL)-6,且 AF 位置 1;

(2)若 AL 中的高 4 位在 A ～ F 之间,或 CF 为 1,则 AL←(AL)-60H,且 CF 位置 1。

该指令影响标志 AF、CF、PF、SF 和 ZF,但不影响标志 OF。

下面是为了说明指令而写的一个程序片段,每条指令执行后的结果作为注释给出。第一条指令使 AL 含表示两位十进制数 35 的组合 BCD 码;第二条指令进行减操作,因 SUB 是二进制数相减,所以结果为 1EH,但作为十进制数 45 减 27 的结果应为 18。第三条指令进行调整,得正确结果 18。第五条指令又把由第四条指令相减的结果进行调整,得结果 69(百位上的借位在 CF 中)。

```
MOV    AL，45H
SUB    AL，27H        ; AL=1EH，   AF=1，   CF=0
DAS                   ; AL=18H，   AF=1，   CF=0
SBB    AL，49H        ; AL=CFH，   AF=1，   CF=0
DAS                   ; AL=69H，   AF=1，   CF=1
```

2. 未组合 BCD 码的算术运算调整指令

1)未组合的 BCD 码加法调整指令 AAA(ASCII　Adjust for Addition)

未组合的 BCD 码加法调整指令的格式如下:

```
    AAA
```

这条指令对在 AL 中的和(由两个未组合的 BCD 码相加后的结果)进行调整,产生一个未组合的 BCD 码。调整方法如下:

(1)若 AL 中的低 4 位在 0~ 9 之间,且 AF 为 0,则转(3);

(2)若 AL 中的低 4 位在 A~ F 之间,或 AF 为 1,则 AL←(AL)+6,AH←(AH)+1,AF位置 1;

(3)清除 AL 的高 4 位;

(4)AL 位的值送 CF 位。

该指令影响标志 AL 和 CF,对其他标志均无定义。

下面是为了说明该指令而写的一个程序片段,每条指令执行后的结果作为注释给出,请注意比较。

```
    MOV    AX, 7
    ADD    AL, 6       ; AL=0DH,   AH=00H,   AF=0,   CF=0
    AAA                ; AL=03H,   AH=01H,   AF=1,   CF=1
    ADC    AL, 5       ; AL=09H,   AH=01H,   AF=0,   CF=0
    AAA                ; AL=09H,   AH=01H,   AF=0,   CF=0
    ADD    AL, 39H     ; AL=42H,   AH=01H,   AF=1,   CF=0
    AAA                ; AL=08H,   AH=02H,   AF=1,   CF=1
```

2)未组合的 BCD 码减法调整指令 AAS(ASCII Adjust Subtraction)

未组合的 BCD 码减法调整指令的格式如下:

```
    DAS
```

这条指令对在 AL 中的差(由两个未组合的 BCD 码相减后的结果)进行调整,产生一个未组合的 BCD 码。调整方法如下:

(1)若 AL 中的低 4 位在 0~9 之间,且 AF 为 0,则转(3);

(2)若 AL 中的低 4 位在 A~F 之间,或 AF 为 1,则 AL←(AL)−6,AH←(AH)−1,且AF 位置 1;

(3)清除 AL 的高 4 位;

(4)AF 位的值送 CF 位。

该指令影响标志 AF 和 CF,对其他标志均无定义。

下面是为了说明该指令而写的一个程序片段,每条指令执行后的结果作为注释给出,请注意比较。

```
    MOV  AL, 34H
    SUB  AL, 09H       ; AL=2BH,   AF=1,   CF=0
    AAS                ; AL=05H,   AF=1,   CF=1
```

3) 未组合的 BCD 码乘法调整指令 AAM(ASCII Adjust for Multiplication)

未组合的 BCD 码乘法调整指令的格式如下:

```
AAM
```

这条指令对在 AL 中的积(由两个组合的 BCD 码相乘的结果)进行调整,产生两个未组合的 BCD 码。调整方法如下:

把 AL 中的值除以 10,商放在 AH 中,余数放在 AL 中。

该指令影响标志 SF、ZF 和 PF,对其他标志无影响。

下面是为了说明该指令而写的一个程序片段,每条指令执行后的结果作为注释给出,请注意比较。

```
MOV   AL, 03H
MOV   BL, 04H
MUL   BL          ; AL=0CH, AH=00H
AAM               ; AL=02H, AH=01H
```

4) 未组合的 BCD 码除法调整指令 ADD(ASCII Adjust for Division)

未组合的 BCD 码除法调整指令的格式如下:

```
ADD
```

该指令和其他调整指令的使用次序不同,其他调整指令均安排在有关算术运算指令后,而这条指令应安排在除运算指令之前。它的功能是把存放在寄存器 AH(高位十进制数)及存放在寄存器 AL 中的两位非组合 BCD 码调整为一个二进制数,存放在寄存器 AL 中。调整的方法如下:

```
AL<=AH*10+(AL)
AH<=-0
```

采用上述调整方法后,存放在 AL 和 AH 中的非组合 BCD 的高 4 位应为 0。

该指令影响标志 SF、ZF 和 PF,对其他标志无影响。

下面是为了说明该指令而写的一个程序片段,每条指令执行后的结果作为注释给出,请注意比较。

```
MOV   AH, 04H
MOV   AL, 03H
MOV   BL, 08H
ADD               ; AL=2BH, AH=00H
DIV   BL          ; AL=05H, AH=03H
```

3. 应用举例

例 2.3 设在缓冲区 DATA 中存放着 12 个组合的 BCD 码。求它们的和,把结果存放到缓冲区 SUM 中。

有关的程序片段如下:

```
      …
NUM1 DB 23H,  45H,  67H,  89H,  32H,  93H,  36H,  12H,  66H,  78H,  43H,  99H
RESULT DB  2  DUP  (0)
      …
```

```
        MOV    AX, SEG NUM1
        MOV    DS, AX
        MOV    BX, OFFSET DATA
        MOV    CX, 10                    ; 准备循环
        XOR    AL, AL
        XOR    AH, AH
NEXT:   ADD    AL, [BX]                  ; 加
        DAA                              ; 调整
        ADC    AH, O                     ; 考虑进位
        XCHG   AH, AL
        DAA                              ; 调整
        XCHG   AH, AL
        INC    BX                        ; 修改指针
        LOOP   NEXT                      ; 下一个
        XCHG   AH, AL                    ; 准备高位低地址存放
        MOV    WORD PTR RESULT, AX
        ...
```

例 2.4　利用 DAA 指令改写把一位十六进制数转换为对应的 ASCII 码符的子程序 HTOASC。
下面的子程序巧妙地利用了加法调整指令 DAA，使得在子程序中没有条件转移指令。

```
; 子程序名: HTOASC
; 功能: 把一位十六进制数转换为对应的 ASCII 码
; 入口参数: AL 的低 4 位为要转换的十六进制数
; 出口参数: AL 含对应的 ASCII 码
HTOASC  PROC
        AND        AL, OFH
        ADD        AL, 90H
        DAA
        ADC        AL, 40H
        DAA
        RET
HTOASC  ENDP
```

请读者仔细考虑上述子程序。选几个十六进制数测试。

例 2.5　写一个能实现两个十进制数的加法运算处理的程序。设每个十进制数最多 10 位。

如果不采用十进制数算术运算调整指令，那么在接收了以 ASCII 码串表示的十进制数后，要把它转换为二进制数。在对二进制数进行运算后，还要把结果转换为十进制数的 ASCII 码。当要处理的十进制数位数较多时，这种转换较麻烦。现采用十进制数算术运算调整指令完成它。

该程序分为如下 4 步：①接收按十进制表示的被加数，并作适当的处理；②接收按十进制表示的加数，也作适当的处理；③进行加法处理；④显示结果。为此，设计 3 个子程序。它们分别是：子程序 GETNUM 接收按十进制数表示的数串并作适当的处理；子程序 ADDITION 进行加法处理；子程序 DISPNUM 显示结果。

在子程序 ADDITION 中，使用非组合 BCD 码加法调整指令 AAA，所以十位的被加数和加数均保持为非组合 BCD 码串形式，产生的 11 位和也是非组合 BCD 码串。子程序 GETNUM 通过 DOS 的 OAH 号系统功能调用，接收一个字符串，然后检查用户输入是否确实输入了一个十进制数，最后形成一个十位的非组合 BCD 码串(不足用 0 补足)。子程序 DISPNUM 比较容易，先跳过结果中可能存在的前导的 0，然后把非组合的 BCD 码转换为 ASCII 码后显示。

```
; 程序名：T6-2.ASM
; 功能：完成两个由用户输入的 10 位十进制数的加法运算
; 常数定义
MAXLEN = 10                                              ; 最多位数
BUFFLEN = MAXLEN+1                                       ; 缓冲区长度
; 数据段
DSEG      AEGMENT
BUFF1     DB     BUFFLEN, 0, BUFFLEN DUP （?）           ; 存放被加数
NUM1      EQU    BUFF1+2
BUFF1     DB     BUFFLEN, 0, BUFFLEN  DUP （?）          ; 存放加数
NUM2      EQU    BUFF2+2
RESULT    DB     BUFFLEN DUP(?), 24H                     ; 存放和
DIGITL    DB     '0123456789'                            ; 有效的十进制数字符
DIGLEN    EQU    $ - DIGITL
MESS      DB'Invalid  number!', 0DH, 0AH, 24H
DSEG      ENDS
; 代码段
CSEG    SEGMENT
        ASSUME CS:CSEG, DS:CSEG, ES:CSEG
START:  MOV    AX, DSEG
        MOV    DS, AX                                    ; 置 DS 和 ES
        MOV    ES, AX
        MOV    DX, OFFSET BUFF1
        CALL   GETNUM                                    ; 接收被加数
        JC     OVER                                      ; 不合法时，处理
        MOV    DX, OFFSET BUFF2
        CALL   GETNUM                                    ; 接收加数
        JC     OVER                                      ; 不合法时，处理
        MOV    SI, OFFSET NUM1
        MOV    DI, OFFSET NUM2
        MOV    BX, OFFSET RESULT
        MOV    CX, MAXLEN
        CALL   ADDITION                                  ; 加运算
        MOV    DX, OFFSET  RESULT
        CALL   DISPNUM                                   ; 显示结果
        JMP    SHORT  OK
OVER:   MOV    DX, OFFSET MESS                           ; 出错处理
        MOV    AH, 9
        INT    21H
OK:     MOV    AH, 4CH
        INT    21H
        ;
        ; 子程序名：GETNUM
        ; 功能：接收一个十进制数字串，且扩展成 10 位
        ; 入口参数：DX=缓冲区偏移
        ; 出口参数：CF=0，表示成功；CF=1，表示不成功
        GETNUM PROC
            MOV    AH, 10                                ; 接收一个字符串
            INT    21H
            CALL   NEWLINE                               ; 产生回车和换行
            CALL   ISDNUB                                ; 判是否为十进制数字串
```

```
              JC      GETNUM2                  ; 若不是，则转
              MOV     SI, DX
              INC     SI
              MOV     CL, [SI]                 ; 取输入的数字串长度
              XOR     CH, CH
              MOV     AX, MAXLEN
              STD
              MOV     DI, SI
              ADD     DI, AX
              ADD     SI, CX
              SUB     AX, CX
              REP     MOVSB                    ; 数字串向高地址移，让出低地址
              MOV     CX, AX
              JCXZ    GETNUM1
              XOR     AL, AL                   ; 低地址的高位用 0 补足
              REP     STOSB
GETNUM1:      CLD
              CLC
GETNUM2:      RET
GETNUM ENDP


; 子程序名：ADDITION
; 功能：非组合 BCD 码数加
; 入口参数：SI=代表被加数的非组合 BCD 码串开始的地址偏移
;           DI=代表加数的非组合 BCD 码串开始的地址偏移
;           CX=BCD 码串长度(字节数)
;           BX=存放结果的缓冲区开始地址偏移
; 出口参数：结果缓冲区含结果
; 说明：在非组合的 BCD 码中，十进制数的高位在低地址
ADDITION  PROC
              STD                              ; 准备从在高地址的低位开始处理
              ADD   BX, CX                     ; BX 指向结果缓冲区的最后一字节
              ADD   SI, CX
              ADD   DI, CX
              DEC   DI                         ; SI 指向被加数串的最后一字节
              DEC   DI                         ; DI 指向加数串的最后一字节
              XCHG  DI, BX                     ; BX 指向加数串，DI 指向结果串
              INC   BX
              CLC
ADDP1:        DEC   BX
              LODSB                            ; 取一字节被加数
              ADC   AL, [BX]                   ; 加上加数(带上低位的进位)
              AAA                              ; 调整
              STOSB                            ; 保存结果
              ; LOOP ADDP1                     ; 循环处理下一个
              MOV   AL, 0
              ADC   AL, 0                      ; 考虑最后一次进位
              STOSB                            ; 保存之
              CLD
              RET
ADDITION ENDP
```

```
; 子程序名：DISPNUM
; 功能：显示结果
; 入口参数：DX=结果缓冲区开始地址偏移
; 出口参数：无
DISPNUM    PROC
        MOV    DI, DX
        MOV    AL, 0
        MOV    CX, MAXLEN
        REPZ   SCASB                ; 跳过前导的 0
        DEC    DI
        MOV    DX, DI
        MOV    SI, DI
        INC    CX
DISPNU2:LODSB                       ; 把非组合 BCD 码串转换成 ASCII 码串
        ADD    AL, 30H
        STOSB
        LOOP   DISPNU2
        MOV    AH, 9                ; 显示结果
        INT    21H
        RET
DISPNUM    ENDP


; 子程序名：ISDNUM
; 功能：判一个利用 DOS 的 0AH 号功能调用输入的字符串是否为数字串
; 入口参数：DX=缓冲区开始地址偏移
; 出口参数：CF=0，表示是；CF=1，表示否
ISDNUM     PROC
        MOV    SI, DX
        LODSB
        LODSB                       ; AL=字符串长度
        MOV    CL, AL
        XOR    CH, CH
        JCXZ   ISDNUM2              ; 认为是非数字串
ISDNUM1:   LODSB                    ; 取一个字符
        CALL   ISDECM              ; 判该字符是否为数字符
        JNZ    ISDNUM2             ; 若不是，则转 ISDNUM2
        LOOP   ISDNUM1             ; 是，下一个
        RET
ISDNUM2:   STC
        RET
ISDNUM     ENDP


; 子程序名：ISDECM
; 功能：判断一个字符是否为十进制数字符
; 入口参数：AL=字符
; 出口参数：ZF=1，表示是；ZF=0，表示否
ISDECM     PROC
        PUSH   CX
        MOV    DI, OFFSET DIGITL
        MOV    CX, DIGLEN
```

```
            REPNZ    SCASB
            POP      CX
            RET
    ISDECM  ENDP

    ; 子程序说明信息略
    NEWLINE    PROC
            ; 该子程序的代码同名子程序
    NEWLINE    ENDP
    CSEG    ENDS
    END    START
```

习　题

2.1　8086/8088 通用寄存器的通用性表现在何处？8个通用寄存器各自有何专门的用途？哪些寄存器可作为存储器寻址方式的指针寄存器？

2.2　从程序员的角度看，8086/8088 有多少个可访问的 16 位寄存器？有多少个可访问的 8 位寄存器？

2.3　寄存器 AX 与寄存器 AH 和 AL 的关系如何？请写出如下程序片段中每条指令执行后寄存器 AX 的内容。

```
    MOV   AX, 1234H
    MOV   AL, 98H
    MOV   AH, 76H
    ADD   AL, 81H
    SUB   AL, 35H
    ADD   AL, AH
    ADC   AH, AL
    ADD   AX, 0D2H
    SUB   AX, 0FFH
```

2.4　8086/8088 标志寄存器中定义了哪些标志？这些标志可分为哪几类？如何改变这些标志的状态？

2.5　请说说标志 CF 和标志 OF 的差异。

2.6　8086/8088 如何寻址 1MB 的存储器物理地址空间？在划分段时必须满足的两个条件是什么？最多可把 1MB 空间划分成几个段？最少可把 1MB 地址空间划分成几个段？

2.7　在 8086/8088 上运行的程序某一时刻最多可访问几个段？程序最多可具有多少个段？程序至少有几个段？

2.8　存储单元的逻辑地址如何表示？存储单元的 20 位物理地址如何构成？

2.9　当段重叠时，一个存储单元的地址可表示成多个逻辑地址。请问物理地址12345H可表示多少个不同的逻辑地址？偏移最大的逻辑地址是什么？偏移最小的逻辑地址是什么？

2.10　为什么称 CS 为代码段寄存器？为什么称 SS 为堆栈段寄存器？

2.11　请举例说明何为段前缀超越。什么场合下要使用段前缀超越？

2.12　8086/8088 的基本寻址方式可分为哪三类？它们说明了什么？

2.13　存储器寻址方式可分为哪几种？何为存储单元的有效地址？

2.14　什么场合下默认的段寄存器是 SS？为什么要这样安排？

2.15　请说明如下指令中源操作数的寻址方式，并作比较。

```
MOV  BX, [1234H]
MOV  BX, 1234H
MOV  DX, BX
MOV  DX, [BX]
MOV  DX, [BX+1234H]
MOV  DX, [BX+DI]
MOV  DX, [BX+DI+1234H]
```

2.16　8086/8088 提供了灵活多样的寻址方式。如何恰当地选择寻址方式？

2.17　设想一下这些寻址方式如何支持高级语言的多种数据结构。

2.18　为什么目标操作数不能采用立即寻址方式？

2.19　处理器内的通用寄存器是否越多越好？通用寄存器不够用怎么办？

2.20　哪些存储器寻址方式可能导致有效地址超出 64KB 的范围？8086/8088 如何处理这种情况？

2.21　什么情况下根据段值和偏移确定的存储单元地址会超出 1MB？8086/8088 如何处理这种情况？

2.22　8086/8088 的指令集可分为哪 6 个子集？

2.23　8086/8088 指令集合中，最长的指令有几字节？最短的指令有几字节？

2.24　8086/8088 的算术逻辑运算指令最多一次处理多少二进制位？当欲处理的数据长度超出该范围怎么办？

2.25　如何实现使数据段与代码段相同？

2.26　通常情况下，源操作数和目的操作数不能同时是存储器操作数。请给出把存储器操作数甲送到存储器操作数乙的两种方法。

2.27　请用一条指令实现把 BX 的内容加上十进制数 123 并把和送到寄存器 AX。

2.28　堆栈有哪些用途？请举例说明。

2.29　在本章介绍的 8086/8088 指令中，哪些指令把寄存器 SP 作为指针使用？8086/8088 指令集中，哪些指令把寄存器 SP 作为指针使用？

2.30　请写出如下程序片段中每条算术运算指令执行后标志 CF、ZF、SF、OF、PF 和 AF 的状态。

```
MOV  AL, 89H
ADD  AL, AL
ADD  AL, 9DH
CMP  AL, 0BCH
SUB  AL, AL
DEC  AL
INC  AL
```

2.31　请写出如下程序片段中每条逻辑运算指令执行后标志 ZF、SF 和 PF 的状态。

```
MOV  AL, 45H
AND  AL, 0FH
OR   AL, 0C3H
XOR  AL, AL
```

2.32　MOV　AX，0 可使寄存器 AX 清 0。另外，请写出 3 条可使寄存器 AX 清 0 的指令。

2.33　请指出下列指令哪些是错误的。

（1）MOV　CX, DL

(2) XCHG [SI], 3

(3) POP CS

(4) MOV IP, AX

(5) SUB [SI], [DI]

(6) PUSH DH

(7) OR BL, DX

(8) AND AX, DS

(9) MUL 16

(10) AND 7FFFH, AX

(11) DIV 256

(12) ROL CX, BL

(13) MOV ES, 1234H

(14) MOV CS, AX

(15) SUB DL, CF

(16) ADC AX, AL

(17) MOV AL, 300

(18) JDXZ NEXT

2.34 请指出如下指令哪些是错误的，并说明原因。

(1) MOV [SP], AX

(2) PUSH CS

(3) JMP BX+100H

(4) JMP CX

(5) ADD AL, [SI+DI]

(6) SUB [BP+DI-1000], AL

(7) ADD BH, [BL-3]

(8) ADD [BX], BX

(9) MOV AX, BX+DI

(10) LEA AX, [BX+DI]

(11) XCHG ES: [BP], AL

(12) XCHG [BP], ES

2.35 请比较如下指令片段。

(1) LDS SI, [BX]

(2) MOV SI, [BX]

　　MOV DS, [BX+2]

(3) MOV DS, [BX+2]

　　MOV BX, [BX]

第 3 章　汇编语言基本语法

教学提示： 汇编语言基本语法是程序设计语言的基础，体现了汇编程序设计的基本概念和设计思路，程序设计语言是实现人机交换信息的最基本工具。程序设计语言可分为机器语言、汇编语言、高级语言。本章主要介绍汇编语言。汇编语言是一种面向机器的程序设计语言，是对机器语言的符号化描述，是一门低级语言。

教学要求： 通过本章的学习，使读者了解 8086 汇编语言源程序的格式、常用的伪指令、汇编语言程序的上机过程、基本编程方法和子程序的编程方法等知识。

3.1　汇编语言的语句和源程序组织

一个汇编语言源程序经过汇编程序(Assembler)的汇编(即翻译)才能生成一个目标程序(即机器语言程序)。汇编程序是计算机的系统软件之一，它提供了组成汇编语言源程序的语法规则。所以用汇编语言编制程序时，必须事先熟悉相应的汇编程序。支持 Intel8086/8088 系列微机的汇编程序，现有 ASM、MASM、TASM、OPTASM。其中，ASM 是仅有基本汇编语言的"小汇编"，它不支持高级宏汇编语言功能。MASM(Macroassembler) 是美国 Micro-Soft 公司开发较早的宏汇编程序，它不仅含有 ASM 的全部功能，而且增加了宏指令、结构、记录等高级宏汇编语官功能。TASM 是 Turbo Assembler，在性能上与 MASM 相同，但汇编速度比 MASM 快。而 OPTASM(Optimizing Assembler) 是目前汇编速度最快的一种优化宏汇编程序。

同高级语言程序一样，语句(Statement)乃是汇编语言程序的基本组成单位。一个汇编语言源程序中有 3 种基本语句：指令语句、伪指令语句和宏指令语句(或称宏调用语句)。

3.1.1　语句种类

指令语句：指令系统中每条指令都属于此类。它在汇编时会产生目标代码，对应着 CPU 的一种操作。

伪指令语句：主要用来指示汇编程序如何进行汇编工作，但它不产生目标代码。

3.1.2　语句格式

每一条指令语句在汇编时都要产生一个可供机器执行的机器目标代码，所以这种语句又叫可执行语句。

语句格式包括指令语句格式和伪指令语句格式。指令语句、伪指令语句的格式相似，都由 4 部分组成。

指令语句格式为

　　　　[标号：]指令助记符 [操作数] [；注释]；

指令语句格式如图 3-1 所示。

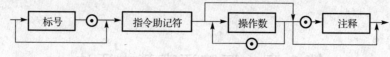

图 3-1　指令语句格式

伪指令语句的格式为

[名字] 伪指令助记符[操作数] [；注释]。

伪指令语句格式如图 3-2 所示。

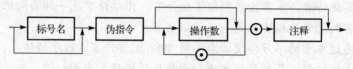

图 3-2　伪指令语句格式

两种指令语句格式的不同点是指令语句中的标号后面跟有冒号(：)，而在伪指令中的名字后面没有冒号。

下面对语句中各域进行说明。

标号，名字域。该域主要用来定义标号、名字，以便在操作数域中引用它们。标号和名字都是由标识符组成的。标识符可由最多 31 个字母、数字和特殊字符组成，它必须以字母或特殊字符开始。标识符的组成规则如下：

(1) 字符个数为 1~31 个；

(2) 标识符的第一个字符必须是字母、?、@或_这四种字符中的一个；

(3) 从第二个字符开始，可以是字母、数字、?、@或_；

(4) 不能使用属于系统专用保留字(Reserved Word)。保留字主要有 CPU 中各寄存器名(如AX、CS)、指令助记符(如 MOV、ADD)、伪指令(如 SEGMENT、DB)，表达式中的运算符(如 GE、EQ)和属性操作符(如 PTR、OFFSET、SEG)等。

例如：

(1) AXYZ1、COUNT_DONE、.FOUND、@ATT 都是合法的标识符；

(2) ? 、3AP、THIS NODE 都是不合法的标识符。

指令助记符域又称作操作码域，它是语句中唯一必不可少的部分。指令语句中的助记符规定这个语句中的操作类型；伪指令语句中的助记符规定这个语句中的伪操作功能。

操作数域。它用来存放助记符要求的操作数，使之能实现预期的目的。指令语句可能有一个、两个或没有操作数，而伪指令是否需要操作数，需要何种操作数，随伪操作命令的不同而不同。可充当操作数的有常量、变量、标号、寄存器和表达式等。

注释域。注释以分号开头，用来说明语句或程序功能和含义的符号序列。它增加了程序的可读性，为修改、调试、交流提供了方便。

3.1.3　源程序组织

汇编(ASM)和宏汇编(MASM)的源程序除了在使用某些伪指令上有些区别外，在源程序的书写结构形式上是完全相同的。

数据段结构如下。

　　数据段名 SEGMENT

（用变量定义预置的数据空间）
　　数据段名　ENDS

例如：DATA　SEGMENT

```
X  DW 1520
Y  DW 4327
Z  DW 3215
RESULT DW ?
DATA ENDS
```

堆栈段结构如下。

　　堆栈段名 STACK
　　（用变量定义预置的堆栈空间）
　　堆栈段名　ENDS

例如：STACK　SEGMENT　PARA　STACK　'STACK'

```
STACK  DB  20 DUP(?)
TOP EQU LENGTH STAPN
STACK ENDS
```

代码段结构如下。

　　代码段名 SEGMENT
　　　ASSUME 定义的寻址关系
　　　过程名 PROC
　　　（程序段）
　　　过程名 ENDP
　　代码段名 ENDS
　　过程名或起始标号

例如：CODE SEGMENT

```
ASSUME CS:CODE, DS:DATA, SS:STACK
  MAIN PROC FAR
   PUSH DS
SUB AX, AX
  PUSH AX
  MOV AX, DATA
  MOV DS, AX
  MOV AX, STACK
  MOV SS, AX
START:MOV AX, X
  MOV BX, Y
  ADD AX, BX
  SUB AX, Z
  MOV RESULT, AX
RET
MAIN  ENDP
```

```
        CODE  ENDS
        END MAIN
```

说明：以上是源程序的可能形式，但完全可以满足一般的要求。每个段都以 Segment 语句开始，以 ENDS 语句结束。任何一个源程序至少必须有一个代码段和一条作为源程序结束的伪指令 END。根据程序本身的要求，数据段可以有，也可以没有。堆栈段如果没有，连接（LINK）时将产生一个警告性的错误：

```
        Warning: No STACK Segment
        There was 1 error detected
```

这并不影响用户程序的正常运行，因为用户可以使用系统堆栈。当然，用户如果设置了自己的堆栈段，使用起来会更方便些。一个源程序可以有多个数据段、多个代码段或多个堆栈段，它们可由相应的伪指令以适当形式进行组合，各个段在源程序中的顺序可以任意。

3.2 表达式及有关运算符

指令语句可能有一个、两个或没有操作数，而伪指令是否需要操作数，需要何种操作数，随伪操作命令的不同而不同。可充当操作数的有常量、变量、标号、寄存器和表达式等。在8086/8088 汇编语言中，表达式分为两类：数值表达式和地址表达式。数值表达式的运算结果是一个数值常量，它只有大小而没有属性。而地址表达式的值是与存储器地址相联系，所以它具有段、偏移及类型 3 个属性。

3.2.1 常量

常量是没有属性的纯数，它的值在汇编时已完全确定，而且在程序运行期间也不会发生改变。常量主要用于伪指令语句中给变量赋初值，或者用作指令语句中的立即操作数，也可以作为存储器操作数的位移量。

直接以数值形式出现在汇编语句中的常量叫数值常量。对于经常引用的数值常量，可以事先为它定义一个名字，然后在语句中用名字来表示该常量，这种常量叫符号常量。例如：

```
        COUNT EQU 32
        MOV BX, 1200H
        MOV [BX] COUNT
        ADD AX, COUNT[BX]
```

其中，1200H 是数值常量，COUNT 是符号常量。

常数可以有以下类型：

(1)二进制数：以字母 B 结尾的 0 和 1 组成的数字序列，如 01011101B。

(2)八进制数：以字母 O 或 Q 结尾的 0～7 数字序列，如 723Q、377O。

(3)十进制数：0～9 数字序列，可以用字母 D 结尾，也可以没有结尾字母，如 1991D。

(4)十六进制数：以字母 H 结尾的 0～9 和 A～F(或 a～f)的数字字母序列，如 3A40H、0FH。为了区别由 A～F 组成的是一个十六进制数还是一个标识符，凡以字母 A～F 为起始的一个十六进制数，必须在前面冠以数字 0，否则汇编程序认作标识符。

(5)实数：实数包含整数、小数和指数 3 部分。这是计算机中的浮点表示法：用十进制数形式给出，实数的格式为

$$±整数部分.小数部分 E±指数部分$$

其中，整数和小数部分形成这个的值，称作尾数，它可以是带符号的数。指数部分由指标识符 E 开始，它表示了值的大小，如 5.391E-4。汇编程序在汇编源程序时，把实数转换为由 4 个字节、8 字节或 10 字节构成的二进制数形式存放。因此，必须用 DD、DQ 或 DT 来设置实数。

可以用十六进制数直接说明实数的二进制数编码形式，这个十六进制数必须以 0~9 为起始，且不带符号。并最后用实数标识符"R"表示。

(6)字符串常数：用引号括起来的一个或多个字符。这些字符用它的 ASCII 码形式存储在内存中。例如，'A'，在内存中就是 41H，"AB"是 41H，42H。

在程序中，常数主要出现在如下几种情况中。

(1)在指令语句的源操作数中作为立即数，它应与目的操作数的位数相同，八位或十六位，例如：

```
MOV   AX, 0AB37H
ADD   DL, 63H
```

(2)在指令语句的变址(基址)寻址方式或基址变址寻址方式中作为位移量，例如：

```
MOV   BX, 32H[SI]
MOV   0ABH[BX], CX
ADC   DX, 1234H[BP][DI]
```

(3)在数据定义伪指令中，例如：

```
DB    12H            ; 定义一个字节数据
DW    1234H          ; 定义一个字数据
DD    12345678H      ; 定义一个双字数据
DB    'ABCD'         ; 定义四个字节的字符串数据
```

各种形式的常量格式对照表如表 3-1 所示。

表 3-1　各种形式的常量格式对照表

常量形式	格式	X 的取值	举例	说明
二进制常量	XX⋯XB	0 或 1	01010110B	以字母 B 为数据类型后缀
十进制常量	XX⋯X XX⋯XD	0~9	12534 4512D	可省略字母 D
八进制常量	XX⋯XO XX⋯XQ	0~7	123456O 162Q	数据类型后缀是英文字母 O 或 Q
十六进制常量	XX⋯XH	0~9 A~F	0ABC20H 12345H	如果第一位数是 A~F，则必须在它的前面加上 0
浮点十六进制实数	XX⋯XR	0~9 A~F	376FCAD9R 0F4563AC397BD4ER	同上
十进制科学表示	XX.XXE±XX	0~9	2.30E-2 38.05E+3	
字符常量	'XX⋯X' "XX⋯X"	ASCII 字符	'123ABC' "STUDY"	字符用单引号或双引号引起来

3.2.2 变量

变量是在程序运行期间可以随时修改数值的数据对象。在汇编语言中，变量是一个数据存储单元的名字，即数据存放地址的符号表示。变量一般都在数据段或附加段中使用数据定义伪指令 DB、DW、DD、DQ、DT 和 LABLE 等来定义。

变量的属性如下。

段属性(SEGMENT)即指定义变量所在段的段首址，说明了该变量存放在哪一个段中。当需要访问该变量时，该段首址一定要在某一段寄存器中。

偏移属性(OFFSET)即变量所在段的段首址到该变量定义语句的字节距离。

类型属性(TYPE)指在对该变量所对应的数据区进行存取时，其存取单位所含的字节数。它可以是字节类型(BYTE，一个数据存储单元占 1 个字节)、字类型(WORD，一个数据存储单元占 2 个字节)、双字类型(DWORD)、四字类型、十字节类型。这些类型的选择由定义该变量时所使用的伪指令确定。

变量的引用。变量可以单独作为操作数被引用，也可以构成地址表达式后作为操作数被引用：

(1)在指令语句中，如要对某存储单元进行存取操作，就可直接引用它的变量名(即符号地址)。例如：

```
DA1   DB   0FEH
DA2   DW   52ACH
...
MOV  AL, DA1
MOV  BX, DA2
```

上述第一条传送指令就是把符号地址 DA1 存储单元的内容 0FEH 传送给 AL。而第二条指令是把变量 DA2(11p 符号地址 DA2)的内容 52ACH 送给 BX。

在许多指令语句中，无论在源操作数还是目操作数中，采用了变址(基址)寻址或基址寻址。这时，引用一个变量名就是取用它的偏移量。例如：

```
DA3    DB   10H  DUP(?)
DA4    DW   10H  DUP(1)
...
MOV   DA3[SI], AL
MOV   DX, DA4[BX][DI]
```

第一条传送指令的目的操作数地址是 DA3 的偏移量加上寄存 SI 的内容，如图 3-3 所示。而第二条指令的源操作数的地址是 DA4 的偏移量加上寄存器 BX 和 DI 的内容之和。

(2)在伪指令语句中。例如：

```
NUM      DB   75H
ARRAY    DW   20H  DUP(0)
ADR1     DW   NUM
ADR2     DD   NUM
ADR3     DW   ARRAY[2]
```

上述示例中，前两个是定义并预置了简单变量 NUM 和数组变量 ARRAY。后 3 个数虽然也是使用数据定义伪指令,定义了 3 个变量 ADRI、ADR2 和 ADR3,但是这些伪指令操作数字段的表达式是引用另一变量名。这 3 个变量的内容(即存储单元的内容)均是被引用变量名的地址——它的段基值和偏移量。若用 DW,则仅有变量的偏移量,若用 DD,则前两个字节存放偏移量,后两字节存放段基地址值。假设上述语句所在段的段基值为 0915H,NUM 的偏移量为 0004H,图 3-4 给出了这些存储单元的情况。

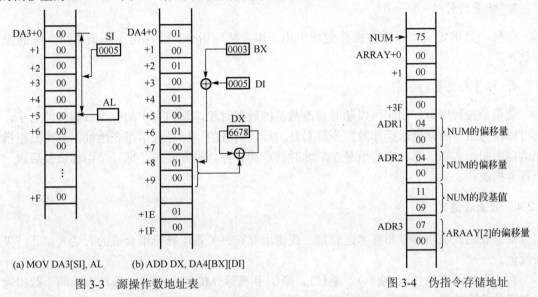

(a) MOV DA3[SI], AL　　　(b) ADD DX, DA4[BX][DI]

图 3-3　源操作数地址表　　　　　　　　　图 3-4　伪指令存储地址

所以在 DW、DD 伪指令操作数中(注意:不能用 DB!)引用变量名,就构成了存放地址指针的变量。这在程序设计中是很有用处的。

3.2.3　标号

1. 标号的定义

隐含方式。在指令语句的标号域,由一个标识符和其后跟一个冒号组成。这样,该标号就被定义成类型为 NEAR 的标号。

使用 PROC 定义。使用过程定义伪指令 PROC 定义一个过程时,该过程名字也可作为标号,它可作为 CALL 指令的操作数使用。

使用 LABEL 定义。用隐含方式定义的标号是 NEAR 型的,也就是只允许在段内使用。而有时往往需要段间使用,甚至希望在不同段使用同一程序语句,这时就需要预先使用 LABEL 伪指令给这一程序语句建立一个新的名称,以便补充和刷新这些标号原有的属性。

定义 FAR 属性的标号如下。

```
INPUT_POINT LABEL FAR
IN AL, BYTE_PORT
MOV BL, AL
```

定义 NEAR 属性的标号如下。

```
SUM_DOB LABEL NEAR
MOV AX, [BX]
ADD AX, [BX+2]
```

2. 标号的属性

段属性与变量的段属性相同。

偏移属性与变量的偏移属性相同。

类型属性与变量的类型属性相同。

3. 标号的引用

标号一旦被定义，即可在操作数域引用，作为循环指令、转移指令和调用指令中的操作数。

4. 标号与变量的区别

变量是在程序运行期间可以随时修改数值的数据对象，是内存中的一个数据区的名字，它可以作为指令的存储器操作数；变量名是由标识构成的。标号表示指令地址，是为一组指令语句所起的名字。它对应的值是在汇编时就自动计算并设置好的；标号是由标识及后跟一个冒号构成。

3.2.4　数值表达式

数值表达式是由常量和算术运算符、逻辑运算符、关系运算符组合成的表达式，其结果为数值。

算术运算符有加(+)、减(−)、乘(*)、除(/)和模除(MOD)。其中，除法表示两个数相除只取商的整数部分，而模除则表示两个整数相除后取余数。例如，219/7=31，219 MOD 7 的结果为 2。在使用算数运算符构成的表达式作为操作数时，表达式的值必须满足指令对操作数的要求，否则会产生错误。各种算术运算符的语法和运算如表 3-2 所示。

表 3-2　算术运算符

运算符	语法	运算
+	+ 表达式	正数(单项运算符)
−	− 表达式	负数(单项运算符)
*	表达式 1 * 表达式 2	乘法
/	表达式 1 / 表达式 2	除法
MOD	表达式 1 MOD 表达式 2	模除(求余数)
+	表达式 1 + 表达式 2	加法
−	表达式 1 − 表达式 2	减法
SHR	表达式 SHR 次数	右移
SHL	表达式 SHL 次数	左移
[]	表达式 1[表达式 2]	下标操作符

表 3-2 中 SHR 和 SHL 运算符是进行逻辑移位。SHR 进行右移时，最左边以 0 填之，SHL 进行左移时，最右边以 0 填之。移位的位数由运算符 SHR/SHL 右边的次数决定。如果次数大于等于 16，则结果恒为零。移位运算符与移位指令是完全不相同的两回事。移位运算符是对某一个具体的数(常数)在汇编时完成移位的,而移位指令是对一个寄存器或存储单元内容，在程序运行时执行移位的。根据它们在一条语句中出现的位置可以判断出它是移位运算符还是移位指令。例如：

```
NUM=11011011B
...
MOV   AX, NUM SHL 3
MOV   BX, NUM SHR 2
MOV   DX, NUM SHR 6
```

上述 3 条指令与下面 3 条指令一一对应等效：

```
MOV   AX, 11011000B
MOV   BX, 00110110B
ADD   DX, 3
```

表 3-2 中最后一个是下标运算符，它对存取数组元素是很有用的。[ ]等同加法，把表达式 1 和表达式 2 相加后形成一个存储器操作数地址。但是两个存储器操作数地址（如两个变量名）不能相加。例如，下面两语句是等价的：

```
MOV   AX, DA_WORD[20H]
MOV   AX, DA_WORD+20H
```

即源操作数是以 DA_WORD 为首址的第 20H、21H 两个字节组成的一个字。[20H]是一个数组的下标变量，也可以用寄存器来存放下标变量。例如，下面 5 个语句是相互等价的：

```
MOV   AX, ARRAY[BX][SI]
MOV   AX, ARRAY[BX+SI]
MOV   AX, [ARRAY+BX][SI]
MOV   AX, [ARRAY+SI][BX]
MOV   AX, [ARRAY+BX+SI]
```

逻辑运算符包括与（AND）、或（OR）、异或（XOR）、非（NOT）和逻辑右移（SHR）、逻辑左移（SHL）。逻辑运算符对整数常量进行按位操作，因而运算的结果仍为整数常量。

AND、OR、XOR、NOT、SHR、SHL 既是逻辑运算符，也是指令助记符。作为运算符时，则必定出现在操作数域，而且是在源程序汇编时进行计算的；而作为指令助记符时，则应放在助记符域，其运算是在程序执行期间才进行。例如，设 NUMBER=01101011B，NUMBER AND 0FH 的结果是 00001011B。NUMBER XOR 11110000B 结果是 10011011B。NUMBER SHR 2 的结果是 00011010B。

关系运算符有 6 种：相等（EQ）、不相等（NE）、小于（LT）、大于（GT）、小于等于（LE）和大于等于（GE）。关系运算符是在两个常量之间进行的，其结果只有两种情况：若关系成立则结果为 0FFFFH（16 位全 1）；否则结果为零。表 3-3 中列出了关系运算符的语法和运算。

表 3-3　关系运算符

运算符	语法	运算
EQ	表达式 1　EQ　表达式 2	两个表达式相等为真
NE	表达式 1　NE　表达式 2	两个表达式不相等为真
LT	表达式 1　LT　表达式 2	表达式 1＜表达式 2 为真
LE	表达式 1　LE　表达式 2	表达式 1≤表达式 2 为真
GT	表达式 1　GT　表达式 2	表达式 1＞表达式 2 为真
GE	表达式 1　GE　表达式 2	表达式 1≥表达式 2 为真

例如，设 NUM1=50。则表达式"NUM1 NE 100"的值为 0FFFFH，而表达式"NUM1 EQ 100"的值为 0。

3.2.5　地址表达式

地址表达式。是由变量、标号、常量、寄存器（BX、BP、SI、DI）的内容和一些运算符组成的。单个的变量、标号、寄存器的内容是地址表达式的特例。

加、减运算符。变量或标号可以加上或减去一个常量，其结果仍为变量或标号，且它的段地址和类型均不变，只修改其偏移地址。

方括号及寄存器。BX、BP、SI、DI 四个寄存器的内容既可作为操作数使用，又可作为地址使用，但作为地址使用时必须使用运算符[ ]（方括号），方括号中可以出现上述 4 个寄存器中的一个或两个，但 BX 和 BP，SI 和 DI 不能同时出现。

段超越前缀（:）用于临时给变量、标号或地址表达式指定一个段属性，它并不改变地址表达式的偏移地址和类型属性。它有如下 3 种格式：

　　　　　<段寄存器>：地址表达式
　　　　　<段名>：地址表达式
　　　　　<组名>：地址表达式

分析运算符和合成运算符。分析运算符可分离出变量、标号的段、偏移地址及类型的属性值。合成运算符（PTR）用来指明某个变量、标号或地址表达式的类型属性，或者使它临时兼有与原定义不同的类型属性，但保持它们原来的段属性和偏移属性不变。其使用的格式为

　　　　　类型　　PTR　地址表达式

根据地址表达式的不同值，类型可以是 BYTE、WORD、DWORD、NEAR、FAR 等。各类型的值请看相关章节。

例如，在语句"MOV BYTE PTR[SI+4]，'+'"中，PTR 指定地址表达式[SI+4]的类型为字节。

无论数值表达式还是地址表达式，它们使用的运算符都有一定的先后顺序，如表 3-4 所示。

表 3-4　汇编语言中运算符的优先级

优先级别	运　算　符
高	LENGTH，WIDTH，SIZE，MASK [ ]，（ ），<>（记录中使用）
	.（结构域名操作符）
	PTR，OFFSET，SEO，TYPE，THIS
	+，−（单项运算符）
	*，/，MOD，SHL，SHR
	+，−
	EQ，NE，LT，LE，GT，GE
	NOT
	AND
低	OR，XOR

其中，WIDTH 和 MASK 是记录中用运算符

3.3　常用伪指令语句

汇编语言程序的语句除指令以外还可以由伪指令和宏指令组成。关于宏指令，将在 3.5 节加以说明。本节只讨论伪指令。伪指令不像机器指令那样是在程序运行期间由计算机来执行的，它是汇编程序对源程序汇编期间由汇编程序处理的操作，它们可以完成如数据定义、分配存储区、程序结束等功能。MASM 共有 50 多条伪指令，可分为 9 大类。本节主要介绍符号定义、数据定义、属性修改、段定义等伪指令语句。

3.3.1　符号定义伪指令

符号定义(Symbol_definition)伪指令。汇编语言中所有变量名、标号名、记录名、指令助记符、寄存器等均称为符号。这些符号可通过伪操作重新命名，或定义其他名字和新的类型。这给程序设计带来了很大的灵活性。这类伪指令主要有等值伪指令 EQU、等号伪指令=、LABEL 伪指令。

1. 等值伪指令 EQU

语句格式为

　　符号名 EQU 表达式

功能及说明。用来为常量、表达式及其他各种符号定义一个等价的符号名，但它并不申请分配存储单元(在该语句中，符号名一定不可省)。

(1)常数或数值表达式。例如：

```
COUNT EQU 5
NUM   EQU 13+5-4
```

(2)地址表达式。例如：

```
ADR1 EQU  DS:[BP+14]
```

(3)变量、标号或指令助记符。例如：

```
CREG EQU  CX
CBD  EQU  DAA
L1   EQU  SUBSTART
WO   EQU  WORD PTR DA BYTE
```

等值语句仅在汇编源程序时作为替代符号用，不产生任何目标代码，也不占用存储单元。因此，等值语句左边的符号没有段、偏移量和类型 3 个属性。

在同一源程序中，同一符号不能用 EQU 伪指令重新定义。

2. 等号伪指令 =

语句格式为

　　变量名或标号 = 类型

功能及说明。等号伪指令的功能与 EQU 基本相同，只是使用等号"="定义过的符号可以被重新定义，使其具有新的值。例如：

  CONST=35；定义 CONST 为常数

  CONST=57；CONST 被重新定义

3. LABEL 伪指令

语句格式为

  变量名或标号 LABEL 类型

功能及说明。它用来定义或修改变量或标号类型。当定义变量名时类型可以是 BYTE、WORD、DWORD、结构名和记录名；而定义标号时，则类型为 NEAR 或 FAR。例如：

  DATA1 LABEL BYTE

  DB 45

定义变量为定义字节变量，以上语句等价于

  DATA1 DB 45

3.3.2 数据定义伪指令

数据定义(Data_definition)伪指令用来定义一数据存储区，并可为其赋予初值，其类型由所使用的数据定义伪指令 DB、DW、DD、DQ、DT 来确定。其中，变量名是任选的，若有变量名，则将表达式指定类型的数据存入与该变量名相应的地址开始的连续存储单元中；否则将这些数据顺序存放。

数据定义伪指令用来为源程序中被处理的数据安排内存、赋予初值及定义名字的。本小节主要介绍 DB、DW、DD、DQ、DT 伪指令和分析运算符 1(SEG、OFFSET、TYPE)、分析运算符 2(LENGTH、SIZE)。

1. DB 伪指令

语句格式为

  变量名 DB 表达式

功能及说明。其右边的表达式可以是以下的几种形式：数值表达式或数值表达式串；字节常量和字节常量串；疑问号"？"(表示此变量的初值不确定)；ASCII 码字符串，即可以定义用单引号括起来的字符串(只有用 DB 定义变量时，才允许字符串长度超过两个字符)；重复子句，其格式为：(<重复因子> DUP 表达式)，重复因子 n 为正整数，表示定义了 n 个相应类型的数据单元；以上 5 种形式的组合。

2. DW 伪指令

语句格式为

  变量名 DW 表达式

功能及说明。与 DB 不同的是，它为程序定义的是一个字数据区，它对数据区中数据的存取是以字(即两个字节)为单位的。

3. DD，DQ，DT 伪指令

语句格式为

> 变量名 DD(DQ，DT)表达式

功能及说明。与 DB 类似，DD 定义双字数据区，DQ 定义 8 个字节数据区，DT 定义 10 个字节数据区。DD 和 DW 只能定义至多两个字符的字符串。

4. 分析运算符 1(SEG，OFFSET，TYPE)

语句格式为

> 分析运算符(SEG，OFFSET，TYPE)变量或标号

功能及说明如下。

(1)SEG 取出其后变量或标号所在段的段首址。

当运算符 SEG 加在一个变量名或标号的前面时，得到的运算结果是这个变量名或标号所在段的段基值。例如：

```
MOV    AX, SEG  K1
MOV    BX, SEG,  ARRAY
```

例如，变量 K1 所在段的段基值为 0915H，变量 ARRAY 的段基值为 0947H，那么上面两条指令就分别等效于

```
MOV    AX, 0915H
MOV    BX, 0947H
```

由于任一个段的段基值是 16 位的二进制数，所以 SEG 运算符返回的数值也是 16 位的二进制数。

(2)OFFSET 取出其后变量或标号的偏移首址。

当运算符 OFFSET 加在一个变量名或标号前面时，得到的运算结果是这个变量或标号在它段内的偏移量。例如：

```
MOV    SI, OFFSET  KZ
```

设 KZ 在它段内的偏移量是 15H，那么这个指令就等效于

```
MOV    SI, 15H
```

(3)TYPE 取出其后变量或标号的类型。变量类型用字节个数表示，标号类型用 NEAR 和 FAR 对应值，如表 3-5 所示。其中变量的类型数字正好分别是它们所占有的存储单元字节数，而标号的类型数字没有什么物理意义。例如：

```
V1  DB   'ABCDE'
V2  DW   1234H,5678H
V3  DD   V2
MOV  AL, TYPE  V1
MOV  CL, TYPE  V2
MOV  CH, TYPE  V3
```

上述指令与下面指令完全等价：

表 3-5　存储器操作数类型值

存储器操作数	类型值
字节变量	1
字变量	2
双字变量	4
NEAR 标号	−1
FAR 标号	−2

```
MOV AL, 01H
MOV CL, 02H
MOV CH, 04H
```

5. 分析运算符 2(LENGTH，SIZE)

语句格式为

分析运算符(LENGTH，SIZE)变量

功能及说明如下。

(1)LENGTH 取出其后变量元素的个数(注意，LENGTH 只对用重复运算符定义过的变量有效)。

这个运算符仅加在变量的前面，返回的值是指数组变量的元素个数。如果变量是用重复数据操作符 DUP 说明的，则返回外层 DUP 给定的值；如果没有 DUP 说明，则返回的值总是 1。例如：

```
K1    DB    1OH  DUP(0)
K2    DB    10H, 20H, 30H, 40H
K3    DW    20H DUP(0, 1, 2  DUP(2))
K4    DB    'ADCDEFGH'
...
MOV AL, LENGTH K1   ; (AL): 10H
MOV BL, LENGTH K2   ; (EL): 1
MOV CX, LENGTH K3   ; (CX): 20H
MOV DX, LENGTH K4   ; (DX=1
```

(2)SIZE 取出其后变量所占存储空间的总字节数。

这个运算符仅加在变量的前面，返回数组变量所占的总字节数，且等于 LENGTH 和 TYPE 两个运算符返回值的乘积。例如，对于前面例子中 K1、K2、K3、K4 变量，下面指令就表示出 SIZE 运算符的返回值。

```
MOV AL, SIZE  K1    ; (AL)=10H
MOV BL, SIZE  K2    ; (BL)=1
MOV CL, SIZE  K3    ; (CL)=40H
MOV DL, SIZE  K4    ; (DL)=1
```

3 个运算符 TYPE、LENGTH、SIZE 对处理数组类型变量是很有用的。

3.3.3　属性修改伪指令

这种运算符用来对变量、标号或某存储器操作符的类型属性进行修改。

1. PTR 运算符

这是类型属性修改运算符，使用格式为

类型　　PTR　　地址表达式

其中，地址表达式是指要修改类型属性的标号、变量或用作地址指针的寄存器。这类运算符的含意是指定由地址表达式确定的存储单元的类型——BYTE、WORD、DWORD、NEAR 和 FAR 等。这种修改是临时性的，仅在有这修改运算符的语句内有效。

```
DA_BYTE   DB  20H DUP(0)
DA_WORD   DW  30H DUP(0)
...
MOV  AX, WORD  PTR  DA_BYTE[10]
ADD  BYTE  PTR  DA_WORD[20], BL
INC  BYTE  PTR  [BX]
SUB  WORD  PTR[SI], 30H
AND  AX, WORD  PTR  [BX][SI]
JMP  FAR  FIR  SUB1
```

上面前两个指令语句的主要作用是临时修改变量的类型属性。第 3、4 条语句，由于目的操作数是用寄存器作为地址指针，汇编该指令语句时，就不知道它指的是字节单元还是字单元，因此，这两条语句必须用 PTR 运算符对类型加以指定。否则汇编源程序时将会产生语法错误。第 5 条语句不用 PTR 运算符也可以，因为另一操作数为 AX，这样，本条语句一定为字操作指令。最后一条语句是指标号 SUBl 不在本语句的同一段内。

2. THIS 运算符

运算符格式为

```
THIS   类型
```

使用这个运算符的作用是把运算符后面指定的类型属性赋给当前的存储单元，而该单元的段和偏移量属性不变。例如：

```
DA_BYTE  EQU THIS BYTE
DA_WORD  DW 20H DUP(0)
```

上面第二条语句是定义了 20H 个字单元，如果要对这个数组元素中某单元以字节形式访问它，则可以很方便地直接使用 DA_BYTE 变量名即可。DA_BYTE 和 DA_WORD 有相同的段和偏移量属性。同样也可以有

```
JUMP_FAR  EQU  THIS  FAR
JUMP_NEAR:  MOV AL,  30H
```

当从段内某指令来调用这个程序段时，可以用标号 JUMP_NEAR。如果从另一代码段来调用，则可用 JUMP_FAR 标号。

运算符 THIS 和 LABEL 伪指令有类似的效果。上面两个含有 THIS 的语句可分别改为

```
DA_BYTE   LABEL BYTE
JUMP_FAR  LABEL  FAR
```

3.3.4 段定义伪指令

为了实现分段结构，MASM 提供了一组按段组织程序和调度、分配、使用存储器的伪指令，它们有 SEGMENT、END、ASSUME、ORG 等。当程序中需要设置一个段时，就必须首先使用段定义伪指令。

1. 段定义伪指令

语句格式为

　　　　段名　SEGMENT　[定位类型]　[组合类型]　['类别']
　　　　　…
　　　　段名　ENDS

　　功能及说明。SEGMENT 和 ENDS 必须成对出现，前者为某个段定义了一个名字，即段名，并说明该段的开始；而后者说明该段的结束。其中段名是必需的，它可由用户自己确定。

　　定位类型表示此段的起始边界要求，以便为汇编程序实现段和程序模块的定位及连接提供必要的信息；组合类型的作用是告诉连接程序，当将本段连接及定位到绝对地址时，如何把它与其他段组合起来。类别是一个用单引号括起来的字符串，连接程序把类别相同的段依次连续存放在同一存区。

　　1）段名

　　由用户自己选定，通常使用与本段用途相关的名字。例如，第一数据段为 DATA1，第二数据段 DATA2，堆栈段 STACK1，代码段 CODE 等。一个段开始与结尾用的段名应一致。

　　2）定位类型

　　这个定位类型表示对段的起始边界要求。可有如下 4 种选择。

　　（1）PAGE（页）。表示本段从一个页的边界开始。一页为 256B，所以段的起始地址一定能以 256 整除。这样，段起始地址（段基址）的最后 8 位二进制数一定为 0（也就是以 00H 结尾的地址）。

　　（2）PARA（节）。如果用户未选择定位类型，则默认为 PARA。它表示本段从一个节的边界开始。一节为 16B。所以段的起始地址（即段基址）一定能以 16 整除。最后 4 位二进制数一定是 0，如 09150H、0AB30H 等。

　　（3）WORD（字）。表示本段从一个偶字节地址开始。即段起始单元地址的最后一位二进制数一定是 0，即以 0、2、4、6、8、A、C、E 结尾。

　　（4）BYTE（字节）。表示本段起始单元可从任一地址开始。

　　3）组合类型（Combine-type）

　　这个组合类型指定段与段之间是怎样连接和定位的，并有如下 6 种可供选择。

　　（1）NONE。这是默认选择。表示本段与其他段无连接关系。在装入内存时本段有自己的物理段，因而有自己的段基址。

　　（2）PUBLIC。在满足定位类型的前提下，本段与同名的段连接在一起，形成一个新的逻辑段，公用一个段基址，所有偏移量调整为相对于新逻辑段的起始地址。

　　（3）COMMON。产生一个覆盖段。在两个模块连接时，把本段与其他也用 COMMON 说明的同名段置成相同的起始地址，共享相同的存储区。共享存储区的长度由同名中最大的段确定。

　　（4）STACK。把所有同名段连接成一个连续段，且系统自动对段寄存器 SS 初始化为这个连续段的首址，并初始化堆栈指针 SP。用户程序中至少有一个段用 STACK 说明，否则需要用户程序自己初始化 SS 和 SP。

　　（5）AT 表达式。表示本段可定位在表达式所指示的节边界上，如"AT 0930H"，那么本段从绝对地址 09300H 开始。

　　（6）MEMORY。表示本段在存储器中应定位在所有其他段的最高地址。如果有多个MEMORY，则只把第一个遇到的段当作 MEMORY 处理，其余的同名段均按 PUBLIC 说明处理。

4）类别名（CLASS）

类别名必须用单引号括起来。类别名可由程序设计人员自己选定任何字符串组成的名字。但是它不能再作为程序中的标号、变量名或其他定义符号。在连接处理时，LINK 程序把类别名相同的所有段存放在连续的存储区内（如果没有指定组合类型 PUBLIC、COMMON 时，它们仍然是不同的段）。

以上定位类型、组合类型和类别名 3 个参数项是任选的。各参数项之间用空格分隔。任选时，可以只选其中一个或两个参数项，但是不能交换它们之间的顺序。

2. 段指定伪指令 ASSUME

语句格式为

```
ASSUME  段寄存器：段名 [，段寄存器：段名]
```

功能及说明。该语句一般出现在代码段中，用来设定段寄存器与段之间的对应关系。即某一段的段址存放在相应的段寄存器中。程序中使用这条语句后，宏汇编程序就将这些段作为当前段处理。例如：

```
ASSUME  CS: CODE, DS: DATA, SS: STACK, ES: EXTRA
```

该例中，设定了 CS 为代码段的段寄存器，DS 为数据段的段寄存器，SS 为堆栈段的段寄存器，ES 为附加段的段寄存器。

3. ORG 伪指令

语句格式为

```
ORG     表达式
```

功能及说明。告诉汇编程序在它以后的程序段或数据块存放起点的偏移地址。

4. 程序结束伪指令 END

语句格式为

```
END  表达式
```

功能及说明。该语句为汇编语言源程序的最后一个语句，用以标志整个程序的结束，即告诉汇编程序，汇编到此结束，停止汇编工作。其中表达式的值必须是一个存储器地址，即程序中第一条可执行指令的地址。

例 3.1　操作数可以是常数或者是表达式（根据该表达式可以求得一个常数）。例如：

```
DATA_BYTE  DB  10, 4, 10H
DATA_WORD  DW  100, 100H, -5
DATA_DW    DD  3*20, 0FFFDH
```

汇编程序可以在汇编期间在存储器存入数据，如图 3-5 所示。

例 3.2　操作数也可以是字符串，例如：

```
MESSAGE  DB  'HELLO'
```

则存储器存储情况如图 3-6（a）所示，而 DB 'AB'和 DW 'AB'的存储情况则分别如图 3-6（b）和（c）所示。

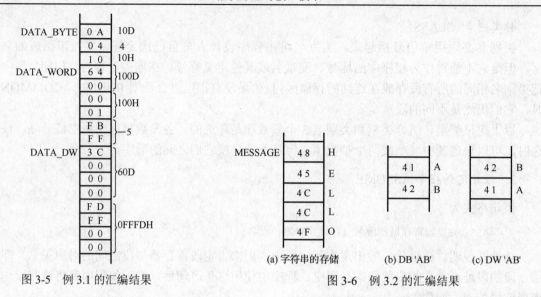

图 3-5　例 3.1 的汇编结果　　　　　　　图 3-6　例 3.2 的汇编结果

5. 标题伪指令(TITLE)

TITLE 伪指令语句格式为

```
TITLE    文本
```

该伪指令用于给程序指定一个标题,以便在列表文件中每一页的第一行都会显示这个标题。它的文本可以是用户任意选用的名字或字符串,但是字符个数不得超过 60 个。

3.4　结构和记录

3.4.1　结构

对于学生成绩的管理,每个学生有姓名、性别、学号、系别、各门课程成绩、总成绩等。这时用单一的伪指令(如 DB、DW 等)就显得力不从心了。如果将这些项组成一个表,并为各项分配以不同的符号名称,使得程序员在找到表头以后,就可以直接利用符号名称存取各项,显然这种方法给编程带来很大的方便。8086/8088 宏汇编语言就设置了提供这种功能的结构。

结构的说明。结构可以作为位移量的存储体,这个范围是包括在 STRUC 和 ENDS 两条伪指令之间的部分;结构中每个字段由 DB、DW、DD 等伪指令来定义。

格式为

```
结构名  STRUC
(数据定义语句序列)
结构名  ENDS
```

其中,结构名是必不可少的,而且 STRUC 和 ENDS 前的名字必须相同,STRUC 和 ENDS 必须成对出现。例如:

```
STUDENT STRUC
NO   DB ?        ; 学号
MATH DB ?        ; 数学
```

```
        PHY  DB ?              ；物理
        …
        STUDENT ENDS
```

结构的存储分配和预置如下。

```
    ；定义结构
    LINK_TAB  STRUC
            TO DW ?
            FROM  DW ?
            INFOM DB 20 DUP(?)
    LINK_TAB  ENDS

    ；预置结构
            CHAIN_G LINK_TAB 100 DUP(<>)          ；预置 100 个上述结构变量
    ；将 CHAIN_G 中的所有字段初始化(预置零)
            MOV BX,  OFFSET CHAIN_G               ；取 CHAIN_G 的偏移地址送 BX
            MOV [BX].TO, 0                        ；零送第一张表的 TO 字段
            MOV SI, TYPE CHAIN_G                  ；结构的字节数送 SI
            MOV CX, LENGTH CHAIN_G-1
    LOP1: MOV [BX+SI].TO, 0
            ADD BX, SI
            LOOP LOP1
```

3.4.2　记录

格式为

```
    <记录名> RECORD <字段名>：宽度[=表达式] [, ...]
```

例如：某工作人员情况：工龄占 6 位，性别占一位(0 表示男，1 表示女)，健康状况占一位(0 表示健康，1 表示不健康)，其定义为记录如下：

```
    WORKER RECORD YER: 6,  SEX: 1, STAU: 1=0
```

记录的存储分配和预置如下。与结构一样，记录定义只提供一个样板，只有经过存储分配和预置后，才真正占有内存。

格式为

```
    <记录变量名>记录名<字段值表>
```

说明如下。其中，字段值表是赋给各字段的初值，它外面的尖括号是不可省略的语法符号。各项的顺序应与记录定义时一致，若某一个或某几个字段都采用记录定义时的初值，对应项可省略，仅写逗号即可；若所有字段均采用定义时的初值，则只需要写上尖括号即可。举例如下：

```
    ZHA WORKER <001000B, 1B, >
    WAN WORKER <010000B, 1B, 1B>
```

3.5　宏指令语句

已经了解到，使用程序结构具有很多优点，可以节省存储空间及程序设计所花的时间，可提供模块化程序设计的条件，便于程序的调试及修改等。但是，使用子程序也有一些缺点：

为转去执行子程序及返回、保存及恢复寄存器以及参量的传送等都要增加程序的开销，这些操作所消耗的时间以及它们所占用的存储空间，都是为取决于程序结构使程序模块化的优点而增加的额外开销。因此，有时特别在子程序本身较短或者是需要传送的参量较多的情况下使用宏汇编就更加有利。

宏是源程序中一段有独立功能的程序代码。它只需要在源程序中定义一次，就可以多次调用它，调用时只需要用一个宏指令语句就可以了。

宏定义格式为

```
macro  name  MACRO  [dummy parameter list]
                (宏定义体)
                    ENDM
```

其中，MACRO 和 ENDM 是一对伪操作。这对伪操作之间是宏定义体，是一组有独立功能的程序代码。宏指令名(macro name)给出该宏定义的名称，调用时就使用宏指令名来调用读宏定义。宏指令名的第一个符号必须是字母，其后可以跟字母、数字或下划线字符。其中，哑元表(dummypararnete~list)给出了宏定义中所用到的形式参数(或称虚参)，每个哑元之间用逗号隔开。经宏定义定义后的宏指令就可以在源程序中调用。这种对宏指令的调用称为宏调用。

宏调用的格式是

```
macro  name  [actual parameter list]
```

实元表(Actual Parameter List)中的每一项为实元，相互之间用逗号隔开。

当源程序被汇编时，汇编程序将对每个宏调用作宏展开。宏展开就是用宏定义体取代源程序中的宏指令名，而且用实元取代宏定义中的哑元。在取代时，实元和哑元是一一对应的，即第一个实元取代第一个哑元，第二个实元取代第二个哑元，依次类推。一般说来，实元的个数应该和哑元的个数相等，但汇编程序并不要求它们必须相等。若实元个数大于哑元个数，则多余的实元不予考虑，若实元个数小于哑元个数，则多余的哑元作"空"处理。另外，应该注意，宏展开后即用实元取代哑元后，所得到的语句应该是有效的，否则汇编程序将会指示出错。

例 3.3 用宏指令定义两个操作数相乘，得到一个 16 位的第三个操作数作为结果。

宏定义：

```
MULTIPLY  MACRO  OPRL1, OPR2, RESULT
            PUSH  DX
            PUSH  AX
            MOV  AX, OPR1
            IMUL  OPR2
            MOV  RESULT, AX
            POP  AX
            POP  DX
            ENDM
```

宏调用：

```
    …
MULTIPLAY   CX, VAR, XYZ[BX]
    …
MULTIPLY    240, BX, SAVE
    …
```

宏展开：

```
                     …
+          PUSH      DX
+          PUSH      AX
+          MOV       AX, CX
+          IMUL      VAR
+          MOV       XYZ[BX], AX
+          POP       AX
+          POP       DX
                     …
+          PUSH      DX
+          PUSH      AX
+          MOV       AX, 240
+          IMUL      BX
+          MOV       SAVE, AX
+          POP       AX
+          POP       DX
                     …
```

　　汇编程序在所展开的指令前加上"+"以示区别。从上面的例子可以看出：由于宏指令可以带哑元，调用时可以用实元取代，这就避免了子程序因变量传送带来的麻烦，使宏汇编的使用更加灵活，而且实元可以是常数、寄存器、存储单元名以及寻址方式能找到的地址或表达式等。从以后的例子中可看到，实元还可以是指令的操作码或操作码的一部分等，宏汇编的这一特性是子程序所不及的。但是，宏调用的工作方式和子程序调用的工作方式是完全不同的。图 3-7 说明了两者的区别。可以看出，子程序是在程序执行期间由主程序调用的，它只占有它自身大小的一个空间。而宏调用则是在汇编期间展开的，每调用一次就把宏定义体展开一次，因而它占有的存储空间与调用次数有关，调用次数越多则占有的存储空间也越大。前面已经提到，用宏汇编可以免去执行时间上的额外开销，但如果宏调用次数较多，则其空间上的开销也是应该考虑的因素。因而，读者可根据具体情况来选择使用方案。一般说来，由于宏汇编可能占用较大的空间，所以代码较长的功能段往往使用子程序而不用宏汇编；但那些较短且变元较多的功能段，使用宏汇编就更加合理了。

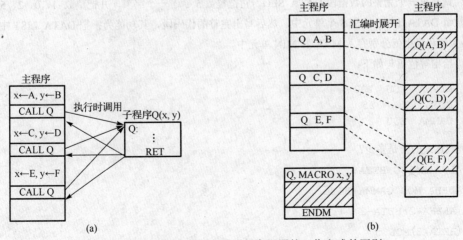

图 3-7　宏调用的工作方式和子程序调用的工作方式的区别

习　　题

3.1　指出下列指令的错误。

(1) MOV　AH, BX

(2) MOV　[BX], [SI]

(3) MOV　AX, [SI][DI]

(4) MOV　MYDAT[BX][SI], ES:AX

(5) MOV　BYTE　PTR[BX], 1000

(6) MOV　BX, OFFSET　MYDAT[SI]

(7) MOV　CS, AX

3.2　下面哪些指令是非法的? 假设 OP1、OP2 是已经用 DB 定义的变量。

(1) CMP　15, BX

(2) CMP　OP1, 25

(3) CMP　OP1, OP2

(4) CMP　AX, OP1

3.3　假设下列指令中的所有标识符均为类型属性为字的变量。请指出下列指令中哪些是非法的?它们的错误是什么?

(1) MOV　BP, AL

(2) MOV　WORD_OP[BX+4*3][DI], SP

(3) MOV　WORD_OPI, WORD_OP2

(4) MOV　AX, WORD_OP1[DX]

(5) MOV　SAVE_WORD, DS

(6) MOV　SP, SS:DATA_WORD[BX][SI]

3.4　画图说明下列语句所分配的存储空间及初始化的数据值。

(1) BYTE_VAR DB　'BYTE', 12, -12H, 3 DUP(0, ?, 2 DUP(1, 2), ?)

(2) WORD_VAR DW　5 DUP(0, 1, 2), 7, -5, 'BY', 'TE', 256H

3.5　试写出一个完整的数据段 DATA_SEG, 它把整数 5 赋于一个字节，并把整数–1、0、2、5 和 4 放在 10 字数组 DATA_LIST 的头 5 个单元中。然后写出完整的代码段，其功能为：把 DATA_LIST 中头 5 个数中的最大值和最小值分别存入 MAX 和 MIN 单元中。

3.6　给出等值语句如下：

```
ALPHA EQU 100
BETA  EOU 25
CAMMA EQU 2
```

下列表达式的值是多少?

(1) ALP11A*100+BETA

(2) ALPHA MOD GAMMA+BETA

(3) (ALPHA+2*BETA-2

(4) (BETA/3) MOD 5

(5)(ALPHA+3)，(BETA MOD GAMMA)

(6)ALPHA GE GAMMA

(7)BETA AND 7

(8)GAMMA OR 3

3.7 对于下面的数据定义，各条 MOV 指令单独执行后，有关寄存器的内容是什么？

```
FLDB    DB    ?
TABLEA  DW    20 DUP(?)
TABLEB  DB    'ABCD'
```

(1)MOV AX, TYPE FLDB

(2)MOV AX, TYPE TABLEA

(3)MOV CX, LENCTH TABLEA

(4)MOV DX, SIZE TABLEA

(5)HOV CX, LENGTH TABLEB

3.8 假设 VAR1 和 VAR2 为字变量，LAB 为标号，试指出下列指令的错误之处。

(1)ADD VAR1, VAR2

(2)SUB AL, VAR1

(3)JMP LAB[SI]

(4)JNZ VAR1

(5)JMP NEAR LAB

3.9 试列出各种方法，使汇编程序把 5150H 存入一个存储器字中(如 DW 5150H)。

3.10 按下面的要求写出程序的框架。

(1)数据段的位置从 0E000H 开始，数据段中定义一个 100 字节的数组，其类型属性既是字又是字节。

(2)堆栈段从小段开始，段组名为 STACK。

(3)代码段中指定段寄存器，指定主程序从 1000H 开始，给有关段寄存器赋值。

(4)程序结束。

3.11 假设在数据段 X_SEG、附加段 Y_SEG 和堆栈段 Z_SEG 中分别定义了字变量 X、Y 和 Z。试编写一个完整的程序计算：X←X+Y+Z

3.12 写一个完整的程序放在代码段 C_SEG 中。要求把数据段 D_SEG 中的 AUGEND 和附加段 E_SEG 中的 ADDEND 相加，并把结果存放在 D_SEG 段中的 SUM 中。其中 AUGEND、ADDEND 和 SUM 均为双精度数，AUGEND 赋值为 99251。ADDEND 赋值为−15962。

3.13 下列变量各占多少字节？

```
A1 DW 23H, 5876H
A2 DB 3 DUP(?), 0AH, 0DH, "$"
A3 DD 5 DUP(1234H, 567890H)
A4 DB 4 DUP(3 DUP(1, 2, "ABC"))
```

3.14 下列指令完成什么功能？

```
MOV AX, 00FFH AND 1122H+3344H
MOV AL, 15 GE 1111B
MOV AX, 00FFH LE 255+6/5
AND AL, 50 MOD 4
```

```
OR  AX, 0F00FH AND 1234 OR 00FFH
```

3.15　有符号定义语句如下。

```
BUF DB 3，4，5，"123"
ABUF DB 0
L EQU ABUF-BUF
```

求 L 的值为多少？

3.16　假设程序中的数据定义如下：

```
PAR DW ?
PNAME DB 16 DUP(?)
COUNT DD ?
PLENTH EQU $-PAR
```

求 PLENTH 的值为多少？表示什么意义？

3.17　对于下面的数据定义，各条 MOV 指令执行后，有关寄存器的内容是什么？

```
DA1 DB ?
DA2 DW 10 DUP(?)
DA3 DB，"ABCD"
MOV AX，TYPE DA1
MOV BX，SIZE DA2
MOV CX，LENGTH DA3
```

3.18　按下列要求，写出各数据定义语句。

(1) DB1 为 10H 个重复的字节数据序列：1，2，5 个 3，4。

(2) DB2 为字符串"STUDENTS"。

(3) DB3 为十六进制数序列：12H，ABCDH。

(4) 用等值语句给符号 COUNT 赋以 DB1 数据区所占字节数，该语句写在最后。

3.19　对于下面的数据定义，各条 MOV 指令单独执行后，有关寄存器的内容是什么？

```
PREP        DB    ?
TABA        DW    5 DUP(? )
TABB        DB    'NEXT'
TABC        DD    12345678H
```

```
(1) MOV     AX, TYPE  PREP    ; AX=1
(2) MOV     AX, TYPE  TABA    ; AX=2
(3) MOV     AX, LENGTH TABA   ; AX=5
(4) MOV     AX, SIZE  TABA    ; AX=10
(5) MOV     AX, LENGTH TABB   ; AX=1
(6) MOV     DX, SIZE  TABC    ; AX=4
```

3.20　画出下列语句中的数据在存储器中的存储情况。

```
VARB        DB    34, 34H, 'GOOD', 2 DUP(1, 2 DUP(0))
VARW        DW    5678H, 'CD', $+2, 2 DUP(100)
VARC        EQU   12
```

第4章 汇编语言程序设计

教学提示：汇编语言程序设计是学习微机原理软件的核心内容之一，也是计算机软件设计思路和方法的基础，也是计算机编程语言。

教学要求：通过本章的学习，使读者了解程序设计的结构和算法，能灵活运用程序格式、程序结构及其设计方法。

注意：汇编程序设计的顺序、分支、循环3种结构，在各种高级语言设计中同样重要，基本上是概括所有程序的编程基本结构，学好汇编程序的结构和编程方法，通过举一反三的典型案例，学会汇编语言程序设计。

4.1 顺序结构程序设计

顺序程序又称为简单程序。它一般是根据算法编出的完全顺序执行的程序。关于其流程的设计已经在前面介绍过了，这里重点介绍编写汇编语言程序时应该注意的问题。虽然，顺序结构的流程很简单，但是，很多学生在编写程序时会出现如下问题：

(1)数据类型不匹配；

(2)计算机资源的使用有冲突；

(3)忽视汇编语言指令的一些默认的条件。

下面介绍一个简单的顺序程序设计实例。

例4.1 将变量 X 的值加上变量 Y 的值，结果保存在变量 Z 中。

分析 这个题目的流程很简单，但是要注意汇编语言的特点。

程序如下：

```
    ;……数据段……
    DATA  SEGMENT
     X  DB  6              ;X 是一个字节类型的变量
     Y  DB  9              ;Y 是一个字节类型的变量
     Z  DB  ?              ;Z 是一个字节类型的变量
    DATA  ENDS
    ;……代码段……
    CODE  SEGMENT
     ASSUME  CS：CODE，DS：DATA
    START：MOV  AX，DATA    ;DATA 不能直接赋值给 DS
           MOV  DS，AX      ;对 DS 赋值
           MOV  AL，X       ;存储器寻址方式不能确定数据类型
           MOV  BL，Y       ;X、Y 先分别送到不同的字节(8 位)寄存器中
           ADD  AL，BL
           MOV  Z，AL
           HLT
    CODE  ENDS
    END  START
```

下面再介绍一个程序实例。

例4.2　变量 A 乘以变量 B 再除以 C，结果保存在 D 中。

分析　这个例题的流程仍然比较简单，但是要注意乘法指令与除法指令的使用以及寄存器的使用。

程序如下：

```
; ……数据段……
DATA    SEGMENT
 A  DB  5
 B  DB  12
 C  DB  6
 D  DB  ?
DATA    ENDS
; ……代码段……
CODE    SEGMENT
  ASSUME  CS: CODE, DS: DATA
START: MOV  AX, DATA
       MOV  DS, AX
       MOV  AL, A
       MOV  BL, B
       MUL  BL
       MOV  BL, C
       DIV  BL
       MOV  D, AL
       HLT
CODE    ENDS
END START
```

这里应该特别注意寄存器的使用不要冲突。

虽然实际应用的程序比顺序结构复杂得多，但它是构成程序的基础，它的质量直接影响整个程序的质量，因此如何充分利用硬件资源，合理地选择指令是编制简单程序，提高整个汇编语言程序质量的关键。

例4.3　设在 X 单中存放一个 0~9 的整数，用查表法求出其平方值，并将结果存入 Y 单元。

分析　根据题意，首先将 0~9 所对应的平方值存入连续的 8 个单元中，构成一张平方值表，其首地址为 SQTAB。

由表的存放规律可知：表首址 SQTAB 与 X 单元中的数 i 之和，正是 i^2 所在单元的地址。

程序如下：

```
; ……数据段……
DATA SEGMENT
    SQTABDB0, 1, 4, 9, 16, 25, 36, 49, 64, 81; 平方值表
    X DB 5
    Y DB ?
DATA ENDS
; ……堆栈段……
```

```
STACK SEGMENT PARA STACK 'STACK'
    TAPN DB100DUP（？）
    TOP EQU LENGTH TAPN
STACK ENDS
; ……代码段……
CODE SEGMENT
  ASSUME CS：CODE，DS：DATA，SS：STACK
START：MOV AX，DATA
      MOV DS，AX              ；对 DS 段寄存器赋值
      MOV AX，STACK
      MOV SS，AX              ；对 SS 段寄存器赋值
      MOV AL，X               ；取数 i
      MOV AH，0               ；注意这一行的作用
      MOV BX，OFFSET SQTAB    ；BX←表首址
      ADD BX，AX
      MOV AL，[BX]；取 i² 并保存
      MOV Y，AL
      HLT
CODE ENDS
END START
```

对这个问题还可以用如下另外一种方式来解决。

```
…
; 前面的同例 4.3
START：MOV AX，DATA
      MOV DS，AX
      MOV AX，STACK
      MOV SS，AX
      MOV AL，X
      MOV BX，OFFSET SQTAB；
      XLAT
      ADD BX，AX
      MOV Y，AL
      HLT
CODE ENDS
END START
```

显然，上面两个代码段用到了不同的指令，致使程序的长短、效率也不相同。

下面再举两个综合的题目。

例 4.4　计算公式 $F = X^3 + Y^2 + Z - 1000$，假设 X、Y 均为 $0 \sim 9$，$|Z| \leqslant 100$。

分析　将前面几个例题中讲解的知识合在一起考虑。

程序如下：

```
; ……数据段……
DATA    SEGMENT
  XYZF  DW 7，6，97，？；分别对应为变量 X、Y、Z 和结果的值
  X3    DW 0，1，8，27，64，125，216，343，512，729；立方值表
```

```
    Y3     DW  0, 1, 4, 9, 16, 25, 36, 49, 64, 81        ; 平方值表
DATA   ENDS
; ……代码段……
CODE   SEGMENT
  ASSUME  CS: CODE, DS: DATA
START:
;
       MOV  AX, DATA
       MOV  DS, AX
;
       MOV  BX, OFFSET  X3
       MOV  AX, [XYZF]
       ADD  AX, AX
       ADD  BX, AX
       MOV  DX, [BX]
;
       MOV  BX, OFFSET  Y2
       MOV  AX, [XYZF+2]
       ADD  AX, AX
       ADD  BX, AX
       MOV  AX, [BX]
;
       ADD  DX, AX
       ADD  DX, [XYZF+4]
       SUB  DX, 1000
       MOV  [XYZF+6], DX
       HLT
CODE   ENDS
END  START
```

例 4.5　试编写一个程序计算表达式 W=(V−(X*Y+Z−100))/X 的值。式中，X、Y、Z、V 均为有符号字数据变量，结果存放在双字变量 W 之中。

程序如下：

```
; ……数据段……
DATA   SEGMENT
  X    DW   200
  Y    DW   100
  Z    DW   3000
  V    DW   10000
  W    DW   2 DUP （?）
DATA   ENDS
; ……代码段……
CODE   SEGMENT
  ASSUME  CS: CODE, DS: DATA
START: MOV  AX, DATA
       MOV  DS, AX
;
```

```
        MOV  AX, X
        MOV  BX, Y
        IMUL BX
        MOV  CX, AX
        MOV  BX, DX
        MOV  AX, Z
        CWD
        ADD, CX, AX
        ADC, BX, DX
        SUB  CX, 100
        SBB  BX, 0
        MOV  AX, V
        CWD
        SUB  AX, CX
        SBB  DX, BX
        MOV  BX, X
        IDIV BX
;
        MOV  W, AX
        MOV  W+2, DX
        HLT
CODE    ENDS
END     START
```

4.2 分支结构程序设计

所谓分支结构就是根据条件判断的结果分别执行不同的程序段。如果分支具有N种可能，则称其为 N 分支。一般 N=2 时称为简单分支，N>=3 时称为多分支程序。

4.2.1 简单分支程序设计

通常，简单分支程序可用一条条件转移指令来实现，这是分支程序设计的最基本方法。

例 4.6 设有单字节无符号数 X、Y、Z，若 X+Y>255，则求 X+Z，否则求 X–Z，运算结果放在 F1 中。

分析 因为 X、Y 均为无符号数，所以当 X+Y>255 时则会产生进位，即 CF=1，所以可以用进位标志来判断。

程序段如下：

```
; ……数据段……
DATA   SEGMENT
  X   DB   128
  Y   DB   90
  Z   DB   50
  F1  DB   ?
DATA   ENDS
```

```
;  ……代码段……
CODE   SEGMENT
  ASSUME  CS: CODE, DS: DATA
START: MOV  AX, DATA
       MOV  DS, AX
;
       MOV  AL, X
       ADD  AL, Y
       JC   P1
;
       MOV  AL, X
       SUB  AL, Z
       JMP  EXIT
;
   P1: MOV  AL, X
       ADD  AL, Z
;
 EXIT: MOV  F1, AL
;
       HLT
CODE   ENDS
  END  START
```

4.2.2　多分支程序设计

1)简单分支组合法

用若干个简单分支的组合来实现多分支的方法称为简单分支组合法。

例 4.7　试计算符号函数的值 $Y = \begin{cases} -1, & \text{当} X < 0 \\ 0, & \text{当} X = 0 \\ 1, & \text{当} X > 0 \end{cases}$ 。

程序如下：

```
;  ……数据段……
DATA   SEGMENT
  X   DB   6
  Y   DB   ?
DATA   ENDS
;  ……代码段……
CODE   SEGMENT
  ASSUME  CS: CODE, DS: DATA
START: MOV  AX, DATA
       MOV  DS, AX


;
       MOV  AL, X
       CMP  AL, 0
;  注意下面的分支
```

```
            JG    G1
            JZ    Z1
    ;
            MOV   AL, -1
            JMP   EXIT
    ;
       G1:  MOV   AL, 1
            JMP   EXIT
    ;
       Z1:  MOV   AL, 0
    ;
     EXIT:  MOV   Y, AL
            HLT
    CODE    ENDS
      END   START
```

2) 跳转表法

跳转表是由一系列的转移地址(即各分支处理子程序的首地址)、跳转指令或关键字等构成，它们依次存放在内存的一个连续存储区中。

例 4.8　查看变量 M1 中的值，如果是 0 则执行模块 0(用标号 L0 表示的内容，下同)，如果是 1 则执行模块 1，依次类推，其中 M1 的值为 0~7。

程序如下：

```
    ;……数据段……
    DATA    SEGMENT
     MI   DB   4
      L   DB   L0, L1, L2, L3, L4, L5, L6, L7
    DATA    ENDS
    ;……代码段……
    CODE    SEGMENT
      ASSUME  CS: CODE, DS: DATA
    START: MOV  AX, DATA
           MOV  DS, AX
    ;
           MOV  BX, OFFSET  L
           MOV  AL, M1
           AND  AL, 07H
           MOV  AH, 00H
           ADD  AX, AX
           ADD  BX, AX
           JMP  WORD  PTR [BX]   ; 段内间接转移
    ;
           ...
    ;
       L0: ...
       L1: ...
       L7: ...
```

```
      CODE    ENDS
      END    START
```

数据段中变量 L 的值是 L0, L1, …, L7，实际上就是程序段中的标号 L0, L1, …, L7，也就是说，L 其实是一个转移地址表。显然这里用的是段内间接转移。如果是段间转移，则应该将段地址与偏移地址一同存入地址表中：

```
      L  DD  L0, L1, L2, L3, L4, L5, L6, L7
```

4.2.3　综合例题

现在介绍一个稍微大一点的题目，来看一下，究竟是如何从题目一步一步写出汇编语言程序的。

例 4.9　判断一个放在 YEAR 变量中的年份是否是闰年。

解决步骤如下。

(1)用人的思维来分析题目要求，用文字描述出来。

遇到一个题目时首先考虑解决这个问题人需要怎么办，并将想法用自然语言描述出来，注意用词尽量使用"首先…然后…再后…最后…"；"如果…那么…否则…"；"依次类推(或依次执行)"等连词，这是因为这些词汇可以很容易地在流程图中用结构表达出来。

这个问题解决起来很简单："首先，得到 YEAR 的值；然后判断该值能否被 4 整除；如果不能整除，那么是平年，否则判断能否被 100 整除，如果不能整除，那么是闰年，否则判断能否被 400 整除，如果能整除，那么是闰年，否则是平年"。

(2)根据已经写出的文字描述画出粗略的流程图。

根据文字描述，可以一一对应地画出流程图，具体对应关系如下。

"首先"句画成顺序结构；"首先"、"然后"、"再后"、"最后"等词汇就是流程图中的先后顺序，其中，"…"表示流程中每一步具体执行的内容。

"如果"句转化成分枝结构流程图。其中"如果"后的内容为分支结构的分支条件，而"那么"后内容是条件为真时执行的内容，"否则"后面是条件不成立时执行的内容，"如果"转换成"◇"(菱形框架)表示，"那么"、"否则"对应相应的连线，注意根据条件分别标出Y、N。

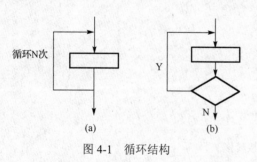

图 4-1　循环结构

"依次类推(或依次执行)"对应循环结构；注意"次"的概念，如果是循环次数已经确定，则在循环连线上标示出"循环 N 次"，如图 4-1(a)所示，如果是按照某条件成立与否，则参考"如果"句画出流程图，如图 4-1(b)所示。依次执行的内容为循环体的内容。

上面"判断是否是闰年"例题的流程图也可以按照这种方式画出，如图 4-2 所示。

(3)将粗略的流程图转化成具有汇编语言特点的流程图。

因为汇编语言中没有结构化语句，因此，流程图中的结构化框架需要用汇编语言的无条件跳转指令、条件跳转指令、循环指令等来表达。为了更好地与汇编语言的指令对应，将前面已经画好的流程图进行一些改造，这里主要涉及分支的部分，具体改造形式如图 4-3 所示。

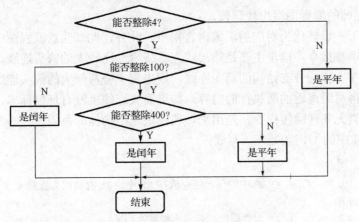

图 4-2　判断是否为闰年的流程图

根据这种方法，可以将图 4-2 所示的流程图修改成如图 4-4 所示。

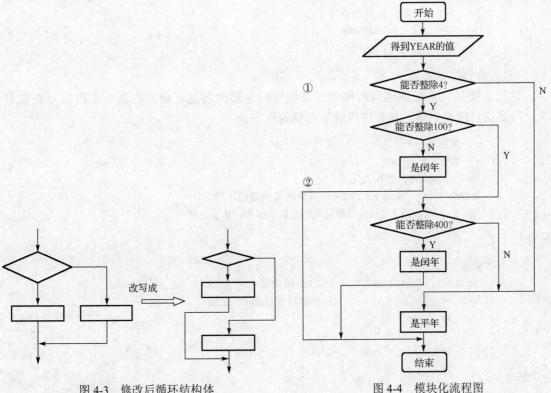

图 4-3　修改后循环结构体　　　　　　　　　图 4-4　模块化流程图

（4）将流程图进一步细化。

经过前面步骤所得到的流程图，还不能与汇编语言指令对应，应该结合汇编语言进一步细化，直到流程图中每个模块只对应一条或简单的几条指令为止。

例如，"判断是否是闰年"题目中"能否整除 4"这一步骤，就需要细化成：①将 YEAR 中得到的值送到寄存器 AX 中；②将除数 4 送到 BL（或其他 8 位寄存器中）；③用无符号除法指令 DIV 进行除法运算；④余数（在 AH 中）是否为 0 等几个具体步骤。

(5)根据细化过的编程图写出代码段。

将流程图中每一步转化为对应的汇编语言指令。此外，尤其注意流程图中连线有一部分也必须对应汇编语言指令，这里主要是指形式上"绕弯"比较大的箭头连线。

如果是带有 Y、N 的分支结构的箭头连线，则先将"绕弯"大的箭头连线用条件跳转指令表达；然后，再写距离近的所执行的内容。如果箭头连线上没有任何标志，则用无条件跳转指令表达，这类无条件跳转指令，是用来体现模块化结构体的范围的。

例如，图 4-4 中的①、②处应该写成：

```
    ...
①  DIV  BL        ; YEAR 中的值已经存放在 AX 中，BL 存放的为除数 4
    CMP  AH, 0
    JNZ  A1        ; ZF 为"假"，表示不能整除
    ...            ; 判断能否整除 100
    ...            ; 是闰年
②  JMP  EXIT
    ...            ; 能否整除 400
    A1: ...        ; 是平年
    EXIT: ...      ; 结束
```

(6)完善程序。

这里主要是完善汇编语言程序的语法结构。主要内容是在前面的基础上再加上变量定义、段定义、段说明等，使程序段成为完整的程序。

```
; ……源程序……
; ……数据段……
DATA  SEGMENT；数据段定义
    YEAR   DW   xxxx；YEAR 中存放准备判断的年份
    YN     DB   ？；YN 存放结果，1 表示闰年，0 表示平年
DATA  ENDS
; ……代码段……
CODE  SEGMENT
    ASSUME  CS: CODE, DS: DATA；段说明
START: MOV  AX, DATA     ；数据段寄存器 DS 赋值
       MOV  DS, AX
;
       MOV  AX, YEAR     ；得到 YEAR 的值
       MOV  BL, 4        ；除以 4
       DIV  BL
       CMP  AH, 0        ；余数是否为 0
       JNZ  A1           ；余数不为 0，即不能整除，则跳转到 A1 处
       MOV  AX, YEAR     ；因为上面的除法运算 AX 的内容已经修改
                         ；所以 AX 需要重新赋值
       MOV  BL, 100
       DIV  BL
       CMP  AH, 0
       JZ   A2
       MOV  YN, 1
```

```
            JMP   EXIT
        A2: MOV   AX, YEAR      ; 除以 400
            MOV   DX, 0         ; 因为除数是 16 位，所以被除数应为 32 位，
                               ; 分别存放在 DX：AX
            MOV   BX, 400
            DIV   BX
            CMP   DX, 0
            JNZ   A1
            MOV   YN, 1
            JMP   EXIT
        A1: MOV   YN, 0
     ;
       EXIT: HLT
    CODE ENDS
    END  START
```

4.3　循环结构程序设计

在实际工作中，有时要求对某一问题进行多次重复处理，而仅仅是初始条件不同，这种计算过程称为具有循环特征的，而循环程序设计是解决这类问题的一种行之有效的方法。循环程序是采用重复执行某一段程序来实现要求完成计算的编程方法。

4.3.1　循环结构简述

循环结构在以前已经介绍过了，这里再简单地重复一下。

1）循环结构的组成

循环结构主要由三部分组成。

(1) 初始化部分：包括设置地址指针、计数器及其他变量的初值等为循环做的准备工作；

(2) 循环体部分：是主要部分，即对问题的处理；

(3) 循环控制部分：包括每次执行循环体之后或之前参数的修改，对循环条件的判断等。

2）循环的分类

按照先判断还是先执行，可以分成当型循环与直到型循环；按照循环条件，可以分成循环次数已知与循环次数未知。汇编语言程序设计中更主要的是按照是否已知循环次数来区分，分别写成不同形式的代码。

另外，还可以按照是否有循环嵌套，分成单重循环结构与多重循环结构，这一点在汇编语言程序设计中也很重要。因为，前面介绍的指令 LOOP 是专门为已知循环次数而设置的，它的循环次数固定地存放在寄存器 CX 中，如果是循环嵌套，而且均用 LOOP 来执行，需要注意 CX 的值是否冲突。

4.3.2　单循环程序的设计方法

1）循环次数已知型的程序设计

这种程序设计方法很直观、流程比较清晰，但必须在循环次数已知的条件下才能采用。

例 4.10　在以 NUM 为首址的存区中存有一组带符号的字节类型的数据，从中找出最大数并送入 MAX 单元。

程序如下：

```
        ;……数据段……
        DATA  SEGMENT
          NUM    DB   7, 9, -10, 0, 100, -27, 99
          COUNT  DB   $-NUM
          MAX    DB   ?
        DATA  ENDS
        ;……代码段……
        CODE  SEGMENT
          ASSUME  CS: CODE, DS: DATA
        START: MOV  AX, DATA
               MOV  DS, AX
        ;
               MOV  CL, COUNT-1
               MOV  CH, 00H
        ;
               MOV  BX, OFFSET  NUM
               MOV  AL, [BX]
        ;
          LP1: INC  BX
               CMP  AL, [BX]
               JGE  NEXT
               MOV  AL, [BX]
        NEXT: LOOP LP1
               MOV  MAX, AL
        ;
               HLT
        CODE  ENDS
          END  START
```

例 4.11　试编一个程序将变量 BUF 中所含 1 的个数存入 COUNT 单元中。

分析　要测出 BUF 字单元所含 1 的个数，首先将 BUF 中的数送给寄存器 AX，然后将 AX 寄存器逻辑左移一次，如果 CF=1，则表明 AX 中的最高位为 1，则计数器 BL 计数 1 次，如果 CF=0，表明 AX 最高位为 0，这样依次将最高位移入 CF 中去测试。

程序如下：

```
        ;……数据段……
        DATA  SEGMENT
          BUF    DW   2345H
          COUNT  DW   ?
        DATA  ENDS
        ;……代码段……
        CODE  SEGMENT
          ASSUME  CS: CODE, DS: DATA
```

```
START: MOV  AX, DATA
       MOV  DS, AX
;
       MOV  AX, BUF
       MOV  CX, 16
       MOV  BL, 0
;
  LP1: SHL  AX, 1
       JNC  NEXT
       INC  BL
 NEXT: LOOP LP1
;
       MOV  BH, 0
       MOV  COUNT, BX
;
       HLT
CODE   ENDS
  END  START
```

2) 循环次数未知型的程序设计

循环次数未知型的程序比循环次数已知型要麻烦一些，不过可以节约许多计算机的资源，提高程序的工作效率，而且更接近实际情况。

在例 4.11 中无论变量 BUF 中有没有 1，均要循环 16 次，很显然可以进行一些改进。

例 4.12 题目与例 4.11 一致。

分析 要测出 BUF 字单元所含 1 的个数，首先将 BUF 中的数送给寄存器 AX，然后将 AX 寄存器逻辑左移一次，如果 CF=1，则表明 AX 中的最高位为 1，则计数器 BL 计数 1 次，如果 CF=0，表明 AX 最高位为 0，这样，依次将最高位移入 CF 中去测试。移位之后，判断 AX 的值是否为 0，如果为 0 则结束循环，不为 0，则继续循环。

程序如下：

```
; ……数据段……
DATA  SEGMENT
  BUF     DW  2345H
  COUNT   DW  ?
DATA  ENDS
; ……代码段……
CODE  SEGMENT
  ASSUME  CS: CODE, DS: DATA
START: MOV  AX, DATA
       MOV  DS, AX
;
       MOV  AX, BUF
       MOV  BL, 0
;
  LP1: ADD  AX, AX
       JZ   EXIT
```

```
              SHL   AX, 1
              JNC   NEXT
              INC   BL
        NEXT: JMP   LP1
        ;
              MOV   BH, 0
              MOV   COUNT, BX
        ;
              HLT
        CODE  ENDS
          END   START
```

例 4.13　在字符串变量 STRING 中，存有一个以$为结尾的 ASCII 码字符串。现要求出字符串的长度，并把它存入 LENGTH 单元中。

程序如下：

```
        ; ……数据段……
        DATA  SEGMENT
          STRING   DB   'HDKAYFBKLA$'
          LENGTH   DB   ?
        DATA  ENDS
        ; ……代码段……
        CODE  SEGMENT
          ASSUME  CS: CODE, DS: DATA
        START: MOV  AX, DATA
               MOV  DS, AX
        ;
               MOV  BX, OFFSET  STRING
               MOV  DI, 0
        ;
          LP1: MOV  AL, [BX][DI]
               CMP  AL, '$'
               JZ   EXIT
               INC  DI
               JMP  LP1
        ;
         EXIT: MOV  CX, DI
               MOV  LENGTH, CL
        ;
               HLT
        CODE  ENDS
          END   START
```

4.3.3　多重循环程序设计

在实际工作中，一个循环结构常常难以解决实际的应用问题，所以人们引入了多重循环。这些循环是一层套一层的，因此又称为循环的嵌套。

有时，循环次数是已知的，每一层循环均用到 CX 作为循环次数指针，就需要注意在进入内层循环时，利用堆栈将外层的当前循环次数保存起来。

例 4.14　统计一个班级学生的总分。

分析　对于每个学生而言，需要循环累加各门成绩，对于班级而言，需要对每个学生进行循环操作。

程序如下：

```
; ……源程序……
; ……数据段……
DATA   SEGMENT
; 假设有 3 个学生，5 门功课
  X1   DB   70, 90, 80, 76, 89, ?
  X2   DB   89, 70, 67, 90, 100, ?
  X3   DB   90, 90, 98, 100, 79, ?
DATA ENDS
; ……代码段……
CODE   SEGMENT
  ASSUME  CS: CODE, DS: DATA
START:
      MOV  AX, DATA
      MOV  DS, AX
;
      MOV  BX, 0; 也可以写成 MOV  BX, OFFSET  X1
      MOV  CX, 3
;
  LP2:
      PUSH  CX
      MOV  DI, 0
      MOV  CX, 5
      XOR  AX, AX
  LP1:
      MOV  AH, [BX][DI]
      ADD  AL, AH
      INC  DI
      LOOP  LP1
      MOV  [BX][DI], AL
      POP  CX
      ADD  BX, 6
      LOOP  LP2
;
      HLT
CODE   ENDS
  END   START
```

有时，多重循环的循环次数是未知的，这时一般有一些事先设定的结束标志，需要注意数据段的设置。

例 4.15　统计班级每个学生的总分，并送到变量 ZF 中；其中–99 表示班级成绩表结束，–9 表示个人成绩表结束，–1 表示没有成绩。

程序如下：

```
;……源程序……
;……数据段……
DATA   SEGMENT
  CJ   DB   60, 89, 70, 90, -1, 90, -9
       DB   90, 89, 99, 80, 90, 100, -9
       DB   78, 87, 89, 85, 88, 83, -9
       DB   -99
  ZF   DW   100  DUP(? )
DATA   ENDS
;……代码段……
CODE   SEGMENT
  ASSUME   CS: CODE, DS: DATA
START: MOV  AX, DATA
       MOV  DS, AX
;
       MOV  BX, OFFSET CJ
       MOV  DI, OFFSET  ZF
;
  LP2:
       MOV  DX, 0
         LP1:
             MOV AL, [BX]
             CMP AL, -99
             JNG  EXIT
             CMP  AL, -9
             JNG  NEXT
             CMP  AL, -1
             JNG  LP
             ADD  DL, AL
             ADC  DH, 0
           LP:
             INC BX
             JMP LP1

  NEXT:
             MOV  [DI], DX
             INC  DI
             INC  DI
             JMP  LP2
;
EXIT: HLT
CODE   ENDS
  END   START
```

对于这种多重循环，一般尽量使用不同的寄存器作为不同层次的循环指针，如果没有多余的空闲寄存器，则应该与上面一样，在进入下一层循环时，保存当前循环指针的值。

4.4　子　程　序

4.4.1　子程序的概念

在程序设计中，常常会遇到某些功能完全相同的程序段在同一程序的多处或不同程序中出现，为了节省存储空间减少编制程序的重复劳动，可以将这些多次重复的程序段独立出来，附加一些额外语句，将它编制成一种具有公用性的、独立的程序段——子程序，并通过适当的方法把它与其他程序段连接起来。这种程序设计的方法称为子程序设计。

在汇编语言中，子程序又称为过程；调用子程序的程序称为主调程序或主程序。

4.4.2　子程序的格式

子程序的定义是由过程定义伪指令 PROC 和 ENDP 来完成的。其格式如下：

```
（过程名）  PROC [NEAR/FAR]
         …
（过程名）  ENDP
```

其中，PROC 表示过程定义开始，ENDP 表示过程定义结束。过程名是过程入口地址的符号表示，可以在主程序直接用 CALL（过程名）进行调用。

一般过程名同标号一样，具有 3 种属性，即段属性、偏移地址属性及类型属性。

4.4.3　子程序的位置

子程序可以在程序中的任何位置，一般情况下，子程序比较多时，将所有子程序放在代码段的开始位置，如例 4.16 所示。

例 4.16

```
;……源程序……
CODE    SEGMENT
ASSUME  CS: CODE
START: JMP  MAIN；代码段开始位置，但不是主程序开始位置
  （过程名 1）PROC
      …
  （过程名 1）ENDP
  （过程名 2）PROC
      …
  （过程名 2）ENPD
      …
  MAIN: …；主程序真正开始位置
      …
CODE    ENDS
  END   START
```

如果子程序比较少时，可以将子程序放在代码段的末尾处。

例 4.17

```
        ; ……源程序……
        CODE  SEGMENT
        ASSUME   CS: CODE
        START: …
               …
           HLT; 主程序结束位置
        (过程名 1)  PROC
               …
        (过程名 1)  ENDP
        CODE   ENDS
           END   START
```

4.4.4　主程序与子程序的参数传递

主程序与子程序的参数传递方式主要有 3 种：一是约定寄存器法；二是约定存储单元法；三是堆栈法(也称赋值法)。

1) 约定寄存器法

因为汇编语言可以对计算机硬件资源直接利用。当寄存器被赋值之后，其值一直保持不变，直到重新赋值为止，所以可以利用计算机的寄存器来传递参数。

这种方法是通过寄存器存放参数来进行传递的，即在主程序调用子程序前，将入口参数送到约定寄存器中；子程序可以直接从这些寄存器中取出参数进行加工处理，并将结果也放在约定的寄存器中，然后返回主程序，主程序再从寄存器中取出结果。

注意：约定寄存器法的特点是编程方便，速度快，节省存储单元，但只适合参数较少的情况。

2) 约定存储单元法

这种方法是使用内存单元传递参数的，即在主程序调用子程序前，将入口参数存放到约定单元中；子程序执行结束将结果也放在约定单元。

注意：约定存储单元法的特点是每个子程序都有独立的工作单元，工作时不易引起紊乱，但它占用了存储空间，这种方法不适合递归子程序。

3) 堆栈法

堆栈法是在紧接调用指令后面的一串单元中存放参数的。对于入口参数，一般是参数地址，当入口参数很少时，也可以是参数值；而对于出口参数一般是参数的值，当出口参数较多时也可以是地址。

注意：赋值法的特点是入/出口参数包括在调用程序中，比较灵活，但在存取入/出口参数和修改返回地址时要特别仔细，当心出错。

4.4.5　参数传递注意事项

寄存器内容是否冲突。因为寄存器是计算机硬件资源，而且使用比较频繁，一定要注意主程序与子程序、子程序之间在使用寄存器时有无冲突。如果有冲突，可以利用堆栈先进行保护。

例 4.18　若子程序 PROG1 中改变了寄存器 AX、BX、CX、DX 的值，则可采用如下方法保护和恢复现场。

```
;……源程序……
PROC1 PROC
    PUSH   AX
    PUSH   BX
    PUSH   CX；保护现场
    PUSH   DX
    …；子程序的执行内容
    POP    DX
    POP    CX
    POP    BX；恢复现场
    POP    AX
    RET；返回断点处
PROC1   ENDP
```

当然也可以在主程序调用子程序之前，在主程序中保存。

例 4.19

```
;……源程序……
CODE    SEGMENT
ASSUME  CS：CODE
START：…
        PUSH   AX
        PUSH   BX
        PUSH   CX
        PUSH   DX
        CALL   PROC1
        POP    DX
        POP    CX
        POP    BX
        POP    AX
        …
CODE    ENDS
    END  START
```

4.5　DOS 功能调用与输入输出

4.5.1　利用 DOS 功能调用进行输入输出

MS-DOS（PC-DOS）内包含了许多涉及设备驱动和文件管理方面的子程序，DOS 的各种命令就是通过调用这些子程序实现的。为了方便程序员的使用，把这些子程序编写成相对独立的程序模块并且编上号。程序员利用汇编语言可方便地调用这些子程序。程序员调用这些子程序可减少对系统硬件环境的考虑和依赖，从而一方面可大大精简应用程序的编写，另一方面可使程序有良好的通用性。这些编了号的可由程序员调用的子程序就称为 DOS 功能调用或系统调用。一般认为 DOS 的各种命令是操作员与 DOS 的接口，而功能调用则是程序员与 DOS 的接口。在这里可以简单地认为它是一种类似于 C 语言中的库函数。

DOS 功能的调用主要包括 3 个方面的子程序：基本 I/O、文件管理和其他（包括内存管理、置取时间、置取中断向量、终止程序等）。随着 DOS 版本的升级，这种称为 DOS 功能调用的子程序数量也在不断增加，功能更完备，使用也更方便，如表 4-1 所示。

DOS 功能调用的使用形式为

```
MOV   (***), ***      ; 准备所需要的入口参数
MOV   AH, N           ; 将功能号送到寄存器 AH 中
INT   21H             ; DOS 功能调用为 21H 号中断
```

表 4-1　DOS 提供的常用基本输入/输出功能

功能号	功能说明	入口参数	出口参数
01H	从键盘上读入一个字符，并在监视器(显示器)上回显	无	(AL)=输入字符的 ASCII 码
02H	显示出一个字符	(DL)=要显示字符的 ASCII 码	无
09H	显示一个字符串	(DS：DX)=字符串的首地址，字符串以字符$为结束标志	无
0AH	输入一个字符串	(DS：DX)=缓冲区首地址	接收到的输入字符串在缓冲区中
05H	向第一个并行口上的打印机输出一字符	DL=要打印的字符(ASCII 码)	无

OAH 号功能，相关 DOS 功能如表 4-2 所示。

表 4-2　DOS 功能调用

AH	功能	调用参数	返回参数
00	程序终止(同 INT 20H)	CS=程序段前缀	
01	键盘输入并回显		AL=输入字符
02	显示输出	DL=输出字符	
03	异步通信输入		AL=输入数据
04	异步通信输出	DL=输出数据	
05	打印机输出	DL=输出字符	
06	直接控制台 I/O	DL=FF(输入) DL=字符(输出)	AL=输入字符
07	键盘输入(无回显)		AL=输入字符
08	键盘输入(无回显) 检测 Ctrl-Break		AL=输入字符
09	显示字符串	DS：DX=串地址 '$' 结束字符串	
0A	键盘输入到缓冲区	DS：DX=缓冲区首地址 (DS：DX)=缓冲区最大字符数	(DS：DX+1)= 实际输入的字符数
0B	检验键盘状态		AL=00 有输入 AL=FF 无输入
0C	清除输入缓冲区并请求指定的输入功能	AL=输入功能号 (1, 6, 7, 8, A)	
0D	磁盘复位		清除文件缓冲区
0E	指定当前默认的磁盘驱动器	DL=驱动器号 0=A, I=B, …	AL=驱动器数
0F	打开文件	DS：DX=FCB 首地址	AL=00 文件找到 AL=FF 文件未找到
10	关闭文件	DS：DX=FCB 首地址	AL=00 目录修改成功 AL=FF 目录中未找到文件

续表

AH	功能	调用参数	返回参数
11	查找第一个目录项	DS：DX=FCB 首地址	AL=00 找到 AL=FF 未找到
12	查找下一个目录项	DS：DX=FCB 首地址 （文件中带有*或？）	AL=00 找到 AL=FF 未找到
13	删除文件	DS：DX=FCB 首地址	AL=00 删除成功 AL=FF 未找到
14	顺序读	DS：DX=FCB 首地址	AL=00 读成功 =01 文件结束，记录中无数据 =02 DTA 空间不够 =03 文件结束，记录不完整
15	顺序写	DS：DX=FCB 首地址	AL=00 写成功 =01 盘满 =02 DTA 空间不够
16	建文件	DS：DX=FCB 首地址	AL=00 建立成功 =FF 无磁盘空间
17	文件改名	DS：DX=FCB 首地址 (DS：DX+1)=旧文件名 (DS：DX+17)=新文件名	AL=00 成功 AL=FF 未成功
19	取当前默认磁盘驱动器		AL=默认的驱动器号 0=A，1=B，2=C，…
1A	置 DTA 地址	DS：DX=DTA 地址	
1B	取默认驱动器 FAT 信息		AL=每簇的扇区数 DS：BX=FAT 标识字节 CX=物理扇区大小 DX=默认驱动器的簇数
1C	取任一驱动器 FAT 信息	DL=驱动器号	同上
21	随机读	DS：DX=FCB 首地址	AL=00 读成功 =01 文件结束 =02 缓冲区溢出 =03 缓冲区不满
22	随机写	DS：DX=FCB 首地址	AL=00 写成功 =01 盘满 =02 缓冲区溢出
23	测定文件大小	DS：DX=FCB 首地址	AL=00 成功(文件长度填入 FCB) AL=FF 未找到
24	设置随机记录号	DS：DX=FCB 首地址	
25	设置中断向量	DS：DX=中断向量 AL=中断类型号	
26	建立程序段前缀	DX=新的程序段前缀	
27	随机分块读	DS：DX=FCB 首地址 CX=记录数	AL=00 读成功 =01 文件结束 =02 缓冲区太小，传输结束 =03 缓冲区不满
28	随机分块写	DS：DX=FCB 首地址 CX=记录数	AL=00 写成功 =01 盘满 =02 缓冲区溢出
29	分析文件名	ES：DI=FCB 首地址 DS：SI=ASCII 串 AL=控制分析标志	AL=00 标准文件 =01 多义文件 =02 非法盘符
2A	取日期		CX=年 DH：DL=月：日(二进制)
2B	设置日期	CX：DH：DL=年：月：日	AL=00 成功 AL=FF 无效
2C	取时间		CH：CL=时：分 DH：DL=秒：1/100 秒
2D	设置时间	CH：CL=时：分 DH：DL=秒：1/100 秒	AL=00 成功 AL=FF 无效

AH	功能	调用参数	返回参数
2E	置磁盘自动读写标志	AL=00 关闭标志 AL=01 打开标志	
2F	取磁盘缓冲区的首址		ES：BX=缓冲区首址
30	取 DOS 版本号		AH=发行号，AL=版本
31	结束并驻留	AL=返回码 DX=驻留区大小	
33	Ctrl-Break 检测	AL=00 取状态 AL=01 置状态(DL) DL=00 关闭检测 DL=01 打开检测	DL=00 关闭 Ctrl-Break 检测 DL=01 打开 Ctrl-Break 检测
35	取中断向量	AL=中断类型	ES：BX=中断向量
36	取空闲磁盘空间	DL=驱动器号 0=默认，1=A，2=B，…	成功：AX=每簇扇区数 BX=有效簇数 CX=每扇区字节数 DX=总簇数 失败：AX=FFFF
38	置/取国家信息	DS：DX=信息区首地址	BX=国家码(国际电话前缀码) AX=错误码
39	建立子目录(MKDIR)	DS：DX=ASCIIZ 串地址	AX=错误码
3A	删除子目录(RMDIR)	DS：DX=ASCIIZ 串地址	AX=错误码
3B	改变当前目录(CHDIR)	DS：DX=ASCIIZ 串地址	AX=错误码
3C	建立文件	DS：DX=ASCIIZ 串地址 CX=文件属性	成功：AX=文件代号 错误：AX=错误码
3D	打开文件	DS：DX=ASCIIZ 串地址 AL=0 读 AL=1 写 AL=3 读/写	成功：AX=文件代号 错误：AX=错误码
3E	关闭文件	BX=文件代号	失败：AX=错误码
3F	读文件或设备	DS：DX=数据缓冲区地址 BX=文件代号 CX=读取的字节数	读成功： AX=实际读入的字节数 AX=0 已到文件尾 读出错：AX=错误码
40	写文件或设备	DS：DX=数据缓冲区地址 BX=文件代号 CX=写入的字节数	写成功： AX=实际写入的字节数 写出错：AX=错误码
41	删除文件	DS：DX=ASCIIZ 串地址	成功：AX=00 出错：AX=错误码(2，5)
42	移动文件指针	BX=文件代号 CX：DX=位移量 AL=移动方式 (0: 从文件头绝对位移 1: 从当前位置相对移动 2: 从文件尾绝对位移)	成功： DX：AX=新文件指针位置 出错：AX=错误码
43	置/取文件属性	DS：DX=ASCIIZ 串地址 AL=0 取文件属性 AL=1 置文件属性 CX=文件属性	成功：CX=文件属性 失败：CX=错误码
44	设备文件 I/O 控制	BX=文件代号 AL=0 取状态 AL=1 置状态 DX AL=2 读数据 AL=3 写数据 AL=6 取输入状态 AL=7 取输出状态	DX=设备信息
45	复制文件代号	BX=文件代号 1	成功：AX=文件代号 2 失败：AX=错误码
46	人工复制文件代号	BX=文件代号 1 CX=文件代号 2	失败：AX=错误码

续表

AH	功能	调用参数	返回参数
47	取当前目录路径名	DL=驱动器号 DS：SI=ASCIIZ 串地址	(DS：SI)=ASCIIZ 串 失败：AX=出错码
48	分配内存空间	BX=申请内存容量	成功：AX=分配内存首地 失败：BX=最大可用内存
49	释放内容空间	ES=内存起始段地址	失败：AX=错误码
4A	调整已分配的存储块	ES=原内存起始地址 BX=再申请的容量	失败：BX=最大可用空间 AX=错误码
4B	装配/执行程序	DS：DX=ASCIIZ 串地址 ES：BX=参数区首地址 AL=0 装入执行 AL=3 装入不执行	失败：AX=错误码
4C	带返回码结束	AL=返回码	
4D	取返回代码		AX=返回代码
4E	查找第一个匹配文件	DS：DX=ASCIIZ 串地址 CX=属性	AX=出错代码(02，18)
4F	查找下一个匹配文件	DS：DX=ASCIIZ 串地址 (文件名中带有?或*)	AX=出错代码(18)
54	取盘自动读写标志		AL=当前标志值
56	文件改名	DS：DX=ASCIIZ 串(旧) ES：DI=ASCIIZ 串(新)	AX=出错码(03，05，17)
57	置/取文件日期和时间	BX=文件代号 AL=0 读取 AL=1 设置(DX：CX)	DX：CX=日期和时间 失败：AX=错误码
58	取/置分配策略码	AL=0 取码 AL=1 置码(BX)	成功：AX=策略码 失败：AX=错误码
59	取扩充错误码		AX=扩充错误码 BH=错误类型 BL=建议的操作 CH=错误场所
5A	建立临时文件	CX=文件属性 DS：DX=ASCIIZ 串地址	成功：AX=文件代号 失败：AX=错误码
5B	建立新文件	CX=文件属性 DS：DX=ASCIIZ 串地址	成功：AX=文件代号 失败：AX=错误码
5C	控制文件存取	AL=00 封锁 AL=01 开启 BX=文件代号 CX：DX=文件位移 SI：DI=文件长度	失败：AX=错误码
62	取程序段前缀		BX=PSP 地址

（1）缓冲区第一字节置为缓冲区最大容量，可以认为是入口参数；缓冲区第二字节存放实际读入的字符数(不包括回车符)，可认为是出口参数的一部分；第三字节开始存放接收的字符串。

（2）字符串以回车键结束，回车符是接收到的字符串的最后一个字符。

（3）如果输入的字符数超过缓冲区所能容纳的最大字符数，则随后的输入字符被丢失并响铃，直到遇到回车键为止。

（4）如果在输入时按 Ctrl+C 键或 Ctrl+Break 键，则结束程序。

例 4.20　写一个程序，用二进制数形式显示所按键的 ASCII 码。

分析　首先利用 1 号 DOS 功能调用接收一个字符，然后通过移位的方法从高到低依次把其 ASCII 码值的各位移出，再转换成 ASCII 码，利用 2 号功能调用显示输出。

程序如下，它还含有一个形成回车换行(光标移到下一行首)的子程序。

```
; ……主程序……
CODE    SEGMENT
  ASSUME  CS: CODE, DS: CODE
START: MOV  AH, 1              ; 读一个键
       INT  21H
       CALL NEWLINE            ; 回车换行
       MOV  BL, AL
       MOV  CX, 8              ; 8 位, 所以循环次数为 8
 NEXT: SHL  BL, 1              ; 依次析出高位, 送到标志寄存器的 CF
       MOV  DL, 30H
       ADC  DL, 0              ; 转换得 ASCII 码
       MOV  AH, 2
       INT  21H               ; 显示
       LOOP NEXT              ; 循环 8 次
       MOV  DL, 'B'
       MOV  AH, 2             ; 显示二进制数表示符
       INT  21H
       MOV  AH, 4CH           ; 正常结束
       INT  21H
; ……子程序……
NEWLINE   PROC
          PUSH AX
          PUSH DX
          MOV  DL, 0DH        ; 回车符的 ASCII 码是 0DH
          MOV  AH, 2          ; 显示回车符
          INT  21H
          MOV  DL, 0AH        ; 换行符的 ASCII 码是 0AH
          MOV  AH, 2          ; 显示换行符
          INT  21H
          POP  DX
          POP  AX
          RET
NEWLINE   ENDP
CODE  ENDS
END   START
```

4.5.2 BIOS 中断

固化在 ROM 中的基本输入输出系统 BIOS(Basic Input/Output System)包含了主要 I/O 设备的管理程序和许多常用例行程序, 它们一般以中断处理程序的形式存在。BIOS 直接建立在硬件基础上。

DOS 建立在 BIOS 的基础上, 通过 BIOS 操纵控制硬件。

通常, 应用程序应优先使用 DOS 提供的功能完成输入输出或其他操作。这样的软件对硬件的依赖性更小。但在下列两种场合可考虑用 BIOS: 一是要使用 DOS 不提供的某个功能的场合; 二是不能利用 DOS 功能调用的场合。

1)键盘中断

当用户按键时, 键盘接口会得到一个被按键的键盘扫描码, 同时产生一个中断请求。如

果键中断是允许的(中断屏蔽字中的 Bit1 为 0),并且 CPU 处于中断状态(I=1),那么 CPU 通常就会响应中断请求,转入键盘中断处理程序。

键盘中断处理程序首先从键盘接口取得代表被按键的扫描码,然后根据扫描码判别用户所按的键并做相应的处理。我们把键盘上的键简单地分成 5 种类型:字符键(字母、数字和符号等)、功能键(如 F1 和 PgUp 等)、控制键(Ctrl、Alt 和左右 Shift 键)、双态键(如 Num Lock 和 Caps Lock 等)、特殊请求键(如 Print screen 等)。键盘中断处理程序对 5 种键的基本处理方法如下。

如果用户按的是双态键,那么就设置有关标志,在 AT 以上档次的系统上还要改变 LED 指示状态。

如果用户按的是控制键,那么就设置有关标志。

如果用户按的是功能键,那么就根据键盘扫描码和是否按下某些控制键(如 Alt)确定系统扫描码,把系统扫描码和一个全 0 字节一起存入键盘缓冲区。

如果用户按的是字符键,那么就根据键盘扫描暗码和是否按下某些控制键(如 Ctrl)确定系统扫描码,并且得出对应的 ASCII 码,把系统扫描暗码和 ASCII 码一起存入键盘缓冲区。

如果用户按的是一个特殊请求键,那么就产生一个相对应的动作,例如,用户按 Print screen 键,那么就调用 5H 号中断处理程序打印屏幕。

2) 键盘缓冲区

键盘缓冲区是一个先进先出的环行队列,结构和占用的内存区域如下:

```
BUFF_HEAD DW ?;0040:001AH
BUFF_TALL DW ?;0040:001CH
KB_BUFFERDW 16 DUP (?);0040:001EH~003DH
```

BUFF_HEAD 和 BUFF_TALL 是缓冲区的头指针和尾指针,当这两个指针相等时,表示缓冲区为空。由于缓冲区本身长 16B,而存放一个键的扫描码和对应的 ASCII 码需要占用一个字,因此,键盘缓冲区可实际存放 15 个键的扫描码和 ASCII 码。键盘中断处理程序把所键入的字符键或功能键的扫描码和对应的 ASCII 码(若为功能键,对应的 ASCII 码理解为 0)依次存入键盘缓冲区。若缓冲区已满,则不再存入,而发出"嘟"的一声。

顺便说一下,键盘中断处理程序根据控制键和双态键建立的标志在内存单元 0040:0017H 字单元中。

3) 键盘 I/O 程序的功能和调用方法

键盘 I/O 程序以 16H 号中断处理程序的形式存在,它属于软中断处理程序。键盘 I/O 程序提供的主要功能列于表 4-3,每一个功能有一个编号。

表 4-3 16H 号中断处理程序的基本功能

功能	出口参数	说明
(AH) = 0 从键盘读一个字符	(AL)=字符的 ASCII 码 (AH)=字符的扫描码	如果无字符可读则等待;字符也包括功能键,对应的 ASCII 码为 0
(AH) = 1 判断键盘是否有键可读	Z = 1 表示无键可读 Z = 0 表示有键可读	不等待,立即返回 (AL)=字符的 ASCII 码 (AH)=字符的扫描码
(AH) = 2 取变换键当前状态	(AL)=变换键状态字节	
AH = 10H 从键盘读一个字符	同 0 号功能	所不同的是,它不删除扩展的键,在早期的系统中没有此功能
AH = 11H 判断键盘是否有键可读	同 1 号功能	所不同的是,它不删除扩展的键,在早期的系统中没有此功能

在调用键盘 I/O 程序时，把功能编号置入 AH 寄存器，然后发出中断指令"INT　16H"。调用返回后，从有关寄存器中取得出口参数。

下面的程序片段从键盘读一个字符：

```
MOV   AH, 0
INT   16H
```

如果键盘缓冲区中有字符，那么中断处理程序就会极快结束，即调用就会极快返回，读到的字符是调用发出之前用户按下的字符。如果键盘缓冲区空，那么要等待用户按键后调用才会返回。

例 4.21

```
        ...
AGAIN: MOV   AH, 1
       INT   16H              ; 判缓冲区空?
       JZ    NEXT             ; 空，转
       MOV   AH, 0
       INT   16H              ; 从键盘缓冲区取一个字符
       JMP   AGAIN            ; 继续
 NEXT: MOV   AH, 0
       INT   16H              ; 等待键盘输入
        ...
```

当然，程序员也可以通过直接修改键盘缓冲区头指针的方法清除键盘缓冲区，但我们不鼓励这样做。

例 4.22　写一个程序完成如下功能：读键盘，并把所按键显示出来，在检测到按下 Shift 键后，就结束运行。

分析　调用键盘 I/O 程序的 2 号功能取得变换键状态字节，进而判断是否按下了 Shift 键。在调用 0 号功能读键盘之前，先调用 2 号功能判键盘是否有键可读，否则会导致不能及时检测到用户按下的 Shift 键。

程序如下：

```
; ……源程序……
; ……常量定义……
L_SHIFT = 00000010B
R_SHIFT = 00000001B
; ……代码段……
CODE   SEGMENT
       ASSUME  CS: CODE
START: MOV   AH, 2              ; 取变换键状态字节
       INT   16H
       TEST  AL, L_SHIFT+ R_SHIFT  ; 判是否按下 Shift 键
       JNZ   OVER               ; 若按下，则转
       MOV   AH, 1
       INT   16H                ; 是否有键可读
       JZ    START              ; 若没有，则转
       MOV   AH, 0              ; 读键
```

```
        INT     16H
        MOV     DL, AL                    ; 显示所读键
        MOV     AH, 6
        INT     21H
        JMP     START                     ; 继续
  OVER: MOV     AH, 4CH
        INT     21H
  CODE  ENDS
        END     START
```

4.6　中断与中断处理程序

4.6.1　中断的概念

当外设发生一些紧急情况需要 CPU 立即处理时，由外设通过专门的连线与芯片向 CPU 发出中断请求告诉 CPU；CPU 根据送来的中断类型码，知道外部设备发生什么情况，到中断向量表中找到对应的中断处理程序的入口地址，然后，直接跳转到该处执行。这个过程称为中断。

在 8086 系列的指令系统中把前面介绍的内容也包含在中断的概念中了，称为软件中断。

1. 中断的分类

8086 系统的中断总共有 256 个，分成软件中断与硬件中断两大类。

1）软件中断

类似于前面介绍的 DOS 功能调用，软件中断是利用中断指令在源程序中事先编写好的，当程序执行到此时，像子程序调用一样，CPU 转移到对应的中断处理程序中去执行，形式见例 4.20。

注意：软件中断与一般的子程序是不同的，两者的执行情况不一样，两者的地位也不一样。

例 4.23

```
  ;……源程序……
  CODE  SEGMENT
    ASSUME  CS: CODE
  START: …
        INT    n H
  CODE  ENDS
    END   START
```

2）硬件中断

由硬件、硬件连线所引起的中断称为硬件中断。它在源程序中没有指令来执行，是不可预知的，这种中断是本节要介绍的主要内容。

硬件中断又分成可屏蔽中断与非屏蔽中断两类。两者的中断信号分别通过不同的信号线送到 CPU 中；CPU 中的标志寄存器中的 IF 会影响可屏蔽中断的执行，但不影响非屏蔽中断的执行；非屏蔽中断只有一个，它的中断类型码为 2 号。

一般情况下，不要变动系统自身已经设置好的硬件中断，尤其是非屏蔽中断。

图 4-5 中断向量表

2. 中断类型码与中断向量表

为了使 CPU 能够分别出每一个中断，给每个中断一个编号，称为中断类型码，简称中断号。

每个中断类型码与一个存放它的中断处理程序的入口地址的存储区域相对应，这个地址称为中断向量，显然每个存储区域占 4 个存储空间(4Bit)。这些存储空间是集中放在内存的最开始处，称为中断向量表。形式如图 4-5 所示。

3. 硬件中断的执行

软件中断的执行情况在形式上与一般的子程序类似，但是硬件中断的执行是我们前面所没有遇到过的。

当外部设备发生情况时，会通过某种信号线输入 CPU 中。CPU 会根据得到的中断号在中断向量表中查找到对应的中断入口地址，然后跳转到该处执行。这些步骤都是计算机硬件自动完成的，程序员只能在设置中断处理程序和中断向量时编写相应的程序。

4.6.2 中断的设置

1. 中断向量的设置

根据前面介绍的内容知道：如果将中断向量表中的某个向量的值改换成其他值，那么当遇到中断时，CPU 会到修改过后的地址起去执行它认为的中断处理程序。通过这种形式就可以设置中断向量。

但是，这种形式的设置，容易影响其他存储空间，有可能产生严重的后果。我们可以使用 25H 号 DOS 功能调用进行设置。注意，如果只是进行调试性的设置，应该利用 35H 号 DOS 功能调用得到原来的值并保存起来，以便恢复。

例 4.24 修改 1CH 号中断的中断向量。

```
;……源程序……
CODE    SEGMENT
  ASSUME  CS: CODE
START: …
       …
       ;利用 35H 号中断调用得到原来的中断向量并保存
       MOV   AL, 1CH
       MOV   AH, 35H
       INT   21H
       PUSH  ES
       PUSH  BX
       PUSH  DS
       PUSH  DX
       ;设置新的中断向量
       MOV   DS, SEG NEWINT1CH
```

```
            MOV    DX, OFFSET    NEWINT1CH
            MOV    AL, 1CH
            MOV    AH, 25H
            INT    21H
            …
            POP    DX
            POP    DS
            ; 恢复老的中断向量
            POP    BX
            POP    ES
            MOV    AL, 1CH
            MOV    AH, 25H
            INT    21H
            …
            ; 中断处理程序
        NEWINT1CH:
            …
    CODE    ENDS
        END    START
```

2. 中断程序的编写

中断程序的编写与一般子程序形式类似，但是必须是在设置中断向量时，已经编译完毕的机器代码。

例 4.25　显示系统时钟。

分析　计算机在启动时，将系统的定时器（可以计算时间的一种芯片）初始化为每隔约 55ms 向 CPU 发出一个中断请求；CPU 响应定时中断时执行 8H 号中断处理，而在 BIOS 提供的 8H 中断处理程序中有一条中断指令"INT　1CH"，所以每秒钟系统会调用 18.2 次 1CH 号中断处理程序；实际上，系统的 1CH 号中断处理程序没有做任何工作，只是一条中断返回指令"IRET"，这里就可以编写新的 1CH 号中断处理程序替换原来的。

在新的 1CH 号中断处理程序中安排一个计数器，记录调用该处理程序的次数，当达到 18 次时，就在屏幕右上角显示当前的系统时间，并将计数器清零。

获取当前系统时间是调用 1AH 号中断的 2 号功能完成，该功能在 CH、CL、DH 寄存器中分别返回系统时间的时、分、秒的 BCD 码。将 BCD 码转换成对应的十进制数的 ASCII 码后，利用 I/O 程序显示出来。

程序如下：

```
; ……源程序……
; ………………
; …处理程序的常量定义…
COUNT_VAL=18            ; 每隔 18 次"滴答"一次
DPAGE =0                ; 显示页号
ROW =0                  ; 显示的行号
COLUMN =80-BUFF_LEN     ; 显示开始的列号
COLOR =07H             ; 显示的属性
; ………………
```

```
;……代码段……
CODE    SEGMENT
    ASSUME   CS: CODE, DS: CODE
; 在代码段中也可以定义变量，即数据段与代码段重叠
COUNT   DW   COUNT_VAL        ; 计数器
HHHH    DB   ?, ?, ': '       ; 时
MMMM    DB   ?, ?, ': '       ; 分
SSSS    DB   ?, ?             ; 秒
BUFF_LEN =$-OFFEST HHHH       ; 显示的字符长度
COUSOR  DW  ?; 原光标位置
;……中断处理程序代码……
; 这里编写新的中断处理程序，不是程序开始执行的位置
;
NEW1CH:
  CMP   CS: COUNT, 0          ; 是否计数到 0
  JZ    NEXT                  ; 如果到时间，则显示
  DEC   CS: COUNT             ; 计数器减一
  IRET
 NEXT:
  ; 因为当计数器为 0 时才执行此段代码，所以计数器重新赋值
  MOV   CS: COUNT, COUNT_VAL
  ;
  STI
  ; 保存寄存器的原值
  PUSH   DS
  PUSH   ES
  PUSH   AX
  PUSH   BX
  PUSH   CX
  PUSH   DX
  PUSH   SI
  PUSH   BP
  ; 对 DS、ES 赋值
  PUSH   CS
  POP    DS
  PUSH   DS
  POP    ES
  ; 利用子程序得到系统时间，并保存在约定的存储空间中
  CALL   GET_TIME
  ;
  MOV   BH, DPAGE
  ; 得到原来的光标位置，并保存在 COURSOR
  MOV   AH, 3
  INT   10H
  MOV   CURSOR, DX
  ; 显示时间
  MOV   BP, OFFEST  HHHH; 时、分、秒合成一个字符串
```

```
        MOV   BH, DPAGE
        MOV   DH, ROW
        MOV   DL, COLUMN
        MOV   BL, COLOR
        MOV   CX, BUFF_LEN
        MOV   AL, 0
        MOV   AH, 13H
        INT   10H
        ; 恢复原光标
        MOV   DH, DPAGE
        MOV   AH, 2
        INT   10H
        ; 恢复寄存器原值
        POP   BP
        POP   SI
        POP   DX
        POP   CX
        POP   BX
        POP   AX
        POP   ES
        POP   DS
        ; 新的 1CH 号中断处理程序结束
   IRET:
; ……GET_TIME 子程序……
; 利用 1AH 号中断的 2H 功能调用得到系统时间
GET_TIME   PROC
        ; 1AH 号中断的 2H 功能
    MOV   AH, 2
        INT   1AH
        ; 将"小时"放在 AL 中并利用子程序转换成 ASCII 码后保存在 HHHH 中
        MOV   AL, CH
        CALL  TIME_TO_ASCII
        XCHG  AH, AL
        MOV   WORD PTR HHHH, AX
        ; 得到"分"并转换、保存
        MOV   AL, DH
        CALL  TIME_TO_ASCII
        XCHG  AH, AL
        MOV   WORD PTR MMMM, AX
        ; 得到"秒"并转换、保存
        MOV   AL, DH
        CALL  TIME_TO_ASCII
        XCHG  AH, AL
        MOV   WORD PTR SSSS, AX
        ; 子程序结束
        RET
GET_TIME   ENDP
```

```
;
; …TIME_TO_ASCII 子程序…
; 将约定的寄存器中的值转换成 ASCII 码
TIME_TO_ASCII    PROC
    ;
    MOV    AH, AL
    ; 将 AL 中 BCD 码的高 4 位清零, 得到低 4 位
    AND    AL, 0FH
    ; 利用移位指令, 将 AH 中 BCD 码高 4 位移到低 4 位
    SHR    AH, 1
    SHR    AH, 1
    SHR    AH, 1
    SHR    AH, 1
    ; AH+30H, AL+30H 后得到相应的 ASCII 码
    ADD    AX, 3030H
    ; 子程序结束
    RET
TIME_TO_ASCII    ENDP
; ·····················
; ……主程序……
; 定义一个双字变量用来保存原来的 1CH 号中断向量
OLD1CH    DD    ?
; 程序实际开始位置
START:
    ; 对 DS 赋值, DS 与 CS 段重叠
    PUSH   CS
    POP    DS
    ; 得到原来的 1CH 号中断向量
    MOV    AL, 1CH
    MOV    AH, 35H
    INT    21H
    ; 保存原来的中断向量
    MOV    WORD  PTR  OLD1CH, BX
    MOV    WORD  PTR  OLD1CH+2, ES
    ; 利用 25H 号 DOS 功能调用设置新的 1CH 号中断向量
    ; 因为 DS 已经指向 NEW1CH 程序的段值, 所以可以不再赋值
    MOV    DX, OFFSET  NEW1CH
    MOV    AX, 251CH
    INT    21H
    ; 程序执行其他工作, 注意这里没有调用 NEW1CH 程序
    …
    ; 假设其他工作有一项是等待按键
    MOV    AH, 0
    INT    16H
    ; 恢复原来的中断向量的值
    LDS    DX, OLD1CH
    MOV    AX, 251CH
```

```
        INT     21H
        ; 利用 4CH 号 DOS 功能调用，正常退出程序
        MOV     AH, 4CH
        INT     21H
        ; 程序结束
CODE    ENDS
  END   START
```

习　题

4.1　将 BYTE 单元的高 4 位和 BYTE+1 单元的低 4 位合并成一个 8 位的代码，并将其存入 BYTE+2 单元中。

4.2　编写程序完成运算：F=10X+23Y−Z。

4.3　编写一个对 32 位二进制数求补的程序。

4.4　编写一个完成 40 位二进制数加法的程序。

4.5　编写程序，统计一串两位的压缩 BCD 数中 5 的个数。

4.6　交换两个字符串的存储位置。

4.7　查找数组 ARRAYA 中大于 100 的数据，并保存在新的数组 ARRAYB 中。

4.8　在降序排列的一个数据串中插入一个元素。

4.9　编写一个移动字节块的子程序。

4.10　编写一个程序对表 4-4 所示的通讯录进行追加、删除、插入和修改操作，要求每一个子功能由一个子程序完成，并使用结构伪操作。

表 4-4

姓名	地址	电话	手机	邮编

4.11　在屏幕上显示"乘法口诀表"。

4.12　改写一个在屏幕上显示系统时钟的程序。

4.13　程序填空。

以下程序的功能是：首先显示提示信息"Input your password please："，然后等待用户输入两位字符的口令。口令中的两个字符存储到变量 VAR 中但不显示，用户每按一个键显示一个"*"，两个"*"显示在提示信息的下一行。请将程序填写完整。

```
DSEG SEGMENT
  VAR   DB  ?
  DISP  DB  'Input your password please: ', 0AH, 0DH, '$'
  N     DB  '*$'
DSEG    ENDS
SSEG    STACK  PARA    STACK
    DB  80H DUP(0)
SSEG    ENDS
```

```
CSEG    SEGMENT
        ASSUME  DS:DSEG, CS:CSEG, SS:STACK
START:  MOV AX, DSEG
MOV     DS, AX
        MOV DX, OFFSET  DISP
        _____
        INT 21H
        MOV SI, OFFSET  VAR
        _____
        INT 21H
        MOV [SI], AL
        MOV DX, OFFSET  N
        MOV AH, 09H
        INT 21H
        INC SI
        _____
        INT 21H
        MOV [SI], AL
        MOV DX, OFFSET  N
        MOV AH, 09H
        INT 21H
        MOV AH, 4CH
        INT 21H
CSEG    ENDS
        END START
```

4.14　下列程序段是判断寄存器 AL 和 BL 中第 3 位是否相同，若相同，AL 置 0，否则，AL 置 1。请将程序补充完整。

```
        _____
AND     AL, 08H
        _____
MOV     AL, 0FFH
JMP     NEXT
ZERO:   MOV AL, 0
NEXT:   ...
```

4.15　指出下列程序段执行后 AL 的内容是什么。

（1）
```
        ...
        MOV AL, 60H
        CMP AL, 0BBH
        JB L2
L1: MOV AL, 0BBH
L2: NOP
```

（2）
```
        ...
        MOV AL, 60H
        CMP AL, 0BBH
```

```
        JL      L2
    L1: MOV AL, 0BBH
    L2: NOP
(3)     ...
        MOV AL, 1
        MOV BL, 72H
        ADD BL, 40H
        JO      L2
    L1: XOR AL, AL
    L2: NOP
(4)     ...
        MOV AL, 1
        MOV VL, 72H
        ADD BL, 40H
        JC      L2
    L1: XOR AL, AL
    L2: NOP
```

4.16 程序填空，计算函数，X 的取值范围为–128 ～ +127。

```
MOV  AL, X
CMP  AL, 0
JZ   ZERO

_____

MOV AL, 1

_____

ZERO: XOR  AL, AL

_____

NEGA:  MOV  AL, 0FFH
OK:    MOV  Y, AL
```

4.17 把 3 个连续存放的单字节无符号数排序，按由小到大的顺序存放在 RESULIT 单元中。

4.18 将 AX 中的数据以 4 位十六进制数据在屏幕上显示。如 AX=0000 0011 1100 0100，则在屏幕上显示相应的值为 03C4H。提示：可以用查表的方法得出每个字符对应的 ASCII 码值，再采用 2 号 DOS 功能调用分别显示每个字符。

4.19 编写程序，求 Z=X–Y。X 和 Y 为有符号数。要求用两种分支结构实现。

4.20 读程序填空。

以下程序用来判断 BUFFER1 和 BUFFER2 这两个长度相等的数据区中的数据是否相同，如果相同，则使 FLAG 置 0，否则置–1。

```
DSEG    SEGMENT
    BUFFER1  DB （N 字节数）
    BUFFER2  DB （N 字节数）
    COUNT    EQU $-BUFFER2
    FLAG     DB 0
DSEG    ENDS
```

```
SSEG      SEGMENT       STACK
   DB 100H  DUP(0)
SSEG      ENDS

CSEG      SEGMENT
ASSUME DS: DSEG, SS: SSEG, CS: CSEG
START:  MOV AX, DSEG
   MOV   DS, AX
   MOV   SI, _____
   MOV   DI, _____
   MOV   CX, COUNT              ;置循环初值
NEXT: _____
   _____
   MOV   AL, [SI]
   CMP   AL, [DI]               ;循环体
   LOOPZ  NEXT                  ;循环控制
   JZ       OK
   MOV   FLAG, -1
OK: MOV AH, 4CH
   INT 21H
   CSEG ENDS
   END START
```

4.21　将 369 存放到 AX 中并将其输出。提示：用除 10 取余法，结合堆栈来处理。

4.22　用选择法将一个无序的数组进行从小到大的排序。

4.23　DSEG 是一个给定的数组，现在要从键盘输入一个数。如果这个数在数组中，则将其删除，并将其后的数据向前移动；否则，重新输入。

4.24　有单字节无符号数 X 和 Y，求 X2 和 Y2 的值，并将其较小者送到变量 Z。要求用两种分支结构实现程序。

第5章 半导体存储器

教学提示：本章重点讲述存储器的分类、特点、性能指标和工作结构原理。存储器的扩展方法，地址、数据和控制三总线的连接技巧。

教学要求：通过本章的学习，使读者了解半导体存储器的分类和原理、存储器与 CPU 的连接、存储体系的基本知识和内存基本知识。

注意：本章重点掌握存储器的扩展，地址线、数据线和控制线三总线的连接。知识点多，存储器原理要弄懂，做到多看、多想、多练。

5.1 半导体存储器概述

本节从半导体存储器的分类特点、性能指标、功能结构及工作过程等方面进行概述。

5.1.1 半导体存储器的分类和特点

目前的计算机都是基于程序存储和程序控制的，故计算机中就有一种记忆部件来存放程序和数据。这个重要的记忆部件就是存储器，其存取速度是计算机整个系统速度的重要影响因素之一，也是衡量计算机系统能力的一个重要指标。因半导体存储器具有速度高、功耗低、成本较低、体积小及集成度大的优点，现被计算机广泛作为主存(内存)使用。半导体存储器种类很多，分类方法也很多。例如，按存储方式来分，有随机存储器(Random Access Memory，RAM)和只读存储器(Read Only Memory，ROM)；按存储原理来分，有静态存储器和动态存储器；按器件原理来分，有双极型和 MOS 型；按信息的传送方式来分，有并行(每次同时存取字长的所有位)存储器和串行(每次仅访问字长的一个位)存储器；按掉电后其存储的信息是否丢失，又可分非易失性存储器和易失性存储器，按特点综合分类如下。

1. 双极型 RAM

TTL、ECL 和 I²L 型存储器存取速度高，但功耗和成本高，集成度低，适用于高档的计算机。

2. MOS 型 RAM

1)SRAM

SRAM 即静态随机存储器，一般采用 6 个 MOS 管构成触发器组成一个基本存储单元，存取速度、功耗和集成度介于双极型 RAM 和 DRAM(动态随即存储器)之间，不需要刷新，只要供电，就可保证存储信息不丢失。故在某些环境下，甚至直接用电池作为备用电源，解决断电后保存信息的问题。

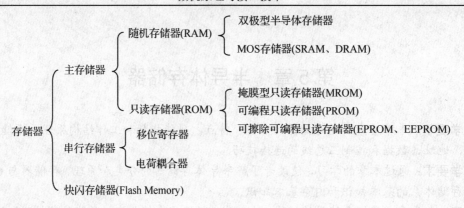

2）DRAM

DRAM 即动态随机存储器，用单 MOS 管构成一个基本存储单元，存取速度、功耗和价格均低于 SRAM 和双极型 RAM，集成度高于 SRAM 和双极型 RAM，要保证存储信息不丢失，不但要供电，还必须定时刷新。

3. 掩膜式 ROM

在制造存储器芯片时，用定制的掩膜对存储器进行编程，即芯片所存储的信息是在制造时"刻"上去的。一旦存储器芯片制造完毕，存储器芯片中的内容就永久固定不能更改。掩膜式 ROM 的成本非常低，缺点是该存储芯片的内容用户自己无法写入，若信息需要更改，则需重新制造 ROM 芯片。此类芯片的优点是成本低，但在使用中无灵活性，仅适用于一些非常成熟而不需要更改的信息和超大批量应用的场合，如字模信息。

4. 可编程式 ROM

可编程式 ROM 也叫 PROM（Programmable ROM），初始为"空白"（内容全为 0）的存储器芯片。用户在使用时用专用设备（编程器）可对该存储器芯片进行一次编程，即可一次性写入要存储的信息。一旦写入完毕，该存储器芯片中的内容就不可再更改。PROM 的优点是给用户自己写入信息提供了便利，缺点是仅允许用户写入一次。若要更改信息，必须用一块新的"空白"芯片重新写入后替换旧的芯片，而旧的芯片只能废弃。与掩膜式 ROM 相比，此种芯片的集成度比较低、成本高，适合于小批量应用场合，不能用于科研工作。

5. 可擦除可编程 ROM

可擦除可编程 ROM 也叫 EPROM（Erasable Programmable ROM）。这种芯片上有一个圆的玻璃天窗，用足够能量的紫外线（UV）照射芯片上的玻璃天窗，芯片存储的信息就会被擦除而成为一片"空白"的芯片。故平时玻璃天窗用一不透明的胶布封住。此芯片的优点是用户可多次对该存储器芯片的信息进行擦除可重写，存储芯片可重复使用。但在写入前，必须从工作电路板上拔下 EPROM 芯片，撕开不透光的胶布，露出玻璃天窗，用专用紫外线擦除器对天窗进行几分钟的照射，以擦除旧的信息使其成为一块"空白"芯片。然后插入专用设备即编程器将新的信息写入，最后将改好的芯片重新插回工作电路板。它的缺点如下：一是操作非常麻烦，不能在工作电路板上直接写入信息，且芯片多次拔插后引脚可能有损坏；二是紫外线擦除过程对芯片是有损伤的，其总的擦除写入的次数是有限的；三是不能对个别单元的内容进行擦除和更改。

6. 电可擦除可编程 ROM

电可擦除可编程 ROM 又叫 EEPROM 或 E²PROM(Electrically Erasable Programmable ROM)。此类芯片可在工作主板上用电擦除其内容，可对个别单元的内容进行擦除和更改。缺点是写入速度较慢而且不能像 RAM 那样随机存取使用，仅适合于科研和调试样机。

7. 快闪存储器 Flash Memory

这是一种新型的半导体存储器，具有可靠的非易失性、电擦除性、低成本、低功耗、密度高、体积小。Flash Memory 既有 RAM 的易读易写、体积小、集成度高、速度快、可重复擦除写入几十万次等特点，又有 ROM 的非易失性，现被广泛用于微型便携式存储器，如 U 盘、MP3、掌上电脑及数码相机等领域的移动存储设备中。可见，随着半导体存储器技术的发展，RAM 和 ROM 的界限变得越来越模糊了。

Flash Memory 从结构上大体可以分为 AND、NAND、NOR 和 DiNOR 等几种。NOR 和 DiNOR 的特点为相对电压低、随机读取快、功耗低、稳定性高。NOR 型适合应用在数据/程序存储应用中；而 NAND 和 AND 则容量大、回写速度快、芯片面积小，NAND 型的 Flash Memory 适合用在大容量的多媒体应用中。目前市场上以 NOR 和 NAND 的应用最为广泛，分别有不同的存储卡产品，常见的如 SmartMedia、CompactFlash、Memory Stick、MultiMediaCard、Secure Digital 等。

5.1.2　半导体存储器的性能和指标

衡量半导体存储器的指标有很多，如容量、存取速度、功耗、价格和可靠性等。这里仅对容量、存取速度、功耗等作简要介绍。

1. 容量

半导体存储器的生产是以芯片为单位的。容量是指一块存储器芯片所能存储的二进制位数。通常用 N×M 位表示，意义为芯片中有 N 个存储单元，每个单元有 M 个位。例如，1024×4 位(1K×4 位)表示该片芯片有 1024 个存储单元，每个单元可存储 4 个位。芯片的地址线的条数与 N 值的大小密切相关，芯片的数据线则与 M 值的大小密切相关。例如，1024×4 位即 1K×4 位，在理论上芯片就需要 10 根地址线，4 根用于输入/输出的数据线，或在逻辑上与此等效根数的地址线和数据线。在这里要注意单位的换算，1GB=1024MB，1MB=1024KB，1KB=1024B。

2. 存取速度

存取速度一般用存取周期和存取时间来表示。存取时间是指写入操作和读出操作所占用的时间，单位一般用纳秒(ns)表示。写入操作和读出操作所占用的时间往往有差异，芯片手册中一般给出典型的存取时间或最大时间。在芯片上的标注往往也给出了时间参数。

3. 功耗

功耗有两种表示方法：一种是指存储器芯片中每个存储单元所消耗的功率，单位为 μW；另一种是按每片存储器芯片所消耗的总功率来表示，单位为 mW。

4. 电源

电源指存储器芯片工作时所需的供电电压的种类。有单一的+5V，也有的要多种电压才能工作，如±5V、±12V 等。

5.1.3　半导体存储器芯片的功能结构和工作过程

半导体存储器芯片的种类、型号繁多，由不同的厂家生产，其外部形状、引脚数及其定义、内部电路结构等均不相同。但从功能来划分，存储器芯片的外部和内部则均有相同的共性。

芯片外部的引脚可分为地址线引脚、数据线引脚、控制线引脚和电源线引脚等 4 类。地址线引脚主要用于和存储器芯片外的其他微机部件(如地址总线)相连接，用于接收 CPU 发来的地址信息；数据线引脚用于和存储器芯片外的其他微机部件(如数据总线)相连接，用于输入输出信息；而控制线中的片选引脚(CS)用于向存储器芯片输入片选信号，此信号决定芯片是否处于工作状态。芯片只有在工作状态下才能存取数据。在非工作状态下，存储器芯片在逻辑上就与微机系统完全隔离而被屏蔽了，对微机系统不起任何作用，此时微机系统也就无法对其进行存取信息。而读/写控制引脚用于接收微机系统发来的读/写控制信号，使存储器芯片处于读出信息状态还是写入信息状态。注意，存储器芯片的读和写是不能同时进行的。

芯片内部结构如图 5-1 所示，一般由地址译码电路、存储体和控制电路等组成。

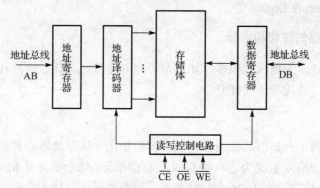

图 5-1　存储器芯片的一般结构

地址译码电路的功能是根据芯片外输入的地址，选中与输入的地址唯一对应的存储单元，使该存储单元可以写入或读出数据。与芯片内外的地址线的根数密切相关。

存储体由许多存储单元组成，用于存储用户的信息。每个存储单元都有一个唯一的地址编号。控制电路控制存储器芯片是否处于工作状态，是读还是写。

要对存储器芯片进行读写操作，微机系统首先要向存储器芯片输入片选信号使其处于工作状态。在工作状态下，对于读信息操作，微机系统将地址信息通过存储器芯片的地址线引脚输入存储器芯片中，芯片内部的地址译码器根据地址选中存储体内的某个存储单元；微机系统通过读/写控制引脚，向芯片输入读控制命令信息，被译码器选中的存储器单元就通过芯片的数据线引脚，向微机系统输出其存储的内容。

对于写信息操作，微机系统将地址信息通过存储器芯片的地址线引脚输入存储器芯片中，芯片内部的地址译码器根据地址选中存储体内的某个存储单元；微机系统将要写入的信息通过存储器芯片的数据线引脚；微机系统通过读/写控制引脚，向芯片输入写控制命令信息，数据线引脚上的信息就被写入指定的存储器单元中。

　　在介绍了半导体存储器芯片的共性之处后，我们将对随机存储器和只读存储器的原理和典型芯片进行介绍，对其个性之处有一个深入的了解。

5.2　随机存储器

本节对静态 RAM 和动态 PAM 的基本原理进行介绍，并对其经典存储器芯片进行介绍。

5.2.1　静态 RAM 原理

　　静态 RAM 的每个存储位单元由 6 个 MOS 管构成，故静态存储电路又称为六管静态存储电路。

　　图 5-2 所示为六管静态存储位单元的原理示意图。其中 T_1 和 T_2 为控制管，它们交叉耦合而成 RS 触发器，用来存储一个二进制位的信息；T_3 和 T_4 则为 T_1 和 T_2 的负载管；T_5、T_6 和 T_7、T_8 的开关管，T_5 和 T_6 由 X 地址线控制，T_7 和 T_8 由 Y 地址线控制。

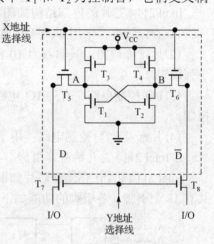

图 5-2　六管静态存储位单元

　　这种电路具有两个相对稳定的状态：若 A 点输入低电平(A=0)，则 T_2 管截止，B 点就升为高电平(B=1)；B 点的高电平又使 T_1 管导通，于是又进一步保证了 A 点的低电平(A=0)；而 A 点的低电平反过来又进一步保证了 T_2 管的截止和 B 点的高电平(B=1)。同样，A 点输入高电平、B 点输入低电平或高电平都有与此非常类似的情况，A 点和 B 点互为逻辑"1"和逻辑"0"的状态，在没有外界触发的情况下是稳定不变的。故可用这种电路的两个相对稳定的状态来存储逻辑"1"和逻辑"0"。

　　当外界对该存储电路进行位数据存储时，先通过 X、Y 地址选择线来选定该位(位选操作)，然后就可通过 I/O 线对其进行读写(读操作和写操作)。

　　(1)位选操作。选中该位，X、Y 地址选择线均输入高电平。X 地址选择线为高电平时，T_5 和 T_6 管导通，A、B 点就分别与存储单元内部位线 D 和 $\overline{D}$ 相连；Y 地址选择线也是高电平，则 T_7 和 T_8 管也导通，于是 D 和 $\overline{D}$ 就与输入输出电路的 I/O 线和 $\overline{I/O}$ 线相通，位选工作完成。

　　(2)写操作。位选操作后，若要写入"1"，则 I/O 线为高电平而 $\overline{I/O}$ 线为低电平，I/O 线为高电平通过 T_7 和 T_5 与 A 点相连，使 A=1；$\overline{I/O}$ 线为低电平通过 T_8 和 T_6 与 B 点相连，使 B=0。A=1 和 B=0 就迫使 T_2 管保持导通和 T_1 管保持截止，此时输入的位数据就是分别存储于 T_1 和 T_2 管栅极的电荷。当 X、Y 地址选择线的高电平信号消失后，T_5、T_6、T_7 和 T_8 都截止，只要存储位单元中 V_{CC} 电源保持供电，依靠 RS 触发器的交叉控制，就可以不断地向栅极补充电荷。故只要不掉电，就能保持写入的信息"1"，而不用再生或刷新。若要写入"0"，则 $\overline{I/O}$ 线输入高电平而 I/O 线输入低电平即可。

　　(3)读操作。位选操作后，T_5、T_6、T_7 和 T_8 均导通。A 点通过 T_5、D 和 T_7 管 I/O 线相通，即 A 点的电平信号传送到 I/O 线上；B 点通过 T_6、$\overline{D}$ 和 T_8 管 $\overline{I/O}$ 线相通，即 B 点的电平信号传送到 $\overline{I/O}$ 线上。

　　可见，只要保持供电，这种存储电路的读出过程是非破坏性的，即信息在读出后，原存储电路所存储的信息状态不变，读出的信息是逻辑电平。由于不需要刷新和读出放大，其读写速度就比动态 RAM 要快。但由于每个位存储单元需由 6 个 MOS 管构成，这就大大地降低了 RAM 芯片的集成度，其生产成本也比动态 RAM 高。

静态 RAM 在保存数据期间要耗电，故功耗比 DRAM 大。在掉电后保存的信息将丢失。

5.2.2 静态 RAM 芯片介绍

1. Intel 2114 芯片

Intel 2114 芯片就是基于六管存储电路的 1K×4 位的静态 RAM 存储器芯片，其他与此类似的芯片还有 Intel 6116/6264/62256 等。

1）Intel 2114 芯片内部结构

Intel 2114 芯片的内部结构如图 5-3 所示，它包括下列几个主要组成部分。

(1) 存储矩阵：采用 64×64 存储矩阵形式，共有 4096 个存储电路。

(2) 地址译码器：其输入为 10 根地址线，采用两级译码，其中 6 根用于行译码，4 根用于列译码。

(3) I/O 控制电路：有列 I/O 电路和输入数据控制电路，对信息的输入、输出进行缓冲和控制。

(4) 片选及读/写控制电路：用于实现对芯片的片选、读和写的控制。

2）Intel 2114 芯片的外部引脚

Intel 2114 RAM 存储器芯片如图 5-4 所示。图 5-4 为 DIP18（双列直插式）集成电路芯片，共有 18 个引脚，各引脚的功能如下。

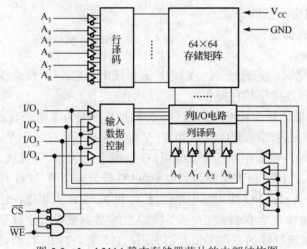

图 5-3 Intel 2114 静态存储器芯片的内部结构图

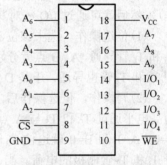

图 5-4 Intel 2114 引脚图

(1) $A_0 \sim A_9$：10 根地址信号输入引脚，用于指定要读写的存储单元。

(2) $I/O_1 \sim I/O_4$：4 根数据信息输入、输出引脚，用于输入要存储的数据信息或输出已存储了的数据信息。

(3) $\overline{WE}$：读/写控制信号的输入引脚。当 $\overline{WE}$ 为低电平（=0）时，数据信息通过 $I/O_1 \sim I/O_4$ 线写入被选中的存储单元；反之，则从所选中的存储单元读出数据信息送到 $I/O_1 \sim I/O_4$ 线。

(4) $\overline{CS}$：片选输入信号，低电平有效。$\overline{CS}=0$，Intel 2114 处于工作状态，可以进行读写

数据的操作；$\overline{CS}$=1，则处于不工作状态，无法对其进行读写数据的操作或读写操作无效。$\overline{CS}$ 通常与地址译码器的输出端相连。

(5) V_{CC}：+5V 电源。

(6) GND：接地。

2. Intel 6116 芯片

Intel 6116 芯片的容量是 2K×8 位，最大存取时间为 200～450ns，采用 DIP 24 封装。

1) Intel 6116 芯片内部结构

Intel 6116 芯片的内部结构如图 5-5 所示，它包括下列几个主要组成部分。

(1) 存储矩阵：采用 128×128 的存储矩阵形式，共有 16384 个存储电路。

(2) 地址译码器：输入为 11 根地址线，采用两级译码，其中 7 根用于行译码，4 根用于列译码。

(3) I/O 控制电路：分为输入数据控制电路和列 I/O 电路，用于对信息的输入/输出进行缓冲和控制。

(4) 片选及读/写控制电路：实现对芯片的选择和读、写控制。

2) Intel 6116 芯片的外部引脚

容量是 2K×8 位，芯片的数据线引脚根数在逻辑上与芯片存储单元的位数相同，即为 8 根；芯片的地址线引脚根数在逻辑上为 11 根，如图 5-6 所示。按地址线、数据线、控制线和电源线的角度来对 Intel 6116 芯片的外部引脚功能进行分析。

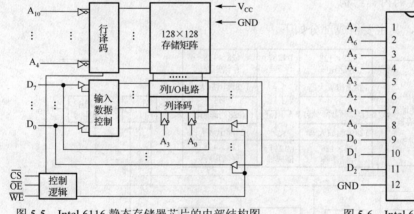

图 5-5　Intel 6116 静态存储器芯片的内部结构图　　　图 5-6　Intel 6116 芯片引脚图

(1) 地址线。A_0～A_{10}：即引脚，因容量是 2K×8 位，在逻辑上为 11 根，实际也是 11 根引脚。

(2) 数据线。D_0～D_7：逻辑上为 8 根，实际也是 8 根引脚，即引脚。

(3) 控制线。$\overline{CS}$：片选信号输入引脚。$\overline{OE}$：输出允许引脚，该脚输入低电平，芯片向外输出数据。$\overline{WE}$：写允许引脚，该脚输入低电平，芯片外数据写入芯片。

(4) 电源线。V_{CC}：+5V。GND：接地。

5.2.3　动态 RAM 原理

图 5-7 所示就是一个单管动态 RAM 的基本位存储单元原理图。它由一个 MOS 管 T_1 和位于其栅极上的分布电容 C_S 构成。当其栅极电容 C_S 上充有电荷时，表示该存储单元保存信

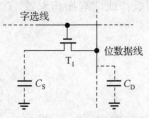

图 5-7　单管 RAM 存储位单元

息 "1"；反之，当其栅极电容 C_S 上没有电荷时，表示该单元保存信息 "0"。由于栅极电容 C_S 上的充电与放电是两个完全相反的两个状态，故可将它作为一种基本的位存储单元。

（1）位选操作：字选择线为高电平，T_1 管导通，C_S 与数据线相同，位选工作完成。

（2）写操作：位选择操作完成后，T_1 管导通，写信号通过位数据线存入电容 C_S 中。

（3）读操作：位选择操作完成后，存储在电容 C_S 上的电荷通过 T_1 输出到位数据线上，通过读出放大器输出后即可得到所保存的信息。

（4）刷新：动态 RAM 存储位单元实质上是依靠 T_1 管栅极电容的充放电原理来保存信息的。栅极电容 C_S 在保存 "1" 时，C_S 中的电荷会因时间长而泄漏掉，从而造成了保存的 "1" 信息的丢失。因此，在动态 RAM 的实际使用中，必须及时地或定时地向保存 "1" 的那些存储位单元补充电荷，以维持信息 "1" 的状态。这个定时补充电荷的过程通常被称为动态 RAM 的刷新操作或简称刷新。

5.2.4　动态 RAM 芯片介绍

Intel 2164A 是一种采用单管存储电路的 64K×1 位动态 RAM 存储器芯片，其他与此类似的芯片还有 Intel 21256/21464 等。

1. Intel 2164A 的内部结构

如图 5-8 所示，其主要组成部分如下。

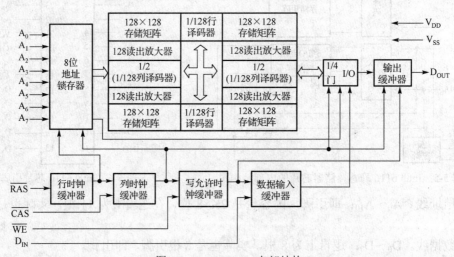

图 5-8　Intel 2164A 内部结构

（1）存储体：采用 4 个 128×128 的存储阵列构成 64K×1 位的存储体。

（2）地址锁存器：采用双译码方式，64KB 在逻辑上需要 16 位地址信息，但由于芯片封装的限制，这 16 位地址信息通过 8 根引脚，分两次输入芯片。因此，在芯片内部有个能保存 8 位地址信息的地址锁存器。

（3）数据输入缓冲器：用以暂存输入的数据。

（4）数据输出缓冲器：用以暂存要输出的数据。

(5) 1/4 I/O 门电路：由行、列地址信号的最高位控制，能从 4 个存储矩阵中选择相应的一个进行输入、输出操作。

(6) 行、列时钟缓冲器：用以协调行、列地址的选通信号。

(7) 写允许时钟缓冲器：用以控制芯片的数据传送方向。

(8) 128 读出放大器：共有 4 个 128 读出放大器与 4 个 128×128 存储阵列一一对应，它们能将行地址选通的 4×128 个存储单元中的信息读出并经放大后，再回写到原存储单元中，是刷新操作的一个重要部分。

(9) 1/128 行、列译码器：分别用来接收 8 位的行、列共 16 位地址，经译码后，从 128×128 个存储单元中选中一个存储单元，以便下一步对该存储单元进行读、写操作。

2. Intel 2164A 的外部结构

Intel 2164A 的引脚图如图 5-9 所示，采用 DIP 16 封装，是具有 16 个引脚的双列直插式集成电路芯片。

(1) $A_7 \sim A_0$：8 根地址信号的输入引脚，采用分时输入 8 位行地址和 8 位列地址共 16 位地址信息，以指定要读写的存储单元。

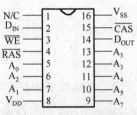

图 5-9 Intel 2164A 引脚图

(2) $\overline{RAS}$：行地址选通信号输入引脚，兼作芯片选择信号，低电平有效，即当 $\overline{RAS}$ 为低电平(=0)时，表明当前该芯片向 $A_7 \sim A_0$ 接地址引脚输入的是行地址。

(3) $\overline{CAS}$：列地址选通信号输入引脚，兼作芯片选择信号，低电平有效，即当 $\overline{CAS}$ 为低电平(=0)时，表明当前该芯片向 $A_7 \sim A_0$ 接地址引脚输入的是列地址(此时 $\overline{RAS}$ 应保持为低电平)。

(4) $\overline{WE}$：写允许控制信号输入引脚，低电平有效，即当其为低电平(=0)时，进行写操作；否则，进行读操作。

(5) D_{IN}：数据信息输入引脚。

(6) D_{OUT}：数据信息输出引脚。

(7) V_{DD}：+5V 电源输入引脚。

(8) V_{SS}：接地。

(9) N/C：未用的引脚。

5.3 只读存储器

本节对只读存储器的基本原理进行介绍，并对其经典存储器芯片进行介绍。

5.3.1 只读存储器原理

1. 掩膜 ROM 原理

图 5-10 是一个 4×4 位、单译码方式、MOS 管的 ROM 存储阵列。地址输入线为两条，可接收两位地址信息，经过字地址译码器译码后，输出 4 条字线(字选择线)。当字线选中一个字，每一条位线的输出就是该字的对应位。

例如，当地址线 A_1A_0 输入为 01 时，字地址译码器译码的输出字线 2 有效(高电平)，其余字线无效(低电平)。栅极与字线 2 相连的 MOS 管导通，位线 D_4 和位线 D_2 输出低电平，

即逻辑 "0"；没有 MOS 管与之相连的位线 D_3 和位线 D_1 则输出高电平，表示逻辑 "1"。所以地址线 A_1A_0 输入 01，$D_4\sim D_1$ 位线输出为 0101。

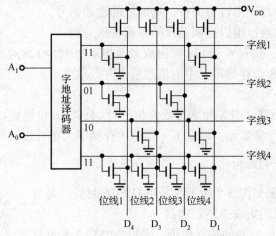

图 5-10 4×4 位的 MOS ROM 存储阵列

2. 可编程 ROM 原理

掩膜 ROM 的存储单元所保存的信息的 ROM 芯片在工厂生产完成之后就被固定下来了，用户自己无法固定要保存的信息，这给使用者带来了极大的不便。为了解决这个问题，厂商设计和制造了一种可由用户自己固定要保存的信息的 ROM 芯片，即用户可通过简易写入设备向 ROM 写入要保存的信息，这种芯片就是可编程的 ROM，又称为 PROM。

PROM 的类型有多种，我们以双二极管破坏型 4×4 位的 PROM 存储阵列为例来说明其存储原理，如图 5-11 所示。这种 PROM 存储器在出厂时，存储体中每条字线和位线的交叉处都是两个反向串联的二极管，故字线(字选择线)与位线之间不导通，无论哪根字线有效(高低电平有效)，$D_4\sim D_1$ 均输出低电平即 0000，可见 PROM 存储器中所有的存储内容在出厂时均为逻辑 "0"。如果用户需要写入信息，则要通过专门的 PROM 写入电路，产生足够大的电流把要写入 "1" 的那个存储位上的二极管击穿，从而造成该 PN 结短路，仅剩下顺向的二极管连接字线和位线，当字线有效(高低电平有效)时，此位就输出高电平，即该位被写入了 "1"，其读出时的操作与掩膜 ROM 相同。

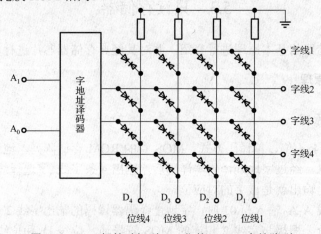

图 5-11 双二极管破坏型 4×4 位的 PROM 存储阵列

除此之外，还有一种熔丝式 PROM。用户编程时，写入设备向 ROM 写入脉冲电流，烧断指定位的熔丝，以此达到写入"1"信息的目的。

PROM 的这个写入过程一般称为程序固化，从硬件角度来讲，由于击穿的二极管或烧断后的熔丝均不能再恢复原来的工作状态，所以 PROM 的程序固化只能进行一次，数据或程序一旦写入，就不可再更改了。

3. 可擦除可编程 ROM 原理

可擦除可编程的 ROM 又称为 EPROM，常用浮栅型的 MOS 管作为基本的位存储单元，可分 N 沟道和 P 沟道两类。这里以 P 沟道为例来说明其基本的位存储单元的结构和工作原理。

P 沟道 EPROM 电路与普通的 P 沟道增强型 MOS 电路类似，参见图 5-12（a）。这种 EPROM 电路在 N 型的基片上扩展了两个高浓度的 P 型区，以此分别引出源极 S 和漏极 D。在源极 S 与漏极 D 之间有一个栅极，由浮空的多晶硅做成，其四周被 SiO₂ 绝缘层包围，称为浮栅。芯片在制造完成时，每个基本存储位的浮栅上都没有任何电荷，即 MOS 管内没有导电沟道，源极 S 与漏极 D 之间不导电，相应的等效电路如图 5-12（b）所示，该基本存储位单元输出的信息为逻辑"1"。故芯片在出厂时，"空白"芯片中每个位所保存的信息均为"1"。

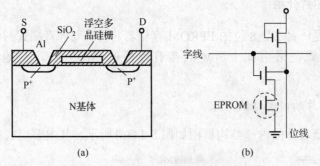

图 5-12　P 沟道 EPROM 结构示意图

如果要向该基本存储位单元写入逻辑"0"（即编程写入 0），必须在源极 S 和漏极 D 之间加上+25V 的高电压，同时加上一个宽度约为 50ns 的编程脉冲信号，所选中的基本位单元在这个电压的作用下，源极 S 和漏极 D 之间被瞬时击穿，就会有电子通过 SiO₂ 绝缘层流入浮栅上。当+25V 的高压撤除后，因为浮栅被 SiO₂ 绝缘层包围，所以流到浮栅上的电子没有泄漏的通道，浮栅为负，就形成了导电沟道，从而使相应的基本位单元导通，输出的信息为逻辑"0"。"0"就被写入了该基本存储位单元中。

如果要清除存储单元中所保存的信息，必须用一定波长的紫外光照射浮栅，使浮栅上的负电荷获取足够的能量，跳出 SiO₂ 绝缘层，回到基片上。这样，所有基本存储位单元输出的信息均为逻辑"1"，返回到了出厂的"空白"状态，原来存储的信息也就被清除而不存在了。

这种浮栅型的 EPROM 存储器芯片，其上方有一个石英玻璃的窗口，紫外线可通过这个窗口来对其内部电路照射 15～20min，以擦除其内部存储的信息。

4. 电可擦除可编程序 ROM 原理

电可擦除可编程序的 ROM 也称为 EEPROM，即 E²PROM，典型的芯片有 2816/2817/2864 等。E²PROM 的结构示意图如图 5-13 所示，其工作原理与 EPROM 类似。当浮栅上没有负电

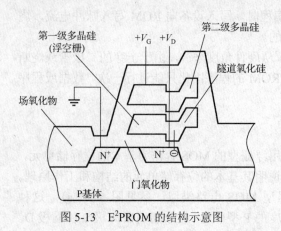

图 5-13　E²PROM 的结构示意图

荷时，管子的漏极和源极之间不导电，此时输出"1"；若设法使浮动栅带上负电荷，则管子就导通，此时输出"0"。

在 E²PROM 中，使浮栅带上负电荷和消去负电荷的方法与 EPROM 不同。在 E²PROM 中，漏极上面增加了一个隧道二极管，在第二栅极与漏极之间的电压 V_G 的作用下，使负电荷通过它流入浮栅上，该位输出"0"（即编程写入了0）；当 V_G 的电压极性相反时，也可以使电荷从浮栅流向漏极，该位输出"1"（即擦除后为1）。

E²PROM 的编程与擦除所用的电流是非常小的，故 E²PROM 的一个优点就是用非常普通的电源就完成对芯片的编程和擦除；E²PROM 还有另一个优点，即可以按字节分别进行擦除（而 EPROM 在擦除时是把整个芯片的内容全变成"1"）。E²PROM 的字节编程和字节擦除都仅需 10ms，因此，E²PROM 可以实现在线编程和在线擦除。

5.3.2　只读存储器芯片介绍

Intel 2716 芯片是一种 2K×8 位的 EPROM 存储器芯片，双列直插式封装，24 个引脚，其最基本的存储单元就是采用如上所述的带有浮栅的 MOS 管，其他典型芯片有 Intel 2732/27128/27512 等。

1．Intel 2716 芯片的内部结构

Intel 2716 存储器芯片的内部结构框图如图 5-14(a)所示，其主要组成部分如下。

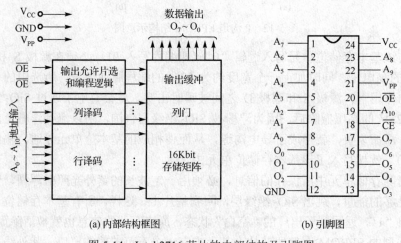

(a) 内部结构框图　　　　　　　　　　　(b) 引脚图

图 5-14　Intel 2716 芯片的内部结构及引脚图

存储阵列：Intel 2716 存储器芯片的存储阵列由 2K×8 个带有浮栅的 MOS 管构成，共可保存 2K×8 位的二进制信息。

行译码器：又称为 X 译码器，可对 7 位行地址进行译码。

列译码器：又称为 Y 译码器，可对 4 位列地址进行译码。

输出允许、片选和编程逻辑：实现片选及控制信息的读、写。

数据输出缓冲器：实现对输出数据的缓冲。

2. 芯片的外部结构

Intel 2716 芯片具有 24 个引脚，其引脚分配如图 5-14(b)所示，各引脚的功能如下。

(1) $A_{10} \sim A_0$：地址信号输入引脚，可寻址芯片的 2K 个存储单元。

(2) $O_7 \sim O_0$：双向数据信号输入输出引脚。

(3) $\overline{CE}$：片选信号输入引脚，低电平有效。只有当该引脚转入低电平时，才能对相应的芯片进行操作。

(4) $\overline{OE}$：数据输出允许控制信号引脚，输入，低电平有效，用以允许数据输出。

(5) V_{CC}：+5V 电源，用于在线的读操作。

(6) V_{PP}：+25V 电源，用于在专用装置上进行写操作。

(7) GND：接地。

3. Intel 2716 芯片的工作方式

Intel 2716 存储器芯片的工作方式见表 5-1。

表 5-1　Intel 2716 存储器芯片的工作方式

引脚方式	$\overline{CE}$	$\overline{OE}$	V_{PP}	$O_7 \sim O_0$ 状态
读出	低电平	低电平	+5V	数据输出
禁止输出	低电平	高电平	+5V	高阻
待机	高电平	无要求	+5V	高阻
编程	50ms 正脉冲	高电平	+25V	数据输入
校验编程内容	低电平	低电平	+25V	数据输出
禁止编程	低电平	高电平	+25V	高阻

5.4　存储器与 CPU 的连接

在微机系统中，CPU 对半导体存储器进行访问(读写操作)，CPU 先要由地址总线向存储器给出地址信号，选择要进行读/写操作的存储单元，然后通过控制总线发出相应的读/写控制信号，最后才能在数据总线上进行数据交换。所以，存储器芯片与 CPU 之间的连接，实质就是其与系统三总线的连接，即与地址线、数据线和控制线的连接。

5.4.1　设计连接时需要注意的问题

在连接设计中一般要考虑的问题有以下几个方面。

1. CPU 总线的负载能力问题

在设计半导体存储器与 CPU 连接时，首先要考虑 CPU 总线的带负载能力。CPU 在设计时，其输出线的直流负载能力一般可带一个 TTL 负载。现在的存储器一般都为 MOS 电路，主要的负载是电容负载，直流负载很小，故在小型系统中，CPU 可直接与存储器相连；在较大的系统中，若 CPU 的负载能力不能满足要求，可以加上驱动器或缓冲器再与半导体存储器相连。

2． CPU 的时序和存储器的存取速度之间的配合问题

CPU 在取指和对存储器进行读或写操作时，是有固定时序的。用户要根据 CPU 对半导体存储器存取速度的要求来选定合适的半导体存储器；或在存储器已经确定的情况下，考虑是否需要 T_W 等待周期，以及如何实现。

3． 片选和存储器的地址分配问题

目前生产的存储器芯片，单片的容量已经非常大了，但对系统的要求来说，单片的容量仍然是有限的，这就需要由许多片芯片才能组成一个满足要求的存储器。这里就有一个如何选定某片芯片工作，即如何产生片选信号的问题。

另外，微机内存通常分为 RAM 和 ROM 两大部分，而 RAM 又分为系统区(监控程序或操作系统占用的区域)和用户区，用户区又还可分成数据区和程序区，ROM 的分配也类似，所以内存的地址分配也是一个重要的问题。

4． 读/写控制信号的连接问题

CPU 访问存储器时，通过内存读/写控制信号来访问。对 Intel 8088/8086 来说，通常有以下几个控制信号：$IO/M(IO/\overline{M})$、$\overline{RD}$、$\overline{WE}$ 及 WAIT 信号。这些信号如何与存储器的读/写控制信号相连以实现 CPU 与存储器的信息交换也是需要考虑的问题。

5.4.2　最简单的连接设计

最简单的情况就是一片 CPU 与一片能负载得起的容量足够的存储器芯片的连接。我们举例来说明。

例 5.1　已知 CPU 的地址总线为 8 位，其数据总线为 8 位，$\overline{RD}$、$\overline{WE}$ 分别为 CPU 的读写控制线，低电平有效；另有一片 256×8 位的 SDRAM 存储器芯片，其控制线为片选 $\overline{CS}$，输出允许为 $\overline{OE}$，写允许为 $\overline{WE}$，均低电平有效；系统只访问内存。试画出该存储器芯片构成 256B 的存储器系统连接图。

解　(1)首先根据系统要求确定存储器芯片数量。系统要求 256B，而选定的 SDRAM 存储器芯片也是 256×8 位，故仅需一片 256×8 位的存储器芯片就可以满足系统的要求。

(2)根据存储器芯片数量确定系统的地址分配空间。由于仅需一片 256×8 位的存储器芯片，该片占用 00H～FFH(0～255)共 256B 的空间范围。

(3)片选信号设计。因只用一片 256×8 位存储器芯片，$256=2^8$，故仅需 8 根地址线，这与 CPU 的地址总线相同，可见该存储器芯片应始终处于工作状态，片选 $\overline{CS}$ 可直接接地，不需要另外设计片选信号。

(4)读/写控制信号设计。CPU 的读控制(输出)$\overline{RD}$ 引脚与存储器的输出允许控制(输入)$\overline{OE}$ 引脚连接。CPU 的写控制(输出)$\overline{WR}$ 引脚与存储器的写允许(输入)$\overline{WE}$ 引脚连接。

(5)将数据线、地址线和控制线连接起来，画出的系统连接图如图 5-15 所示。

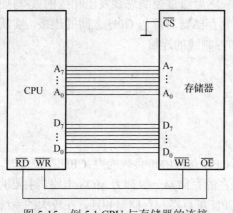

图 5-15　例 5.1 CPU 与存储器的连接

例 5.1 因 CPU 和存储器芯片的地址线和数据线都为 8 位，这种情况非常特殊，在实际应用中极难遇到，几乎无实际应用意义。

例 5.2 将例 5.1 中的 CPU 的地址总线改为 16 位，其余不变。

解 设计并画出其 256B 的存储器系统连接图，如图 5-16(a)所示。

在例 5.1 中，CPU 的所有地址线均参与存储器的译码寻址(确定存储器单元地址的具体位置)，称为全译码。在全译码方式下，CPU 所发出的所有地址，在存储器中有一个唯一的单元与之对应，即存储器每个存储单元的地址都是唯一的，不存在地址的重复问题。

而例 5.2 中，CPU 的 16 根地址线只有低位地址线 $A_7 \sim A_0$ 参与存储器的译码寻址，高位地址线 $A_{15} \sim A_8$ 未用。当 CPU 向存储器发出的地址超过了 00FFH，如 0100H 时，对于存储器来说，由于仅使用 8 根低位地址线 $A_7 \sim A_0$，故存储器得到的仍然是一个 8 位的地址，如 0100H 对于 8 位的地址来说就是 00H。从 CPU 的角度来看，0100H 和 0000H 都指向了同一个存储单元 00H；从存储器的角度看，00H 对应了两个地址 0100H 和 0000H。可见当 CPU 只有部分地址线参与存储器的译码寻址时，存储器的每个单元就会存在对应多个地址的问题。这种 CPU 只有部分地址线参与存储器的译码寻址的方式称为部分译码。

例 5.3 将例 5.2 改为全译码方式。

解 当 CPU 向存储器发出的地址超过 00FFH 时，高位地址线 $A_{15} \sim A_8$ 中必有一根线为 1(高电平)，此时地址已经超出了存储器系统 256B 的范围，存储器芯片应该停止工作。故将高位地址线 $A_{15} \sim A_8$ 设计为存储器片选信号。

设计并画出其 256B 的存储器系统连接图，如图 5-16(b)所示。

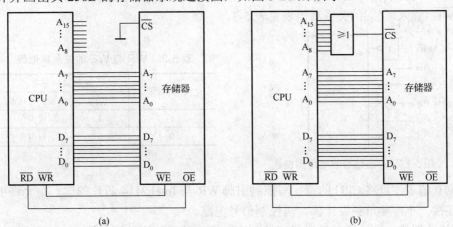

(a)　　　　　　　　　　　　　　　　　　(b)

图 5-16　例 5.2 和例 5.3 中 CPU 与存储器的连接

5.4.3　位扩充的连接设计

在应用系统中，往往会出现单片存储器的数据线的位数不能满足系统的数据总线的数据位数要求。此时就需要进行位扩充，即将多片存储器芯片"并联"起来使用，达到满足系统数据总线的要求。我们通过举例来说明如何对存储系统的位进行扩充。

例 5.4 用 Intel 2114 SDRAM 芯片(1K×4 位)构成 1K×8 位的存储器系统。CPU 的地址线为 $A_{19} \sim A_0$，16 位；数据总线为 $D_7 \sim D_0$，8 位。CPU 的控制线中：M/$\overline{\text{IO}}$ 为访问内存和 IO 控制线，高电平表示访问内存，低电平表示访问 IO；$\overline{\text{WR}}$ 为 CPU 的读、写控制线，低电平为写入，高电平为读出。Intel 2114 芯片的地址线为 $A_9 \sim A_0$，10 位；数据输入、输出线为 I/O$_1 \sim$

I/O$_4$。Intel 2114 芯片的控制线为片选 $\overline{CS}$，低电平有效；读、写允许为 $\overline{WE}$，低电平为写入，高电平为读出。试画出该存储器芯片构成 1KB 的存储器系统连接图。

　　解　（1）首先根据系统要求确定存储器芯片数量。系统要求 1KB，而选定的 Intel 2114 存储器芯片是 1K×4 位，故需要 2 片 1K×4 位的存储器芯片就可以满足系统的要求。

　　（2）根据存储器芯片数量确定系统的地址分配空间。由于需要 2 片 1K×4 位的存储器芯片"并联"使用，该片占用 0000H～03FFH 共 1KB 的空间范围。

　　（3）片选信号设计。因 2 片 1K×4 位存储器芯片，1K=2^{10}，需 10 根地址线，与 CPU 的低 10 位地址线相连。CPU 剩余的高位地址线，在 1K（0000H～03FFH）地址范围内每位均为 0，Intel 2114 芯片应该被选通而处于工作状态，其余地址时，Intel 2114 芯片应处于非工作状态。另外，CPU 访问内存时，M/$\overline{IO}$ 控制线输出高电平，此时 Intel 2114 芯片也应被选通而处于工作状态；当 CPU 访问 IO 时，输出低电平，此时 Intel 2114 芯片应处于非工作状态。A$_{16}$～A$_{11}$、M/$\overline{IO}$ 与 2114 芯片的片选信号输入 $\overline{CS}$ 的关系真值表见表 5-2。

表 5-2　CPU 高位地址线、M/$\overline{IO}$ 与 Intel 2114 芯片的 $\overline{CS}$ 的关系真值表

CPU 高位地址线						CPU 的 M/$\overline{IO}$	Intel 2114 芯片工作状态	Intel 2114 芯片的 $\overline{CS}$
A$_{16}$	A$_{15}$	A$_{14}$	A$_{13}$	A$_{12}$	A$_{11}$			
0	0	0	0	0	0	1	工作	0
A$_{16}$～A$_{11}$ 有任一个位为 1						0	非工作	1

　　根据真值表设计片选信号电路，如图 5-17 所示。

　　（4）读、写控制信号设计。CPU 的读、写控制引脚为 $\overline{WR}$（输出），与存储器的读、写允许引脚 $\overline{WE}$（输入）之间的关系真值表见表 5-3。

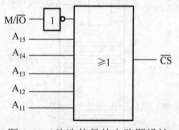

图 5-17　片选信号的电路图设计

表 5-3　$\overline{WR}$ 与 $\overline{WE}$ 的关系真值表

CPU 的 $\overline{WR}$	Intel 2114 芯片	
	$\overline{WE}$	读、写状态
1	1	读内存
0	0	写内存

　　根据真值表，可将 CPU 的读、写控制引脚 $\overline{WR}$ 与 Intel 2114 芯片的读、写允许引脚 $\overline{WE}$ 直接相连接，不需要单独设计读、写控制信号电路。

　　（5）将数据线、地址线和控制线连接起来，画出的系统连接图如图 5-18 所示。

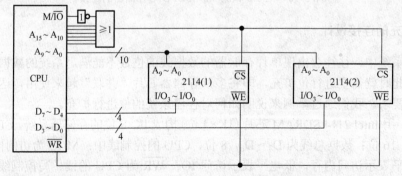

图 5-18　2114 存储芯片的 1KB 存储系统连接图

这是一种简单的全译码。

5.4.4　字扩充的连接设计

除了位扩充外，在应用系统中往往还会出现单片的存储器的字数容量无法满足系统的总字数容量的要求。此时就需要进行字扩充，即将多片存储器芯片串联起来使用，达到满足系统对存储器总字数容量的要求。下面通过举例来说明如何对存储系统的字进行扩充。

例 5.5　已知 CPU 的地址总线 AB 为 16 位，其数据总线 DB 为 8 位，$\overline{RD}$、$\overline{WE}$ 分别为 CPU 的读写控制线，低电平有效；M/$\overline{IO}$ 为访问内存和 IO 控制线，高电平表示访问内存，低电平表示访问 IO。选用 Intel 6116（2K×8 位）SDRAM 存储器芯片，其控制线为片选 $\overline{CS}$，输出允许为 $\overline{OE}$，写允许为 $\overline{WE}$，均低电平有效。试画出用该存储器芯片构成 4KB 的存储器系统连接图。

解　(1) 首先根据系统要求确定存储器芯片数量。系统要求 4KB，而选定的 Intel 6116 存储器芯片是 2K×8 位，故需要 2 片 2K×8 位的存储器芯片就可以满足系统的要求。

(2) 根据存储器芯片数量确定系统的地址分配空间。由于需要 2 片 2K×8 位的存储器芯片串联使用，每片占用的地址空间如下：

第一片：0000H ～ 07FFH　2KB 空间 ⎫
　　　　　　　　　　　　　　　　　⎬ 合计 4KB
第二片：0800H ～ 0FFFH　2KB 空间 ⎭

(3) 片选信号设计。将 (2) 中的地址分配空间进一步分析，其组成 4KB 的地址每位变化如表 5-4 所示。

表 5-4　2 片 2K×8 位的芯片组成 4KB 的存储器的地址每位变化表

		地址及变化				部分高位地址 A_{11}
		$A_{15}A_{14}A_{13}A_{12}$　$A_{11}A_{10}A_9A_8$	$A_7A_6A_5A_4$	$A_3A_2A_1A_0$		
第一芯片	起始地址 0000H	0 0 0 0　0 0 0 0	0 0 0 0	0 0 0 0		0
	结束地址 07FFH	0 0 0 0　0 1 1 1	1 1 1 1	1 1 1 1		
	每位变化	0 0 0 0　0 1 × ×	× × × ×	× × × ×		
第二芯片	起始地址 0800H	0 0 0 0　1 0 0 0	0 0 0 0	0 0 0 0		1
	结束地址 0FFFH	0 0 0 0　1 1 1 1	1 1 1 1	1 1 1 1		
	每位变化	0 0 0 0　1 × × ×	× × × ×	× × × ×		

通过表 5-4 可知：A_{11}=0 时，地址范围为 0000H ～ 07FFH，选中第一片；A_{11}=1 时，地址范围为 0800H～0FFFH，选中第二片。

可用 A_{11} 作为片选信号，M/$\overline{IO}$、A_{11} 与片选 $\overline{CS}$ 的关系真值表见表 5-5。

表 5-5　M/$\overline{IO}$、A_{11} 与片选 $\overline{CS}$ 的关系真值

M/$\overline{IO}$	A_{11}	第一芯片 $\overline{CS}$	第二芯片 $\overline{CS}$
1	0	0	1
1	1	1	0
0	×	1	1

设计出的片选信号电路图如图 5-19 所示。

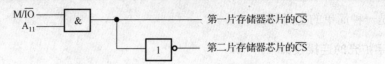

图 5-19　A_{11} 作为片选信号的电路图

（4）读、写控制信号设计。CPU 的读控制 $\overline{RD}$ 引脚（输出信号）与存储器的输出允许控制 $\overline{OE}$ 引脚（输入信号）连接。CPU 的写控制 $\overline{WR}$ 引脚（输出信号）与存储器的写允许（输入信号）$\overline{WE}$ 引脚连接。

（5）将数据线、地址线和控制线连接起来，画出的系统连接图如图 5-20 所示。

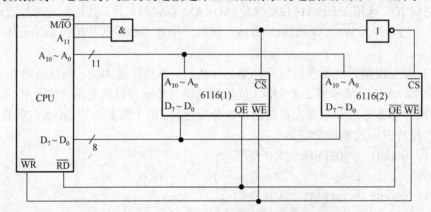

图 5-20　Intel 6116 存储芯片的 8KB 存储系统连接图

这是一种简单的、采用线选法的、部分译码方案的存储器系统。所谓线选法，就是不用专用译码器，而直接选用少量的几根高位地址线来作为存储器芯片的片选信号，如例 5.5 中的 A_{11}。线选法的优点是对于少量存储器芯片的扩充，其片选构成电路非常简单，成本低；其缺点是对于全译码方案下有较多存储器芯片扩充时，片选电路设计就非常复杂了。为了简化电路，往往采用部分译码法，即 CPU 中的部分高位地址线（如 $A_{15} \sim A_{12}$）往往不参与地址译码，但这样就会出现地址重叠的问题和地址不连续等情况，造成地址空间的浪费。例 5.5 中，当 CPU 发出的地址大于 0FFFH 时，就会存在多个地址对应同一个存储器单元，如 1000H 就和 0000H 都访问存储器中的同一个单元。要想克服线选法的这些缺点，可采用专用译码器法。

例 5.6　已知一 CPU 的地址总线 AB 为 16 位，其数据总线 DB 为 8 位，$\overline{RD}$、$\overline{WE}$ 分别为 CPU 的读写控制线，低电平有效；M/$\overline{IO}$ 为访问内存和 IO 控制线，高电平表示访问内存，低电平表示访问 IO。选用 Intel 6116（2K×8 位）SDRAM 存储器芯片，其控制线为片选 $\overline{CS}$，输出允许为 $\overline{OE}$，写允许为 $\overline{WE}$，均低电平有效。试画出用该存储器芯片构成 8KB 的存储器系统连接图。

解　（1）首先根据系统要求确定存储器芯片数量。系统要求 8KB，而选定的 Intel 6116 存储器芯片是 2K×8 位，故需要 4 片 2K×8 位的存储器芯片就可以满足系统的要求。

（2）根据存储器芯片数量确定系统的地址分配空间。由于需 4 片 2K×8 位的存储器芯片串联使用，每片占用的地址空间如下：

$$
\left.
\begin{array}{l}
第一片：0000H \sim 07FFH \quad 2KB\ 空间 \\
第二片：0800H \sim 0FFFH \quad 2KB\ 空间 \\
第三片：1000H \sim 17FFH \quad 2KB\ 空间 \\
第四片：1800H \sim 1FFFH \quad 2KB\ 空间
\end{array}
\right\}\ 合计\ 8KB
$$

(3) 片选信号设计。将(2)中的地址分配空间进一步分析，其组成 8KB 的地址每位变化见表 5-6。

表 5-6　4 片 2K×8 位的芯片组成 8KB 的存储器的地址每位变化表

		地址及变化				高位地址
		$A_{15}A_{14}A_{13}A_{12}$	$A_{11}A_{10}A_9A_8$	$A_7A_6A_5A_4$	$A_3A_2A_1A_0$	$A_{15}\sim A_{11}$
第一芯片	起始地址 0000H	0　0　0　0	0　0　00	00　00	00　00	0000 0
	结束地址 07FFH	0　0　0　0	0　1　11	11　11	11　11	
	每位变化	0　0　0　0	0　1　××	××　××	××　××	
第二芯片	起始地址 0800H	0　0　0　0	1　0　00	00　00	00　00	0000 1
	结束地址 0FFFH	0　0　0　0	1　1　11	11　11	11　11	
	每位变化	0　0　0　0	1　×　××	××　××	××　××	
第三芯片	起始地址 1000H	0　0　0　1	0　0　00	00　00	00　00	0001 0
	结束地址 17FFH	0　0　0　1	0　1　11	11　11	11　11	
	每位变化	0　0　0　1	0　×　××	××　××	××　××	
第四芯片	起始地址 1800H	0　0　0　1	1　0　00	00　00	00　00	0001 1
	结束地址 1FFFH	0　0　0　1	1　1　11	11　11	11　11	
	每位变化	0　0　0　1	1　×　××	××　××	××　××	

通过表 5-6 可知：

$A_{15}\sim A_{11}$=0000 0 时，地址范围 0000H ～ 07FFH，选中第一片。

$A_{15}\sim A_{11}$=0000 1 时，地址范围 0800H ～ 0FFFH，选中第二片。

$A_{15}\sim A_{11}$=0001 0 时，地址范围 1000H ～ 17FFH，选中第三片。

$A_{15}\sim A_{11}$=0001 1 时，地址范围 1800H ～ 1FFFH，选中第四片。

可用 $A_{15}\sim A_{11}$ 作为片选信号，M/$\overline{\text{IO}}$、A_{11} 与片选 $\overline{\text{CS}}$ 的关系真值表见表 5-7。

表 5-7　M/$\overline{\text{IO}}$、A_{11} 与片选 $\overline{\text{CS}}$ 的关系真值表

M/$\overline{\text{IO}}$	$A_{15}\sim A_{11}$	第一芯片 $\overline{\text{CS}}$	第二芯片 $\overline{\text{CS}}$	第三芯片 $\overline{\text{CS}}$	第四芯片 $\overline{\text{CS}}$
1	0000 0	0	1	1	1
1	0000 1	1	0	1	1
1	0001 0	1	1	0	1
1	0001 1	1	1	1	0
0	×	1	1	1	1

根据真值表，选用 2-4 译码器，设计出的片选信号电路图如图 5-21 所示。

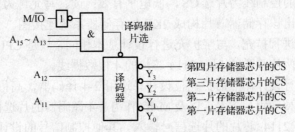

图 5-21　$A_{12}A_{11}$ 作为片选信号的电路图

(4) 读、写控制信号设计。CPU 的读控制 $\overline{\text{RD}}$ 引脚(输出信号)与存储器的输出允许控制

OE 引脚(输入信号)连接。CPU 的写控制 WR 引脚(输出信号)与存储器的写允许(输入信号) WE 引脚连接。

(5)将数据线、地址线和控制线连接起来,画出的系统连接图如图 5-22 所示。

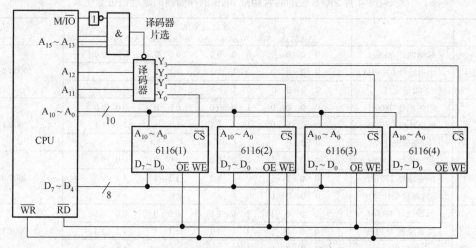

图 5-22　Intel 6116 存储芯片的 8KB 存储系统连接图

　　例 5.6　就是一种采用译码器的全译码,产生存储器芯片的片选信号的方法,即所谓的专用译码器法。专用译码器法的优点是由于译码器采用专用译码器芯片,对于较多存储器芯片的扩充,可比较方便地将所有的高位地址线都参与到存储器芯片的片选信号的译码工作,采用全译码方案的片选电路设计相对简单。其缺点就是增加了专用译码器芯片而使成本相对较高。

5.4.5　字与位同时扩充的连接设计

　　在应用系统中,往往会出现单片的存储器的字长和字数容量都无法满足系统的总字长和总字数容量的要求。此时就需要同时对字和位进行扩充,即将多片存储器芯片串并联起来使用,达到满足系统对存储器总字长和总字数容量的要求。下面仍然通过举例来说明。

　　例 5.7　用 Intel 2114 SDRAM 芯片(1K×4 位)构成 lK×8 位的存储器系统。CPU 的地址线为 $A_{15} \sim A_0$,16 位;数据总线为 $D_7 \sim D_0$,8 位。CPU 的控制线:M/$\overline{\text{IO}}$ 为访问内存和 IO 控制线,高电平表示访问内存,低电平表示访问 IO; $\overline{\text{WR}}$ 为 CPU 的读、写控制线,低电平为写入,高电平为读出。Intel 2114 芯片的地址线为 $A_9 \sim A_0$,10 位;数据输入、输出线为 I/O$_1 \sim$ I/O$_4$。Intel 2114 芯片的控制线为片选 $\overline{\text{CS}}$,低电平有效;读、写允许为 $\overline{\text{WE}}$,低电平为写入,高电平为读出。试画出该存储器芯片构成 2KB 的存储器系统连接图。

　　解　字与位同时进行扩充,与字扩充进行设计基本相同,只是 CPU 的 8 位数据线的高 4 位和低 4 位分别对应两片并联的 Intel 2114 芯片的 4 根数据线。

　　可先按字扩充进行设计,然后扩充位设计。选用 2-4 译码器,高位地址线选用 $A_{11}A_{10}$,作为 2-4 译码器的输入,而 $A_{15} \sim A_{12}$ 以及 M/$\overline{\text{IO}}$ 作为 2-4 译码器的片选信号输入。2-4 译码器的输入分别作为两对 2114 芯片的片选信号输入。其他控制信号的设计与前面的例子基本相同。最后设计的 2KB 的存储器系统连接图如图 5-23 所示。

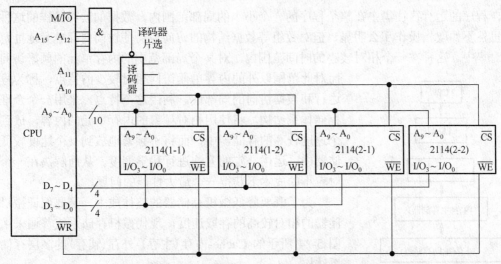

图 5-23　Intel 2114 存储芯片的 2KB 存储系统连接图

5.5　存储体系的基本知识

多层存储体系是目前计算机普遍采用的方法，本节对微机的多层存储体系 Cache 和虚拟存储器进行简要介绍。

5.5.1　多层存储体系

存储器是重要的记忆部件，在计算机系统中用于存放程序和数据信息。CPU 访问存储器中的程序和数据，并将结果写回存储器。故计算机系统中存储器的容量和存取速度将直接影响微机整个系统的功能和速度，是衡量一台微机系统能力的重要指标。可见微机存储器的容量越大，存取速度越快，该微机系统的能力就越强。

对于计算机系统来讲，当然是存储器的存取速度越快越好，容量越大越好。所以为了使计算机有较高的性能，应尽可能地选用速度快、容量大的存储器。但这样做也会带来另外一个问题，就是成本会大幅升高，集成度也会有所降低。因为一般来说，存取速度高的存储器，就比存取速度相对低的同容量的存储器的价格要高很多，速度和价格、容量就形成了一对矛盾。这个矛盾在微机系统中尤为突出，微机系统通常采用 DRAM(动态 RAM)构成，具有价格低、容量大、集成度高的优点。但由于 DRAM 采用 MOS 管电容的充、放电原理来表示其存储的信息，必须定时对其进行"刷新"，故其存取速度相对 SRAM(静态 RAM)来说就较低。慢速的存储器限制了高速 CPU 的性能，这就导致了两者速度的不匹配性增大，从而影响了微机系统的整个运行速度，限制了计算机性能的进一步提高。如将微机系统中的 DRAM 全部换为 SRAM，其微机系统的整个运行速度就会大幅提高，但存储器的成本也会大幅提高。

如何在一个相对较小的成本下获得一个最大的性能呢？先来看看计算机系统运行程序的特点。计算机中的 CPU 进行信息处理或执行程序的过程中，需要与内存频繁地进行数据交换(取指操作和数据的读写操作)。对于大量的程序运行情况的统计分析来看，在一个相对较小的时间范围内，取指操作大多集中在内存空间较小的范围内。这是因为在大多数情况下，要么是顺序执行的程序段，要么是多次重复运行的循环程序段或子程序段，即较小的时间范围内，程序的运行往往集中在整个程序的一个小小的局部范围内。数据的读写操作的这种集中性虽然不如取指操作那么明显，但对数组等数据结构的访问也可使访问内存单元地址范围的相对集中。这种在一个相对较小的时间范围内，对某个局部范围的内存单元的频繁访问，

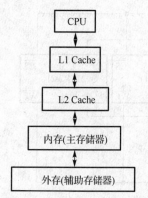

图 5-24　多层体系的存储器结构

而对此范围以外的内存单元访问相对较少的特点，称为程序运行和数据访问的局部性。利用这个特点，采用一个合理的存储体系结构，将使用相对频繁的内存单元的内容，放到一个速度较高的存储器中，而将不频繁地放到一个速度较低存储器中，运用一定的方法进行科学调度，从而解决在一个相对较小的成本下获得一个最大性能的问题。

为了既要降低微机存储器的整体成本，又要保证微机存储器的相对较高的存取速度，现代微机存储系统普遍采用如图 5-24 所示的 Cache-内存(主存)-外存(辅存)的多层存储体系结构。

在这种多层存储体系结构中，离 CPU 最近的存储器采用价格高、容量小的 SRAM 作为 Cache(高速缓存)；其次是价格适中、容量较大、速度也较快的 DRAM 作为内存；最后是价格很低、容量非常大、速度较慢的磁盘存储器作为外存。微机的存储系统采用这种体系结构，可以在速度、容量和成本之间有一个非常好的性价比。在理想状态下，可以认为微机的内存在速度接近高速缓存 Cache，而容量和成本则又接近廉价、慢速的磁盘存储器。如 Pentium III 在推出时就采用了 2 级 Cache 缓存，其中 L1 Cache 仅为 32KB，而 L2 Cache 可达 512KB，微机主板上的内存一般为 128～256MB 的同步 DRAM，外存为 20～80GB 的温氏硬盘。

5.5.2　Cache 和虚拟存储器

1. Cache

Cache 是一种高速存储器，其读写速度几乎能够与 CPU 进行匹配，可以使微机系统的存取速度大大提高。因 Cache 的容量相对内存的容量来说非常小，所以并未对整个存储器系统的成本带来什么增加。CPU 对于 Cache 的基本操作可分读操作和写操作。

1) 读操作

当 CPU 发出读操作命令时，要根据它产生的主存地址分两种情形：一种是需要的数据已在 Cache 存储器中，那么只需要直接访问 Cache 存储器，从对应单元中读取信息到数据总线；另一种是所需要的数据尚未装入 Cache 存储器，CPU 在从主存读取信息的同时，由 Cache 替换部件把该地址所在的那块存储内容从主存复制到 Cache 中。Cache 存储器中保存的字块是主存相应字块的副本。

2) 写操作

当 CPU 发出写操作命令时，也要根据它产生的主存地址分两种情形。

(1) 命中时，不但要把新的内容写入 Cache 存储器中，还必须同时写入主存，使主存和 Cache 内容同时修改，保证主存和副本内容一致。这种方法称写直达法或通过式写法(Write-through，简称通写法)。

(2)未命中时，许多微机系统只向主存写入信息，而不必同时把这个地址单元所在的主存中的整块内容调入 Cache 存储器。

2. 虚拟存储器

相对于 Cache 的 CPU 访问内存的速度，虚拟存储器则是提高内存的容量。什么是虚拟存储器(Virtual Memory)呢？所谓虚拟存储器，就是当 CPU 运行一个大于实际内存容量的程序的情况下，实际内存不够时，计算机系统将一部分外存当作虚拟的内存来使用，这部分外存就是虚拟存储器。

由此可见，虚拟存储器建立在内存和辅助存储器之间，由附加的一些硬件装置和操作系统中的存储器管理软件共同管理。它将内存和辅助存储器的地址空间统一编址，形成一个非常大的虚拟存储空间。在这个大的虚拟空间里，用户可以自由编程，完全不必考虑程序在实际内存里是否容纳得下，或者实际是放在何处。当运行一个已经编好的存储在辅助存储器上的程序时，附加的辅助硬件机构和操作系统中的存储器管理软件会把辅助存储器上的程序一段一段地自动调入内存让 CPU 执行，或将执行完的程序从内存调出。由于程序运行的局部性，用户感觉到运行大程序并未受到实际内存容量的限制，内存好像总是足够大，大的可以让任何一个大程序顺利运行。

5.5.3　Pentium Cache 技术简介

为了提高 CPU 访问存储器的速度，Intel 公司从 486 开始，就在 CPU 中设计了内置一定容量的数据 Cache 和指令 L1 Cache，甚至还可以使用 CPU 外部的第二级 L2 Cache。

Pentium Pro 在片内采用第一级 L1 Cache 的方案，即分别设置了指令 Cache 与数据 Cache，指令 Cache 的容量和数据 Cache 的容量均为 8KB。对于第二级 L2 Cache，它还采用了内嵌式或捆绑式的 L2 Cache，大小为 256KB 或 512KB。此时的 L2 已经用线路直接连到 CPU 上，好处之一就是减少了对急剧增多 L1 Cache 的需求；好处之二就是 L2 Cache 还能与 CPU 同步运行，即当 L1 Cache 不命中时，立刻访问 L2 Cache，不产生附加延迟时间。

Pentium II 是 Pentium Pro 的改进型，同样有 2 级 Cache，L1 为 32KB(指令和数据 Cache 各 16KB)，是 Pentium Pro 的 2 倍，L2 为 512KB。此时，L2 Cache 已不在内嵌芯片上，而是与 CPU 通过专用 64 位高速缓存总线相连，与其他元器件共同被组装在同一基板上，即"单边接触盒"上。

Pentium III 也是以 Pentium Pro 结构为核心，但它具有非锁定的 32KB L1 Cache 和 512KB L2 Cache，L2 Cache 可扩充到 1~2MB，具有更合理的内存管理效果，能有效地对大于 L2 Cache 容量的数据块进行处理，使 CPU、Cache 和主存的存取协调更趋合理，系统整体性能大幅提高。在访问大型数据库或执行视频回放时，高效的高速缓存管理使 Pentium III 避免了对 L2 Cache 的不必要存取，从而大幅消除了缓冲失败，提高了多媒体和其他对时间敏感的操作性能。对于可缓存的内容，Pentium III 是通过预先读取出期望的数据到高速缓存里来提高速度，其结果是提高了高速缓存的命中率，进一步减少了存取时间。

为了进一步发挥 Cache 的作用，Intel 公司还在 Pentium III 处理器中新增加了 70 条 3D 及多媒体的 SSE 指令集，其中很重要的一组指令是缓存控制指令，用于改进内存性能并使之与 CPU 发展同步来维护系统平衡。

Pentium III 处理器有两类缓存控制指令：一类是数据预存取(Pre-Fetch)指令，能够增加从主存到缓存的数据流；另一类是内存流优化处理（Memory Streaming）指令，能够增加从处理器到主存的数据流。这两类指令都赋予了应用开发人员对缓存内容更大的控制能力，使它们能够控制缓存操作以满足其应用的需求，同时也提高了 Cache 的效率。

5.6　内　存　条

内存条是微机中存储器安装和使用的最小单位。本节对微机内存条的连接特性、分类、性能和应用等进行简要介绍。

内存是微机系统中一个非常重要的部件。在微机系统中，将内存芯片封装后安装在一小条印制电路板上，这就是所谓的内存条。有了内存条，微机内存的出售、安装和拆卸都非常方便。从 IBM PC 直接将内存芯片安装在主板上，再到 386 出现的内存条，直到今天 Pentium Ⅳ 使用的内存条，已经有了很大变化和发展。

5.6.1　内存条的连接特性

1.　内存条与主板的插槽分类

DIP（Double in-Line Pachage）：双列直插式封装的 RAM，早期的 IBM PC 8086/8088/80286 等主板采用此种插槽。

SIMM（Single in-Line Memory Module）：单列直插存储模块，80286/386/486 主板普遍采用此种插槽。

DIMM（Double in-Line Memory Module）：双列直插存储模块，Pentium 级的主板普遍采用此种插槽。

2.　内存条引线分类

所谓内存条的引线，是指内存条与主板插接时有多少个导线连接点，也就是所谓的“金手指”的个数。内存条的引线有 30 线、72 线、168 线和 184 线之分。早期 30 线内存条，其接口宽度即数据线只有 8 位，而 72 线的内存条是 32 位数据线，168 线的则是 64 位数据线。

内存条的线数与 CPU 的位数有着密切的关系。8 位 30 线内存条在 286、386 和早期的 486 主板上使用较多，其体积与容量都很小，用在 486 上至少要用 4 根内存条（4×8 位=32 位）。若在 64 位数据存取方式的 Pentium 系统使用中，至少要同时使用 8 根内存条（8×8 位=64 位）。所以随着 486 等以前的 PC 的淘汰，8 位 30 线内存条已经很少见到了。32 位的 72 线内存，用在 486 上一根就可以了。若用于 Pentium 系统中，则必须成对地使用（2×32 位=64 位）；而 168 线的内存条本身就是 64 位的，因此用于 Pentium 系统中只要单根即可满足。在 Pentium 主板中，168 线的 SDRAM 内存使用较为普遍，但目前最新的主板上只提供了 184 线内存插槽，支持 DDR 内存条的使用。

5.6.2　内存条芯片的封装

构成内存的半导体芯片封装后才能安装到内存条上，封装技术不同，对内存芯片的性能影响也非常大。目前流行的几种主要的封装技术如下。

1. BLP 封装

BLP(Bottom Leaded Plastic)，即底部引出塑封技术，是新一代最常见的封装技术，其芯片面积与封装面积之比大于 1∶1.1，符合 CSP(Chip Size Package)填封装规范。此种封装不仅面积和高度都极小，制造成本也不高，而且电气特性也进一步得到了提升，现广泛用于 SDRAM、RDRAM、DDR 等新一代内存制造上。

2. uBGA 封装

uBGA(Micro Ball Grid Array)，即微型球栅阵列封装，是 Tessera 的独家专利技术，其芯片面积与封装面积之比大于 1∶1.14，非常适合高频状态下的 RDRAM 的封装。因其制造成本极其高昂，目前主要用于 RDRAM 芯片的生产。

3. TinyBGA 封装

TinyBGA(Tiny Ball Grid Array)，即小型球栅阵列封装，是 KingMax 的专利，也是 BGA 封装技术的一个分支，其芯片面积与封装面积之比不小于 1∶1.14，应用范围并不广泛。

一向以高品质著称的 KingMax 内存，就采用了 TinyBGA 这种封装方式，因此产品的大小尺寸是 TSOP(Thin Small Outline Package)，即薄小外型封装的 1/3，也就是说，在同等空间下，TinyBGA 封装可以将存储容量提高 3 倍；另外，TinyBGA 封装因体积更小、厚度更薄，其金属基板到散热体的有效散热路径长仅为 0.36mm，散热效果非常好，所以大大提高了此类封装的内存芯片的长时间运行的可靠性；再者，TinyBGA 封装使内存芯片的线路阻抗也大大减小，速度也随之得到大幅度提高。

5.6.3　内存条的分类与发展

微机的内存条一般采用 DRAM 芯片，虽然其读取速度比 SRAM 较慢，但它的集成度高，造价低，能够满足微机系统对内存既要容量大又要廉价的要求，所以目前 DRAM 芯片主要用于制造微机系统的内存条。而内存条的进步与发展是多方面的，但一个非常重要的发展因素就是内存芯片技术的发展。

1. FPM RAM (Fast Page RAM)

最初为 FP RAM，即页面模式 RAM，后来为 FPM RAM(Fast Page Mode RAM)，即快页模式 RAM，是较早的个人计算机普遍使用的内存，其每隔 3 个时钟周期传送一次数据。CPU 在访问同一个行的地址时，用不着每次都在指定行地址，而需指定列地址，从而提高了读写速度。这种内存现在已很少有计算机使用了。

2. EDO RAM(Extended Data Out RAM)

EDO RAM 即扩展数据输出 RAM，曾流行于 486 以及早期的 Pentium 计算机系统中。这种内存在普通的 DRAM 接口上增加了一个逻辑电路，从而取消了主板与内存两个存储周期之间的时间延时，可以每 2 个时钟周期传输一次数据，故缩短了存取时间，低到了 60ns，存取速度比普通 DRAM 内存提高 30%。

EDO RAM 芯片曾用于 486 和早期 Pentium 的低价显卡上。虽然当时计算机系统可以使用专用的专用显示内存，如可同时读写的双端口视频内存(VRAM)来提高带宽，但因专用的专用显示内存成本太高，而使其在普及上受到了很大限制。所以当时在一般低价显示卡上，普遍使用 EDO DRAM。

在微机主板上用的内存条则主要使用 72 线的 SIMM 接口，带宽 32 位。

3. BEDO RAM (Burst Extended Data Out RAM)

BEDO RAM 即突发扩展数据输出 RAM。所谓 BEDO RAM，就是在 EDO RAM 增加了突发模式技术。该技术假定 CPU 即将读取的 4 个数据的地址是连续的，就同时启动对 4 个数据的读取操作，从而提高了读取速度。

4. SDRAM (Synchronous DRAM)

SDRAM 即同步动态随机存储器，这也是目前 Pentium 计算机中使用较普遍的内存。SDRAM 与 CPU 使用同一个时钟周期，能以与 CPU 相同的速度同步工作，取消了等待周期，减少了数据的存储时间，使速度比 EDO RAM 提高了 50%。

SDRAM 内存条采用 64 根数据线，内存条的引脚为 168 线，采用双列直插式的 DIMM 插口，读写时间最少可达到了 5ns，是目前相对较快的内存芯片，同时也是 Pentium II 和 Pentium III 计算机系统首选的内存条。

SDRAM 不仅可用作主存，在显示卡上的内存方面也有广泛应用。对于显示卡的内存，要求其数据线的位数越多越好，这样能同时处理的数据也就越多，显示卡显示的信息就越多，显示的分辨率也就越高。随着 64 位显示卡的上市，要达到更高的分辨率 (1600×1200)，EDO DRAM 已经难以胜任，在保证尽量低成本的情况下，一般就采用频率达 66MHz 的 SDRAM。此外，SDRAM 还应用了共享内存结构 (UMA)，将利用主存作为显示内存使用，可不再需要增加专门的显示内存，因而大大降低了成本。

5. SPD SDRAM

SPD SDRAM 可以分为 PC 100 (100MHz) 和 PC 133 (133MHz)，PC 100 SDRAM 内存条是按 Intel 公司的 PC 100 标准生产的产品，而 PC 133 SDRAM 标准是由 VIA 台湾威盛公司制定的。SPD 是 DIMM 插口的 PC 100 或 PC 133 SDRAM 内存条印刷板上的一块容量为 2048B 的 EEPROM，内存条制造厂商用 SPD 来存储 SDRAM 芯片的各种信息，如内存种类、工作频率、存取时间、容量、速度、工作电压、临界时钟参数、厂商参数及 SDRAM 芯片的相关其他特征参数。PC 启动过程中，由 ROM BIOS 通过主板芯片组把 SPD 中的信息读入，获得 SDRAM 的详尽信息，并以此来自动设定最稳定和最优化的工作状态。

6. DDR SDRAM (Double Data Rage SDRAM)

DDR SDRAM 即双数据率的 SDRAM，也称为 SDRAM II，是 SDRAM 的更新换代产品。它允许在时钟脉冲的上升沿和下降沿传输数据，这样就可在不需要提高时钟频率的情况下将 SDRAM 的传输速率再提高一倍，如 266MHz DDR SDRAM 的内存传输速率达到了 2.12 GB/s。而现代电子的 64MB DDR SDRAM 内存条，采用 16 片 4MB 芯片，工作频率为 333MHz，可提供 5.3GB/s 的速率。某些 DDR SDRAM 甚至比 800MHz RDRAM 的内存传输速率还要高。

DDR SDRAM 最初只是应用在显示卡上，后来随着 DDR SDRAM 标准的制定，许多主板芯片组也开始支持它了。第一款支持 DDR SDRAM 的芯片组是由 Micron 推出的，称作

Samurai DDR 芯片。该芯片无论在商业还是游戏方面，其优秀性都赶上了当时的 Intel i840 芯片组。DDR SDRAM 采用+2.5V 工作电压，价格也便宜很多，成为了目前市场的主流。

7. RDRAM（Rambus DRAM）

RDRAM 即存储器总线式动态随机存储器，是 Rambus 公司开发的具有系统带宽、芯片到芯片接口设计的新型 DRAM。它能在很高的频率范围下通过一个简单的总线传输数据，同时使用低电压信号，在高速同步时钟脉冲的两边沿传输数据。Intel 公司出于某些原因本来是推行其支持的 RDRAM 内存，但因 Rambus RDRAM 的工作频率太高了，使得许多问题一时无法得到解决，再加上其价格高、难以普及等问题，所以最终让 PC 133 SDRAM 逐渐占领了市场。

8. ECC 内存（Error Correction Coding 或 Error Checking and Correcting）

ECC 内存是一种具有自动纠错功能的内存，使用 ECC 内存的主板需要 Intel 82430HX 芯片组的支持，即使用了该 82430HX 芯片组的主板都可以安装和使用 ECC 内存。由于 ECC 内存的成本相对比较高，所以主要用在对系统运行的可靠性要求比较高的商用服务器中。因现在一般家用和办公用的计算机中安装的非 ECC 内存条的质量都非常好，实际遇到内存出错的情况几乎不会发生，故一般家用和办公用的计算机不必采用 ECC 内存。

9. CDRAM（Cached DRAM）

CDRAM 即带高速缓存的 DRAM，是日本三菱电气公司开发的专有技术，它把一定数量的高速 SRAM 集成到 DRAM 芯片上，作为高速缓存和同步控制接口，以此来提高存储器的性能，两者之间通过总线相连。这种芯片使用单一的+3.3V 电源，低压 TTL 输入、输出电平。

10. DRDRAM（Direct Rambus DRAM）

DRDRAM 即接口动态随机存储器，也是 RDRAM 的扩展，数据线的接口宽度是 16 位。DRDRAM 是 Rambus 在 Intel 公司支持下制定的新一代 RDRAM 标准。与传统 DRAM 的区别在于，DRDRAM 的引脚定义会随命令而改变，如同一组引脚线既可被定义为控制线，也可被定义成地址线，故其引脚数仅为正常 DRAM 的 1/3。当需要扩展芯片容量时，只需要改变命令，不需要增加芯片引脚。

DRDRAM 芯片可以支持 400MHz 外频，再利用上升沿和下降沿两次传输数据，其数据传输率可达 800MHz。单个内存芯片使用两个 8 位的数据通道，在 100MHz 时，最大数据输出达 1.6GB/s。

11. SLDRAM（Synchronous Link DRAM）

SLDRAM 即同步连接 DRAM，是由 IBM、惠普、苹果、NEC、富士通、东芝、三星和西门子等几大公司联合制定的。这是一种在原 DDR DRAM 基础上发展起来的高速动态读写存储器，具有与 DRDRAM 相同的高数据传输率，但其工作频率要低一些，可用于通信、消费类电子产品、高档的个人计算机和服务器中。当时，这是一种最有希望成为标准的高速 DRAM，但最终没有形成气候。

12. VCM（Virtual Channel Memory）

VCM 即虚拟通道存储器，由 NEC 公司开发的一种新兴的缓冲式 DRAM，可用于大容量的 SDRAM。此技术集成了通道缓冲功能，由高速寄存器进行配置和控制。VCM 在实现高速数据的传输时，既让带宽增大，又保持与传统 SDRAM 的高度兼容，故也把 VCM 内存称为 VCM SDRAM。

5.6.4　内存条的性能指标

内存条有多种评价指标，主要的性能指标如下。

1. 速度

内存条的速度一般用存取一次数据的时间（单位一般用 ns）来作为性能指标，时间越短，速度就越快。例如，普通内存条的速度只能达到 70～80ns，EDO 内存条速度可达到 60ns，而 SDRAM 内存条速度则已达到 7ns。

2. 容量

内存条容量大小有多种规格，早期的 30 线内存条有 256KB、1MB、4MB、8MB 等容量；72 线的 EDO 内存条则多为 4MB、8MB、16MB 等容量；168 线的 SDRAM 内存条为 16MB、32MB、64MB、128MB、256MB 等容量；而 184 线的 DDR DRAM 内存条为 128MB、256MB 容量，甚至更高。

3. 工作电压

FPM 内存条和 EDO 内存条均使用 5V 电压，SDRAM 则使用 3.3V 电压，而 DDR SDRAM 采用 2.5V 工作电压。对于早期的主板，使用跳线来设置内存条的工作电压，要千万注意不能设置错误。现在的主板都采用自动识别技术来设置内存条的工作电压。早期的 EDO 内存条引脚有 72 线和 168 线之分，采用 5V 电压，用于 Intel FX/VX 芯片组主板上，有些使用 Pentium 100/133 的计算机系统目前还在使用它。不过要注意的是，由于它采用 5V 电压，跟 SDRAM 不同，两者混合使用时，若主板按 5V 电压供电，工作时间一长，就很容易把 SDRAM 烧毁。

4. 奇偶校验

奇偶校验是校验存取数据是否准确无误，内存条中每 8 位容量能配备 1 位作为奇偶校验位，并配合主板的奇偶校验电路对存取的数据进行正确校验。具有奇偶校验的内存条上一般为 5、7、9 等奇数片内存芯片，其中中间一片为校验芯片。这在早期 FPM 内存条上比较常见。如今，因内存芯片质量的提高，取消奇偶校验对系统稳定性并没有什么影响，故 EDO、SDRAM、SPD SDRAM 和目前的 DDR RAM 等绝大多数内存条都没有设计和加装校验芯片。

5.6.5　内存条的应用

内存条使用的好坏，对微机系统的稳定性有着非常重要的影响。内存条的使用，表面上非常简单，似乎是随便购买一条，插到主板上就行了。但实际上要用好内存条，使其正确工作，并发挥出最大的潜能，必须要综合考虑内存条使用的许多因素。

1. 正确选择内存条插槽和引线

不同的主板提供不同的内存条插槽和引线，如前面提到的插槽有 DIP、SIMM 和 DIMM，引线又有 30 线、72 线、168 线和 184 线，它们分别要求使用相同插槽和线数的内存条。目前的主板大多数只提供 DIMM 168 线与 DIMM 184 线的内存条插槽。

2. 正确设置内存条的工作电压

不同的内存芯片，其工作电压不同。例如，PM 内存条和 EDO 内存条均使用 5V 电压，SDRAM 则使用 3.3V 电压，而 DDR SDRAM 采用 2.5V 工作电压。目前流行的主板已经考虑得非常周到了，几乎都不用用户关心。有些主板不能同时使用两种工作电压的内存条，配置时应仔细阅读主板说明书，或者向销售商仔细询问。

3. 成组地使用同规格的内存条

主板上提供了编成组的内存条插槽，1 组称为 1 个 BANK。对于早期的计算机主板，内存条必须成组地使用，1 组必须插满内存条，并且至少要插满 1 个 BANK。例如，在 386、486 主板的 SIMM 30 线内存插槽上，必须 4 条一组地使用 30 线的内存条；SIMM 72 线插槽的 486 主板上可以单独使用 72 线内存条；SIMM 72 线插槽的 Pentium 主板上则必须成对使用内存条；对于 DIMM 168 线与 DIMM 184 线的 Pentium 主板，内存条可以单条使用。为考虑系统的稳定性，1 组的内存条最好使用同规格、同厂家、同品牌的内存条。

4. 内存条的速度要略高于主板的要求

内存条上芯片的速度与主板的速度一定要匹配，特别是不能低于主板运行的速度，否则会影响整个系统的性能，可以考虑以下指标。

(1)时钟周期。时钟周期代表 SDRAM 所能运行的最大频率，时钟周期越小越好。越小就说明 SDRAM 芯片所能运行的频率就越高。例如，对于 PC 100 SDRAM 来说，它芯片上的标识 10 就代表它的时钟周期为 10ns，即可以在 100MHz 的外频下正常工作。根据内存条生产厂家的产品表可以查得这种芯片的存取数据时间为 6ns。

(2)存取时间。目前大多数 SDRAM 芯片的存取时间为 5ns、6ns、7ns、8ns 或 10ns。例如，LG 的 PC 100 SDRAM 芯片上的标识为 7J 或 7K，则说明它的存取时间为 7ns，但它的系统时钟频率依然是 10ns，外频为 100MHz。

5. 正确设置 CAS 的延迟时间

此延迟时间是一条读命令沿发出时至数据在输出端时的延迟时间，这个值一般是 2 个或者 3 个时钟周期，它决定了内存的性能，对内存条系统的工作速度有很大影响。例如，CAS 延迟时间为 2 个时钟周期的芯片，就比同等工作频率下 CAS 延迟时间为 3 个时钟周期的芯片速度更快，效能更好。在一定频率下，可以把它作为评测不同技术规范内存性能差异的重要指标。现在大多数的 SDRAM 在外频为 100MHz 时都能运行于 CAS Latency = 2 或 3 的模式下，在 SPD SDRAM 的制造过程中，常将这个特性写入 SDRAM 的 EEPROM 中，开机启动时主板的 BIOS 程序就会检查此项内容，并按 CL=2 这一默认的模式来运行。可在 CMOS 中对 CAS 的值进行设置，最好是选用通过读取 SPD 来自动设置，尽量避免手工设置制定 CAS 的方式。

6. 正确识别内存条的标记

内存条的标记因厂家的不同而不同，可通过厂家的资料进行读解。

典型的 PC 100 SDRAM 内存条标注如下：

PC100-322-620

CAS 等待时间= 3clk

TRCD = 2clk

TRP = 2clkt

TAc = 6ns

SPDRev = 1.2

7. 正确安装内存条

DIMM 168 线、SDRAM184 线、DIMM 184 线和 DDR SDRAM 内存条的下边金手指端有不对称的缺口，安装时应将它们对准主板内存插槽中的槽口，用手拿住内存条的两头，均匀用力向下压入，将其缓慢地全部平行压到位，以防不到位而接触不良。早期 SIMM 30 线 FPM 和 SIMM 72 线 EDO 的内存插槽，安装时将内存条对准内存槽上凸起的侧边，倾斜地放入后，均匀用力扶正使内存条垂直，让内存插槽两侧的锁扣扣入内存条两侧的锁扣孔中。不要用力过猛，以免损坏内存条或内存插槽。

8. 正确使用和设置校验

有奇偶校验位和无奇偶校验位的内存条不能混用。目前，家用和一般办公用的 PC 都使用无奇偶校验的内存条或非 ECC 内存条，此时应注意通过 CMOS 将对应的设置开关关闭。

习　　题

5.1　微型计算机中常用的半导体存储器有哪些？各有何特点？分别适用于哪些场合？

5.2　半导体存储器的主要性能指标有哪些？

5.3　静态 RAM 和动态 RAM 的主要区别和优缺点是什么？它们在微机系统中是如何应用的？

5.4　术语"非易失性存储器"是什么意思？SDRAM、DRAM、ROM、PROM 和 EPROM、EEPROM、Flash Memory 等哪些是非易失性存储器？

5.5　微机系统在无掉电保护装置的情况下，电源突然掉电再接通电源时，存储在各类半导体存储器中的信息是否仍能保存？为什么？

5.6　"ROM 就是只能读出的半导体存储器"这种说法是否正确？为什么？

5.7　下列 RAM 芯片，在理论上，其地址线和双向数据线各有多少根？用它组成一个 64KB 的存储器系统，共需要几片？

(1) 1K×4 位；

(2) 2K×8 位的存储器芯片；

(3) 8K×8 位；

(4) 64K×1 位的存储器芯片。

5.8　在半导体存储器与 CPU 系统的连接中，采用部分译码法和全译码法对存储系统有何影响？

5.9　用 Intel 2114 SDRAM 芯片（1K×4 位）构成 1K×8 位的存储器系统。CPU 的地址线为 $A_{15} \sim A_0$，16

位；数据总线为 $D_7 \sim D_0$，8 位。CPU 的控制线：$M/\overline{IO}$ 为访问内存和 IO 控制线，高电平表示访问内存，低电平表示访问 IO；$\overline{WR}$ 为 CPU 的读、写控制线，低电平为写入，高电平为读出。Intel 2114 芯片的地址线为 $A_9 \sim A_0$，10 位；数据输入、输出线为 $I/O_1 \sim I/O_4$。Intel 2114 芯片的控制线为片选 $\overline{CS}$，低电平有效；读、写允许为 $\overline{WE}$，低电平为写入，高电平为读出。试设计并画出该存储器芯片构成 2KB 的存储器系统连接图。

5.10　已知 CPU 的地址总线 AB 为 16 位，其数据总线 DB 为 8 位，$\overline{RD}$、$\overline{WE}$ 分别为 CPU 的读写控制线，低电平有效；$M/\overline{IO}$ 为访问内存和 IO 控制线，高电平表示访问内存，低电平表示访问 IO。选用 Intel 6116(2K×8 位)SDRAM 存储器芯片，其控制线为片选 $\overline{CS}$，输出允许为 $\overline{OE}$，写允许为 $\overline{WE}$，均低电平有效。试设计并画出用该存储器芯片构成 8KB 的存储器系统连接图。

5.11　已知 CPU 的地址总线 AB 为 20 位，其数据总线 DB 为 16 位，$\overline{RD}$、$\overline{WE}$ 分别为 CPU 的读写控制线，低电平有效；$M/\overline{IO}$ 为访问内存和 IO 控制线，高电平表示访问内存，低电平表示访问 IO。选用 Intel 6116(2K×8 位)SDRAM 存储器芯片，其控制线为片选 $\overline{CS}$，输出允许为 $\overline{OE}$，写允许为 $\overline{WE}$，均低电平有效。试设计并画出用该存储器芯片构成 4K×16 位的存储器系统连接图。

5.12　一台 8086 微机系统，需要 16K×8 位存储器系统，其中 ROM 为 8KB，RAM 为 8KB，地址空间从 0000H 开始连续编地址，要求低 8KB 地址空间为 ROM，高 8KB 地址空间为 RAM。若 ROM 选用 Intel 2716，RAM 选用 Intel 2114，试设计并画出存储器结构图。

5.13　设存储器芯片每块的容量都为 4KB×8，利用全译码法，如图 5-25 所示，求取 8086 微处理器可获得存储器容量，与连续的存储地址范围。

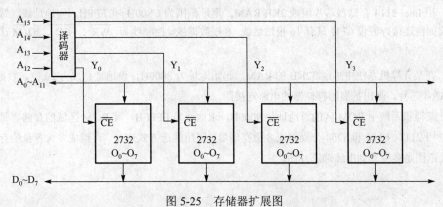

图 5-25　存储器扩展图

5.14　下列 RAM 各需要多少条地址线进行寻址？数据 I/O 线有多少条？

(1) 512×4；

(2) 1K×4；

(3) 1K×8；

(4) 2K×1；

(5) 4K×1；

(6) 16K×4；

(7) 64K×1；

(8) 256K×4。

5.15　使用下列 RAM 芯片，组成所需的存储容量，各需多少 RAM 芯片？各需多少 RAM 芯片组？共需要多少条寻址线？每块芯片需要多少条寻址线？

(1) 512×4 的芯片，组成 8K×8 的存储容量；

(2) 1024×1 的芯片，组成 32K×8 的存储容量；

(3) 1024×4 的芯片，组成 4K×8 的存储容量；

(4) 4K×1 的芯片，组成 64K×8 的存储容量。

5.16 若用 Intel 2114 芯片组成 2KB RAM，地址范围为 3000H~37FFH，如图 5-26 所示，问地址线应如何连接？（假设 CPU 只有 16 条地址线，8 根数据线，可选用线选法和全译码法）

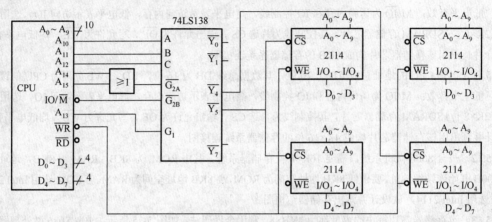

图 5-26 存储器 2114 芯片图

5.17 用 Intel 2114 存储器芯片组成 2KB RAM，地址范围为 C800H~CFFFH，问地址线、数据线及相关的控制线如何连接？假设 CPU 只有 16 根地址线、8 根数据线，控制线为 $\overline{WR}$、$\overline{RD}$、IO/$\overline{M}$ 采用 LS138 全译法。

5.18 在某计算机系统中扩展 32KB 的 RAM，起始地址为 8000H，设地址总线为 20 位，数据总线为 8 位。选用 6264 芯片，画出扩展的存储器的电路连接图。

5.19 某微机系统中 ROM 区的首地址是 9000H，末地址是 FFFFH，其 ROM 区域的存储容量是多少？

5.20 用 2114、6116 和 6264 分别组成 8 位存储器，限用线选方式选片，可组成多大容量的存储器？各芯片的地址范围是多少？划出线选选片图。

第6章 中 断 系 统

教学提示：中断系统是为提高 CPU 的实际效率而产生的，计算机的类型不同，中断系统及实现方法各有异同。本章以 8086/8088 CPU 和 Intel 8259A 中断控制器芯片为例，对其中断系统和中断控制器芯片进行详细说明和分析。

教学要求：通过本章的学习，使读者了解中断系统的基本概念、8086/8088 中断系统和 Intel 8259A 中断控制器的特点、中断服务程序的编程方法。

6.1 中断的基本概念

本节对中断、中断源、中断的一般功能和优先权等概念进行介绍。

6.1.1 中断

计算机和外设在进行信息交换时，高速工作的 CPU 和低速工作的外设存在较大的速度差异。若用无条件传送方式和状态查询传送方式，一方面 CPU 要浪费很多时间去等待外设准备好，系统的效率低；另一方面，CPU 也无法及时处理外设的随机性信息交换，系统的实时性差。

而中断是解决上述问题的有效方法。所谓中断，是指 CPU 在正常运行程序时，由于内部或外部事件，引起 CPU 暂停执行现行程序，跳转去执行与该事件有关的处理程序，即中断服务程序。在执行完该中断服务程序后，再返回原来被暂停的程序的断点处继续执行。中断过程示意图如图 6-1 所示。

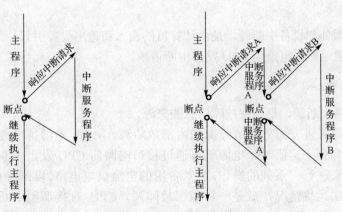

图 6-1 中断过程示意图

使用中断方式有以下几大优点。

1. CPU 和外设并行工作

在中断方式下，CPU 和外设可并行工作。在 CPU 启动外设后，CPU 就继续执行主程序，而外设也在独立工作。当外设准备好后，需要与 CPU 进行数据交换时，就向 CPU 发出中断请求，CPU 响应中断请求，中断现行主程序的执行，跳转去执行中断服务程序，与外设进行数据交换。完毕后，CPU 返回到原来的主程序的断点处继续执行，外设又可独立地工作。CPU 可对多个外设进行管理，并可按轻重缓急分别执行各个外设所对应的中断服务程序，大大提高了 CPU 的利用率。

2. 实时处理

在实时控制系统中，现场产生的各个参数和信息是随机变化的，这就需要 CPU 能及时处理。通过中断方式，外设可根据现场参数和信息的变化随时向 CPU 发出中断请求，若中断响应条件满足，CPU 可立刻处理。可见用中断方式可大大提高系统的实时性。

3. 故障处理

计算机在运行过程中，会出现一些事先无法预料的故障，如掉电、存储出错和运算溢出等，可通过中断运行相应的中断服务程序自行处理，而不必报告工作人员或停机。

4. 实现多道的分时操作

现代计算机操作系统都支持多道程序的执行。系统为多道程序分配一个固定的时间片，系统每次仅执行一个程序，并对该程序的运行时间进行计时，一旦时间片用完，系统通过定时中断，对程序进行切换，即停止执行现行程序并保护现场，返回下一个程序的现场并开始执行。

6.1.2　中断源

引起中断的原因或发出中断申请的来源就是中断源。中断源的类型有很多，下面来介绍最常见的中断源。

1. 外设中断源

外设中断源即外部设备中断源，是由计算机的输入和输出设备引起，如键盘、打印机和鼠标等，外设可通过接口电路向 CPU 发出中断请求。

2. 故障中断源

故障源即故障中断源，是产生故障信息的来源。

计算机的故障源可分为外部故障源和内部故障源。例如，电源掉电就是一种外部故障源，当供电电压降到一定值时，电源就可通过接口电路向 CPU 发出中断申请，由计算机的中断处理系统来进行一系列的操作，装入备用的电池供电电路，以维持存储器中的信息。而除数为零的除法运算情况，就是一种内部故障源，CPU 直接调用中断服务程序进行自动处理。

3. 控制对象中断源

控制对象中断源即把被控对象作为中断源。例如，在实时控制时，继电器和开关的断开和闭合，温度、电流和电压等超过了一定的界限，都可作为中断源向 CPU 发出中断请求，以便 CPU 及时去处理。

4. 软件中断源

该中断源一般是人为制造的中断源，一般分断点中断、单步(陷阱)中断和系统调用中断等。例如，断点中断是在运行主程序中需要暂时在中断处预先埋入一个断点中断指令，CPU执行到断点处，自然就调用断点中断服务程序，显示该断点各个寄存器的内容；单步(陷阱)中断是 CPU 每执行一条主程序的指令，就自动调用一次单步中断服务程序，显示各个寄存器的内容；而系统调用中断就是在主程序中安排中断指令，当 CPU 执行该指令时，CPU 就直接调用针对该指令的中断服务程序，此时中断服务程序就可以看成一个公共子程序。操作系统就是用这种方法让用户使用系统软件资源的。

5. 时钟/计数中断源

时钟/计数中断源分为内部时钟/计数中断源和外部时钟/计数中断源。外部时钟/计数中断源可看成一种外设中断源；内部时钟/计数中断源一般存在于单片机中，是由单片机的内部定时器/计数器溢出时自动产生，向 CPU 发出中断请求。

6.1.3　中断系统的功能

为了满足各种中断源的中断请求，中断系统一般应具备的功能如下。

1. 中断请求

中断源能有效地向 CPU 发出中断请求。例如，外设要与 CPU 进行数据交换，就向 CPU发出一个中断请求信号。

2. 中断优先权排队

系统往往有多个中断源，有时会出现多个中断源同时向 CPU 提出中断请求的情况，但CPU 每次只能响应一个中断请求，那 CPU 先响应哪个中断源呢？就必须根据事先给定的各个中断源的工作性质的轻重缓急即优先权来决定。CPU 总是先响应优先权最高的中断源的中断请求，待其中断服务程序结束后，再响应优先权较低的中断源的中断请求。

3. 中断响应

所谓中断响应，就是 CPU 如何根据中断源发出的中断请求，确定与该中断源对应的中断服务程序，即如何找到中断服务程序的入口地址的过程。此过程由硬件和软件提供，不同的机器实现方法也不同，一般可分为中断隐指令法和中断向量法。

4. 中断处理

CPU 在接到中断请求后执行完现行指令，进入中断过程，首先保护断点和现场，再跳转到中断服务程序的入口地址去执行相应的中断服务程序的过程。

5. 中断嵌套

当 CPU 执行某一个中断服务程序时，若有一个优先权更高的中断源向 CPU 发出中断请求，CPU 就暂停现行执行的中断服务程序，而去响应和处理那个更高级的中断，在那个更高级的中断处理完毕后，再继续原中断服务程序的执行。这个过程就是中断嵌套。如图 6-1 中的进入中断服务程序 A 和中断服务程序 B 的情况所示。

　　若新中断请求的优先权比正在处理的中断源的优先权低或是相同，CPU 就暂不响应。而等到现行中断处理结束后视当时的情况而定。

　　6. 中断返回

　　中断服务完毕后，CPU 恢复现场，返回到主程序的断点处重新执行主程序。

6.1.4　中断的优先权管理

　　当系统中有多个中断源时，就有一个中断优先级别的问题。中断优先级别的确定，一般是根据系统中各个中断源的工作性质的轻重缓急事先定义好。系统又如何对中断优先权进行管理呢？一般可用以下方法进行管理：软件查询方式、简单硬件方式和专用芯片方式。

　　1. 软件查询方式

　　此方式的一种硬件电路和程序流程图，如图 6-2 所示。

　　这种简单的硬件电路，设计了一个或门电路，通过中断请求寄存器，将 A、B、C 三台外设的中断请求信号"或"后输出，作为系统的中断请求信号 INTR 与 CPU 相连。可以看出，这时，A、B、C 外设中只要至少有一台外设提出中断请求，该电路都可以向 CPU 发中断请求。若 CPU 响应该中断，在进入中断服务子程序后，就必须用软件按中断优先权对外设是否有中断请求进行查询，然后对提出请求的某外设进行中断服务，即运行某外设的中断服务程序，程序流程图如图 6-2 所示。外设的中断请求的优先权的高低是由程序的查询顺序的先后依次决定的，即先查询的外设的优先权高，后查询的优先权则低。

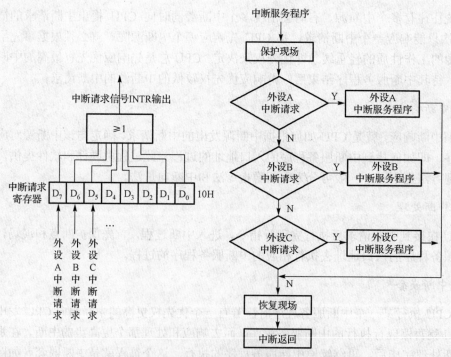

图 6-2　软件查询方式的硬件电路和中断服务程序流程图

2. 简单硬件方式

以菊花链法中断优先权排队电路为例，其基本设计思想：将所有外设对应的接口与一个逻辑电路相连，以构成一条控制 CPU 向外设发出的中断应答信号的链，即菊花链。这种结构使越靠近 CPU 的外设其优先权就越高，靠得越远的外设的优先权就越低。对于发出了中断请求且优先权高的外设，则在它接到中断应答信号的同时，通过逻辑电路可封锁其后的优先权较低的外设，使它们的中断请求不能响应，只有等到其中断服务结束以后才允许 CPU 为优先权低的外设提供中断服务。

3. 专用芯片方式

这种方式采用专用的可编程的中断控制器芯片来完成中断优先权的管理。现在流行的 PC 就采用这种方式。如早期的 IBM PC 就采用 Intel 公司的 8259A 可编程中断控制芯片。

中断控制器与 CPU 和外设连接电路的示意图如图 6-3 所示。对于使用中断控制器的系统，CPU 与外设之间的中断请求信号 INTR 和中断应答信号 $\overline{\text{INTA}}$ 的输入和输出不再直接相连，

而是通过中断控制器相连。但某外设的中断请求信号 INTR 通过中断控制器的 $IR_0 \sim IR_7$ 引脚输入中断控制器，经中断控制器的优先权管理逻辑的判断，先响应优先权最高的那个中断请求，并向 CPU 发出中断请求信号 INTR，CPU 响应中断，向中断控制器发回中断应答信号 $\overline{\text{INTA}}$ 后，中断控制器就将与外设对应的中断编号——中断类型号(中断向量号)向 CPU 输出，最后 CPU 根据该中断类型号去执行对应的中断服务程序。在整个过程中，优先权较低的中断请求都将受到阻塞，直到较高优先权的中断服务结束后才响应。

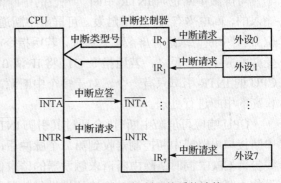

图 6-3 中断控制器的系统连接

中断控制器的工作方式还可以通过对其编程来设置或改变，因此利用专用芯片对中断优先权进行管理的方式，非常灵活和方便。

6.2　8086/8088 的中断系统

8086/8088 的中断系统结构简单而灵活，采用了向量型的结构。系统共设有 256(0~255) 个中断类型号，即系统可以处理 256 个中断源的中断请求。8086/8088 的中断源可以分为外部中断和内部中断两大类。

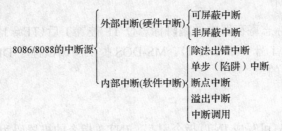

6.2.1　外部中断

外部中断也叫硬件中断，是通过外部的硬件产生的中断，如键盘和打印机等。外部中断又可分为非屏蔽中断和可屏蔽中断两类。

1. 非屏蔽中断

非屏蔽中断也叫 NMI 中断。外设的中断请求信号是通过 8086/8088 CPU 的 NMI 引脚输入的，高电平有效，边沿触发。它不受 8086/8088 CPU 中的状态标志寄存器的中断允许标志位 IF 的影响，无法对其进行屏蔽，优先权高于可屏蔽中断。系统中的非屏蔽中断一般只有一个，用来处理紧急事件，如掉电处理等。IBM PC 用来处理存储器的奇偶校验错和 8087 协处理器的异常情况。非屏蔽中断一旦发生，系统会立即响应。

2. 可屏蔽中断

可屏蔽中断也叫 INTR 中断。外设的中断请求信号是通过 8086/8088 CPU 的 INTR 引脚输入的，高电平有效，边沿触发。可屏蔽中断通过 CPU 中的状态标志寄存器的中断允许标志位 IF 对中断请求进行屏蔽。具体说，若用指令 STI 将 IF 置 1(IF = 1 即开中断)，CPU 就接受并响应中断；反之，若用指令 CTI 将 IF 清 0(IF = 0 即关中断)，CPU 就不接受中断请求。CPU 的 INTR 引脚只有一个，对于多个中断源，一般是通过优先权排队，从中选出一个优先权高的中断进行处理。

CPU 响应可屏蔽中断时,会通过其引脚 $\overline{\text{INTA}}$ 送出两个连续的负脉冲作为中断应答信号，中断接口电路或中断控制器收到第二个脉冲后，将申请中断的外设的中断向量号通过数据总线告诉 CPU，同时清除中断请求触发器的请求信号。CPU 根据中断类型号(向量号)找到该外设的中断服务程序并执行，与该外设进行数据交换。

6.2.2　内部中断

内部中断也叫软件中断，是因 CPU 执行某条指令，或因 8086/8088 CPU 中的状态标志寄存器中某个标志位的设置而产生的，与硬件电路无关。常见的如除数为 0，或用 INT n 指令产生。

1. 除法出错中断

执行除法指令 DIV 或 IDIV 时，当除数为 0 或商的值超出寄存器的容量而溢出时，会产生 0 号中断(即 INT 0，执行中断类型号为 0 的中断服务程序)。

2. 单步(陷阱)中断

当 CPU 中的状态标志寄存器中的陷阱标志位 TF 被置 1 后(TF = 1)，CPU 每执行完一条指令就会自动产生一次 1 号中断(INT 1)。MS-DOS 提供的调试程序 DEBUG，其单步命令就是通过该单步中断实现的。

3. 断点中断

由 CPU 执行 INT 3(可写成 INT)指令引起，INT 3 指令的机器码为单字节指令 CCH。调试程序 DEBUG 中的 G 命令就是通过该指令为被调试的程序设置断点(将断点处换成 CCH)。

被调试的程序执行到断点处的 INT 3 指令，就会产生中断。断点中断服务程序提供断点处各寄存器的内容。

4. 溢出中断

由 CPU 执行 INT0 指令引起。该指令一般安排在算术指令后，当 CPU 的状态标志寄存器中的溢出位 OF 被置 1（OF = 1 即溢出）时，执行 INT0 指令的结果是产生一次 4 号中断（INT 4）；若 OF = 0，则不产生中断。

5. INT n 中断

由 CPU 执行 INT n 指令引起，其中 n 为中断向量号。操作系统常将一些经常使用的子程序设计成为中断服务程序，程序可通过执行 INT n 指令去调用，如 BIOS 中断调用和 MS-DOS 调用。当然，INT n 指令其实可调用所有的中断服务程序（中断向量号 0～255）。

6.2.3　中断的优先权

8086/8088 系统有多个中断源，其优先权由高到低的顺序是：除法出错中断、INT n 中断、INT0 溢出中断、NMI 非屏蔽中断、INTR 可屏蔽中断和单步中断。

6.2.4　中断向量表

在中断响应中，CPU 首先要根据中断源发出的中断请求，确定与该中断源对应的中断服务程序，即如何找到中断服务程序的入口地址的过程。此过程由硬件和软件提供，不同的机器实现方法也不相同，8086/8088 系统采用的是中断向量法。

所谓中断向量，就是中断服务子程序的入口地址（CS 和 IP 的值）。而所谓的中断向量表，就是将系统中所有的中断向量按一定的规律排列成一个表。而中断向量表地址就是中断向量（即中断服务子程序的入口地址）在中断向量表中的地址。当 CPU 响应中断源发出的中断请求时，CPU 通过此中断源的中断类型号，算出中断向量表地址，再通过中断向量表地址，在中断向量表中找出中断向量（即中断服务子程序的入口地址），最后转入中断服务子程序运行。

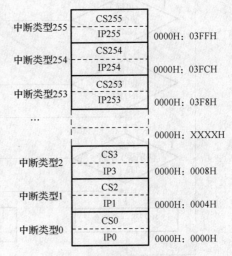

8086/8088 中断系统中的中断向量表的位置是固定的，位于存储器的 00000H～03FFFH（0000H 段的 00000～3FFFH）的 1KB 存储区内。整个中断向量的排列是按中断类型号由低向高的顺序依次排列，如图 6-4 所示。每个中断类型号，都唯一地对应一个中断向量。每个中断向量占用 4 个字节单元。其中低 2 字节单元存放中断处理子程序的入口地址即中断向量的段内偏移量 IP 的值，高 2 字节单元存放中断向量的段地址 CS 的值。

图 6-4　中断向量表示意图

从图 6-4 可看出，中断类型号与中断向量所在位置的对应关系：中断类型号×4 的值，就是该中断类型号所对应的中断向量在中断向量表中的存放地址（即起始存放位置），从该地址由低向高的 4 个字节单元中，装的就是中断向量（CS 和 IP 的值）。

例如，中断类型号为 10H，则中断向量在中断向量表的存放地址为 10H×4 = 40H，若 10H 中断的中断服务子程序的入口地址为 F000：3210，那么中断在 0000：0040H～0000：0043H 中就应顺序放入 10H、32H、00H、F0H。当系统响应 10H 号中断时，会自动计算 10H×4 得到中断向量的地址，通过中断向量的地址找出对应的中断向量装入 CS、IP，而转入执行该中断服务子程序。8086/8088 CPU 是以中断类型号为索引，从中断向量表中读出中断服务程序的入口地址。

8086/8088 CPU 仅对中断类型号 0～4 有特殊的规定，具体为中断类型号 0→除法出错中断，中断类型号 1→单步中断，中断类型号 2→NMI 中断，中断类型号 3→断点中断，中断类型号 4→溢出中断。对于那些 CPU 没有做任何规定的中断类型号，则由计算机系统来定义。除 00H～04H 为专用中断，PC 的中断类型号定义如下：05H～3FH 为系统保留中断，用户一般是不能对它们定义的(这里面有一些为固定的用途，如 INT 21H 即为 MS-DOS)，这是操作系统向用户提供的系统调用。40H～FFH 为用户定义的中断。

6.2.5　中断响应和处理过程

8086/8088 系统中断源的优先权由高到低的顺序是除法出错、INT n、INT0、NMI、INTR 和单步，CPU 按如图 6-5 所示的流程对中断响应进行处理。在有中断请求时，CPU 在执行完主程序的当前指令后，会有以下几种情况发生。

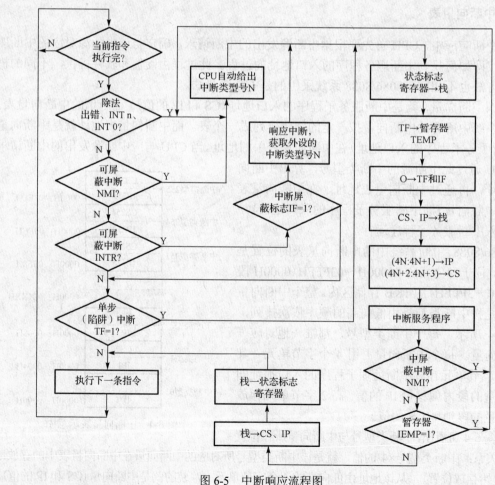

图 6-5　中断响应流程图

(1)首先判断是否是除法出错、INT n、INT0 等中断请求。如果是,则 CPU 内部直接给出规定的中断类型号,系统进入中断处理过程。

(2)若没有发生上述中断请求,就继续判断是否是 NMI 中断请求。如果是,则 CPU 直接给出中断类型号 2,系统进入中断处理过程。

(3)若没有 NMI 中断请求,就继续判断是否是 INTR 中断请求。如果是,则 CPU 判断其状态标志寄存器中的中断允许标志位 IF 位。IF = 1(IF = 1 即开中断)时,CPU 响应 INTR 中断。CPU 通过其 $\overline{\text{INTA}}$ 引脚向外发出两个连续的负脉冲,中断接口电路或中断控制器在接到第二个负脉冲后,就通过数据总线向 CPU 发回申请中断的外设的中断类型号,同时清除中断请求触发器的请求信号。CPU 接收到中断类型号后,系统进入中断处理过程。

(4)若无 INTR 中断请求,或有但 IF 位 = 0,就继续判断是否是单步(陷阱)中断,即测试 CPU 状态标志寄存器中的陷阱标志 TF 位。若 TF = 1 时,就产生单步(陷阱)中断,CPU 直接给出中断类型号 1,系统进入中断处理过程。

(5)中断处理完毕后,继续执行主程序的下一条指令。

对于中断处理过程,其具体步骤如下。

(1)CPU 自动将中断类型号乘 4,得到该中断向量地址,通过该地址从中断向量表中读取出对应的中断服务程序的入口地址。

(2)将 CPU 的标志寄存器的内容压入堆栈,以保护中断时的状态。

(3)将 IF 和 TF 标志清 0。将 IF 标志清 0 即关中断,是为防止在中断响应的同时又来新的中断而又去响应。而将 TF 清 0 是为了防止 CPU 以单步方式执行中断处理子程序。这里要特别注意,因 CPU 在中断响应时自动关中断(IF = 0),因此在编制中断服务程序时,必须在中断处理子程序中用开中断指令来重新设置 IF,即开中断(IF = 1)。

(5)根据已知的中断类型号,CPU 自动将中断类型号乘 4,得到该中断向量地址,通过该地址从中断向量表中读出对应的中断服务程序的入口地址,将其装入 IP 和 CS,CPU 转向并运行中断服务子程序。

(6)中断服务子程序运行完毕,立即判断是否又有非屏蔽中断 NMI,以及是否是单步(陷阱)中断(即暂存器是否为 1)。如果是,则立即按此中断进行处理。否则系统退栈弹出主程序的断点地址到 CS 和 IP 中,退栈弹出原状态标志寄存器的值,CPU 运行 IRET 指令,返回到主程序的断点处。

对于单步中断,当 TF = 1 时,每执行完一条指令后就又进入单步中断,直到程序将 TF 改为 0 为止。另外,对于嵌套的中断,非屏蔽中断 NMI 总是可以响应的,在中断处理子程序中设立了开中断指令,INTR 的高优先权的请求也能响应。

6.3　Intel 8259A 中断控制器

Intel 8259A(简称 8259A)是 Intel 公司设计的可编程的中断控制器芯片,具有对外设中断源进行按优先权排队、中断屏蔽以及向 CPU 提供中断类型号等管理功能,被广泛用于 PC 和其他微机系统中。8259A 的主要性能如下。

(1)具有 8 级中断优先权控制,通过级连最多可以扩展至 64 级优先权控制。

(2)通过初始设置,每一级中断都可以设为中断允许状态或中断屏蔽状态。

(3)通过对其编程可设置 8259A 的工作方式。

(4)8259A 采用 NMOS 制造工艺，只需要单一的+5V 电源。

6.3.1　外部引脚特性

从外部看，8259A 是采用 28 个引脚的 DIP(双列直插式)封装的集成电路芯片，如图 6-6 所示，其 28 个引脚的定义如下。

(1)$D_7 \sim D_0$：双向数据输入/输出引脚，用于与 CPU 进行信息交换，一般和数据总线的 $D_7 \sim D_0$ 相连。

(2)$IR_7 \sim IR_0$：中断请求信号输入引脚，共 8 根，均为高电平有效，其优先权从大到小分别为 IR_0、IR_1、IR_2、IR_3、IR_4、IR_5、IR_6。$IR_7 \sim IR_0$ 一般与外设的中断请求输出信号相连。当有多片 8259A 形成级连时，从片的 INT 引脚与主片的 IR_i 引脚相连。

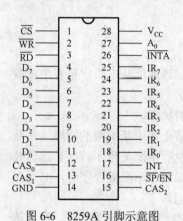

图 6-6　8259A 引脚示意图

(3)INT：中断请求信号输出引脚，高电平有效，用以向 CPU 发出中断请求信号。一般与 CPU 的中断请求 INTR 输入引脚相连。

(4)$\overline{INTA}$：此引脚接收 CPU 发出的中断应答信号，输入，低电平有效。在 CPU 发出第二个 $\overline{INTA}$ 时，8259A 将其中断请求 $IR_7 \sim IR_0$ 中优先权最高的中断类型号送出。$\overline{INTA}$ 一般与 CPU 的 $\overline{INTA}$ 中断应答信号输出引脚相连。

(5)$\overline{RD}$：读控制信号输入引脚，低电平有效，可通过此引脚对 8259A 发出读其内部寄存器内容的读操作控制信号。

(6)$\overline{WR}$：写控制信号输入引脚，低电平有效，可通过此引脚对 8259A 发出写其内部寄存器的写操作控制信号。

(7)$\overline{CS}$：片选信号输入引脚，低电平有效，一般由系统地址总线的高位经译码后形成，决定了 8259A 的端口地址范围。

(8)A_0：指定 8259A 内部两组寄存器的选择信号输入引脚，A_0 决定了 8259A 的内部寄存器的读、写端口地址。

$A_0 = 0$，对应 ICW_1、OCW_2、OCW_3、IRR、ISR 内部寄存器；

$A_0 = 1$，对应 ICW_2、ICW_3、ICW_4、OCW_1、IMR 内部寄存器。

(9)$CAS_2 \sim CAS_0$：级连信号引脚。当 8259A 为主片时，$CAS_2 \sim CAS_0$ 为输出；否则其为输入。一般与 $\overline{SP}/\overline{EN}$ 信号配合使用，实现 8259A 芯片的级连，这 3 个引脚信号的不同组合 000B~111B，最多可对应 8 个从片。

(10)$\overline{SP}/\overline{EN}$：$\overline{SP}$ 为级连管理信号输入引脚，在非缓冲方式下，若 8259A 在系统中作为从片使用，则 $\overline{SP} = 1$；否则 $\overline{SP} = 0$；在缓冲方式下，$\overline{EN}$ 用作 8259A 外部数据总线缓冲器的启动信号。

(11)V_{CC}、GND：+5V、电源和接地引脚。

6.3.2　内部结构

8259A 的内部结构如图 6-7 所示，主要由下列几个主要部分组成。

(1)数据总线缓冲器：8 位双向三态缓冲器，是 8259A 与系统数据总线的接口，通过该缓冲器可传送 CPU 与 8259A 之间的控制信息、状态信息及中断类型号等。

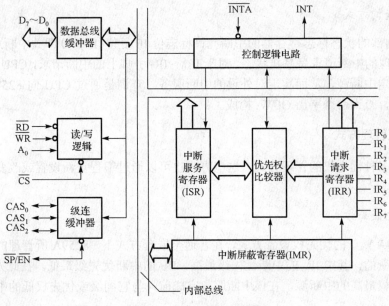

图 6-7 8259A 的内部结构

(2) 读/写控制逻辑：CPU 通过读/写控制逻辑实现对 8259A 内部寄存器的读/写操作。

(3) 控制逻辑电路：协调和控制 8259A 芯片内部各部件的工作。

(4) 中断请求寄存器(IRR)：8 位，用以分别保存 8 个中断源的中断请求信号。当某中断请求输入引脚有中断请求时，该寄存器与该中断的对应位置"1"。

(5) 优先权比较器：对于两个或两个以上同时产生的中段请求，判断它们之间的优先权高低，确定响应哪一个中断请求。对于中断的嵌套响应，将对正在响应的中断和刚产生的中断请求，进行优先权判断，确定是否嵌套响应。

(6) 中断屏蔽寄存器(IMR)：8 位，可对 8 个中断请求信号进行屏蔽控制。当其中某位置"0"，则对应的中断请求可以发送给 CPU；如果置"1"，则该中断请求被屏蔽，即不允许发送给CPU。

(7) 中断服务寄存器(ISR)：8 位，当 CPU 正在处理某个中断请求时，该寄存器中的对应位置"1"。

(8) 级连缓冲器：用以实现 8259A 芯片之间的级连，实现超过 8 个以上的中断源的扩展。

6.3.3 引入中断请求的方式

按照引入中断请求的方式，8259A 有下列几种工作方式。

1. 电平触发方式

8259A 将中断请求输入引脚出现的高电平作为中断请求信号。在此种方式下，CPU 响应中断后，中断请求输入引脚上的高电平必须及时撤除。否则，就会重复引发多余的第二次中断请求。

2. 边沿触发方式

8259A 将中断请求输入引脚出现的上升沿信号，作为中断请求信号。该引脚的上升沿出现后，可以一直保持高电平而不会重复引发多余的第二次中断请求。

3. 中断查询方式

当 CPU 内部的状态标志寄存器的中断允许标志位 IF 复位（IF = 0 即关中断）时，CPU 对 INT 引脚上出现的中断请求呈禁止状态。对于 $IR_0 \sim IR_7$ 引脚上的中断请求，CPU 可用软件查询的方法来确定中断源，从而实现对外设的中断服务。查询是通过 CPU 向 8259A 发出查询命令来实现的，查询命令字由 OCW_3 构成。

6.3.4 优先权管理方式

8259A 有多种优先权的管理方式，这些方式也可以通过编程重新设置或改变。下面分别给予介绍。

1. 普通全嵌套方式

这是 8259A 默认的优先权设置方式，在普通全嵌套方式下，8259A 所管理的 8 级中断优先权是固定不变的，其中 IR_0 的中断优先级最高，IR_7 的中断优先级最低。在此方式下，CPU 总是响应优先权最高的中断源，在该中断服务完成前，与它同级或优先权低的中断源的中断请求被屏蔽。

2. 特殊全嵌套方式

此方式与全嵌套方式基本相同，区别在于：当 CPU 在处理某一级中断时，除了优先权更高的中断请求 CPU 会做出响应外，同级优先权的中断请求，CPU 也会做出响应。此方式通常运用在 8259A 级联的系统中。

在级联的系统中，从片 8259A 的中断请求 INT 输出引脚连接到主片 8259A 的某个中断请求输入引脚（如主 IR_i）上，对于 CPU 来讲，来自同一从片的中断请求都是同优先级，此时通常使主片 8259A 工作在特殊全嵌套方式下。

这样，一方面，CPU 对于主片 8259A 优先权级别较高的中断请求是允许响应的；而另一方面，若 CPU 正在响应从片中的某个中断请求（如从 IR_j），从 CPU 的角度来看，它响应的是主片的中断请求（即主 IR_i），且此中断（即主 IR_i）并未被屏蔽。当该从片出现一个新的且比现行中断（即次 IR_j）优先权级别更高的中断请求（如次 IR_{j+1}）时，由于 CPU 认为来自同一从片上的中断请求都是同级（即同是主 IR_i），CPU 仍会响应从片新的中断请求（即次 IR_{j+1}）。

3. 优先级自动循环方式

在此方式下，当一个中断源的中断请求被响应之后，该中断源的优先权自动降为最低。如中断优先权由大到小的排列顺序为 IR_0、IR_1、IR_2、IR_3、IR_4、IR_5、IR_6、IR_7，在 IR_3 发出了中断请求并响应完成后，中断优先权由大到小的排列顺序则自动变为 IR_4、IR_5、IR_6、IR_7、IR_0、IR_1、IR_2、IR_3。

4. 优先级特殊循环方式

该方式与自动循环方式相比只有一点不同，即初始化时的优先权不是默认的（即由大到小的排列顺序 IR_0、IR_1、IR_2、IR_3、IR_4、IR_5、IR_6、IR_7），而是由程序来决定的。

普通全嵌套方式和特殊全嵌套方式的设置由初始化命令字 ICW_4 决定。优先级自动循环方式和优先级特殊循环方式的设置由操作命令字 OCW_2 决定。需要注意的是，对于一个实际的应用系统的中断优先权管理，上述 4 种方式并不是被单一选用，而是可以复合选用，即普通全嵌套方式或特殊全嵌套方式下还可分别再选用优先级自动循环方式或优先级特殊循环方式。

6.3.5 中断屏蔽方式

对于 8259A 提出的中断请求，都可以通过屏蔽寄存器进行屏蔽，屏蔽的方式有下列几种。

1. 普通屏蔽方式

这种屏蔽方式下，8259A 对每个中断请求的输入，都将受屏蔽寄存器中对应位的控制。若对应位为 "1"，则中断请求就不能发送给 CPU；若对应位为 "0"，则中断请求就可发送给 CPU。

2. 特殊屏蔽方式

在特殊屏蔽方式，只有同级中断被屏蔽，而其他任何级别的中断请求都可响应。这种方式主要用在某些场合下，在处理中断的一部分，需要禁止 CPU 对低级中断请求进行响应，而在处理中断的另一部分时，又要允许 CPU 对低级中断请求进行响应。这可以通过软件的控制来动态地改变中断系统的优先结构。

6.3.6 中断结束方式

一个中断的结束，对于 8259A 来说，就是其内部中断响应寄存器 ISR 中对应位复位(清 0)。根据 ISR 中对应位的复位方式不同，8259A 的中断结束方式可分为自动结束方式(AEOI)和非自动结束方式(EOI)。非自动结束方式又可进一步分为普通中断结束方式和特殊中断结束方式。

1. 中断自动结束方式

中断自动结束方式即 AEOI 方式，仅用于单片 8259A 的系统中。在这种方式下，系统一旦响应中断，那么 CPU 在发第二个 $\overline{\text{INTA}}$ 脉冲时，就会使中断服务寄存器 ISR 中对应位复位(清 0)。注意此时 CPU 可能仍在进行中断处理，但对于 8259A 来讲，ISR 没有了相应的指示，就像中断服务程序已经结束而返回了主程序一样。故 CPU 可以再次响应任何级别的中断请求。

2. 普通中断结束方式

普通中断结束方式适用于全嵌套方式。CPU 用输出指令向 8259A 发操作命令字 OCW_2 时，虽然中断服务程序仍在进行，但 8259A 会立即使中断服务寄存器 ISR 中优先级权最高的位复位(清 0)。

3. 特殊中断结束方式

在非全嵌套方式下，若 CPU 无法确定当前所处理的是哪一级的中断，这时就要采用特殊中断结束方式。

特殊中断结束方式是指在 CPU 结束中断处理之后，向 8259A 发送一个特殊的中断结束命令 EOI，此时 OCW_2 中的 $L_2L_1L_0$ 被用来明确指出中断服务寄存器 ISR 中哪一位要复位(清 0)。

在级联方式下，一般不用自动中断结束方式，而用非自动结束中断方式。另外，当一个中断处理程序结束时，都必须发两个中断结束 EOI 命令，一个发往从片，一个发往主片，具体如下。

首先向从片 8259A 送一个非常特殊的中断结束(EOI)，使本次从片的中断结束，然后立即读取从片 8259A 的中断服务寄存器 ISR，检查它是否为 0。若 ISR 不为 0，则表示该从片 8259A 上还有其他中断服务未完成，也就不能结束与此对应的主片 8259A 的中断；若读出从片 8259A 的 ISR 为 0，就表示则该从片上所有中断服务已经结束，因此可以结束与此对应的主片 8259A 的中断，此时就把另一个非特殊中断结束(EOI)命令送至主片 8259A，结束主片 8259A 的中断。

6.3.7　工作过程

当外设发出中断请求时，外设、8259A 和 CPU 它们之间的工作过程如下。

(1)当外设通过 8259A 的中断请求输入引脚(如 IR_0)发中断请求信号(高电平有时)，则中断请求寄存器 IRR 的对应位置 1(如 IRR 的 $D_0 = 1$)。

(2)8259A 对中断屏蔽寄存器 IMR 和优先权比较器的状态进行分析比较，若存在未被屏蔽的最高优先权的中断请求(如 IR_0 未被屏蔽)，就通过 INT 引脚向 CPU 的 INT 引脚发出高电平作为中断请求信号。

(3)若 CPU 处于开中断状态，则在当前指令执行完后去响应中断，并且从 CPU 的 $\overline{INTA}$ 引脚向 8259A 的 $\overline{INTA}$ 引脚发出两个连续的负脉冲作为应答信号。

(4)第一个 $\overline{INTA}$ 负脉冲到达 8259A 时，使当前服务寄存器 ISR 的对应位置 1(如 ISR 的 $D_0 = 1$)，并使中断请求寄存器的 IRR 的对应位清 0(如 IRR 的 $D_0 = 0$)，即清除 IR_0 中断请求。

(5)第二个 $\overline{INTA}$ 负脉冲到达时，将对应外设的中断类型号送到数据总线的 $D_7 \sim D_0$ 上，CPU 从数据总线接收此数据作为对应中断请求的中断类型码，以此在中断向量表中去查找中断服务程序地址，并自动转向该中断服务程序的运行。

(6)第二个 $\overline{INTA}$ 负脉冲结束时，若采用的是中断自动结束方式，则 8259A 将当前服务寄存器 ISR 的对应位清 0(如 ISR 的 $D_0 = 0$)；其他中断结束方式，则要等到中断服务程序执行完毕，CPU 向 8259A 发出命令字 EOI，才能使当前服务寄存器 ISR 的对应位清 0。此命令写在中断服务程序的后面，在恢复现场的指令的前面。在 IBM PC 中，用这样两条指令来实现，即

```
MOV  AL, 20H
OUT  20H, AL
```

6.3.8　系统总线的连接方式

按照 8259A 与系统总线的连接方式来分，有下列两种方式。

1. 缓冲方式

在多片 8259A 级连的大系统中，8259A 必须通过外部总线驱动器和数据总线相连，这就是缓冲方式。在此方式下，8259A 的 $\overline{SP}/\overline{EN}$ 输出信号作为缓冲器的启动信号，用来启动总线驱动器，在 8259A 与 CPU 之间进行信息交换。

2. 非缓冲方式

在只有一片或几片 8259A 芯片的系统中，可以将数据总线直接与系统数据总线相连，这时 8259A 处于非缓冲方式下。在这种方式下，8259A 的 $\overline{SP}/\overline{EN}$ 作为输入端设置，主片应接高电平，从片应接低电平。

非缓冲方式下，单片 8259A 与 8086/8088 CPU 连接使用时，对于数据总线，将 8259A 的 $D_7 \sim D_0$ 接到 16 位数据总线的低 8 位；对于地址总线，可将 A_0 与 CPU 的地址信号输出引脚 A_n 相连；对于控制总线，由 8259A 的结构可知控制信号包括 $\overline{SP}/\overline{EN}$、$\overline{CS}$、$\overline{RD}$、$\overline{WR}$、$IR_0 \sim$ IR_7、INT、$\overline{INTA}$ 等。$\overline{SP}/\overline{EN}$ 应接高电平。而 $\overline{CS}$ 是由地址译码器形成的片选信号，只有该引脚为低电平时，相应的 8259A 芯片才工作。$\overline{RD}$、$\overline{WR}$ 分别与 8086/8088 CPU 的读、写控制信号线(输出)相连，INT、$\overline{INTA}$ 分别与 CPU 的中断请求 INT(输入)、中断应答 $\overline{INTA}$(输出)相连。$IR_0 \sim IR_7$ 与外设的中断请求信号线相连。

6.3.9　命令字及其读写端口

8259A 是可编程的中断控制芯片，可根据 CPU 发来的命令进行工作，大大增加了其使用的灵活性。CPU 发来的命令可分为两类：一类是用于初始化 8259A 的命令，称初始化命令字 ICW(Initialization Command Word)；另一类是用于控制 8259A 执行不同的操作的命令，称操作命令字 OCW(Operation Command Word)。初始化命令字 ICW 设定后，在工作过程中一般不再更改，故 ICW 往往是在系统启动时设定的。而对于操作命令字 OCW，在系统初始化后，则在任何时候都可根据工作情况随时写入 8259A，控制其完成不同的操作，如中断状态的查询和读出、优先权循环、中断屏蔽和结束等。8259A 初始化命令字有 4 个(ICW_1、ICW_2、ICW_3、ICW_4)，操作命令字有 3 个(OCW_1、OCW_2、OCW_3)，每个命令字都有与其对应的内部寄存器。

由 8259A 的结构可知，8259A 只有一根地址信号线 A_0，故一片 8259A 占用系统中两个地址端口，$A_0 = 0$ 为偶地址，$A_0 = 1$ 为奇地址，并且规定偶地址必须小于奇地址。8259A 根据 A_0 的奇偶性可区分其内部两类寄存器组，即

偶地址：$A_0 = 0$，对应 ICW_1、OCW_2、OCW_3、IRR、ISR 内部寄存器；

奇地址：$A_0 = 1$，对应 ICW_2、ICW_3、ICW_4、OCW_1、IMR 内部寄存器。

可见，奇地址和偶地址并不只对应 8259A 内部的两个寄存器，而是两组寄存器组。为了进一步区别同组中的不同寄存器，还需要采用其他有关控制或标志信息，如在输入数据中把某些位定义为寄存器标志位，或规定有关寄存器操作顺序的方法来区分不同的命令字。

CPU 如何将初始化命令字 ICW 和操作命令字 OCW 写入 8259A 呢？或如何从 8259A 读出其内部的状态寄存器的值呢？事实上，CPU 对 8259A 的读、写与一般的 I/O 设备基本一样，是通过 $\overline{CS}$、$\overline{RD}$、$\overline{WR}$ 和 A_0 的联合控制作用，完成对 8259A 的读、写操作，如表 6-1 所示。

表 6-1　8259A 的读写控制

$\overline{CS}$	$\overline{RD}$	$\overline{WR}$	A_0	D_4	D_3	操　作
0	1	0	0	1	×	CPU→数据总线→ICW_1
0	1	0	1	×	×	先判断前次是否刚写入了 ICW_1、ICW_2、ICW_3。若是，则按顺序依次继续完成 CPU→数据总线→ICW_2(或 ICW_3 或 ICW_4)；否则，CPU→数据总线→OCW_1
0	1	0	0	0	0	CPU→数据总线→OCW_2
0	1	0	0	0	1	CPU→数据总线→OCW_3
0	0	1	0	×	×	IRR、ISR 或中断状态→数据总线→CPU，具体是读出哪一个，靠 OCW_3 来指定
0	0	1	1	×	×	IMR→数据总线→CPU
0	1	1	×	×	×	无法对 8259A 进行操作
1	×	×	×	×	×	

6.3.10 初始化命令字及其编程

8259A 在使用之前，必须对其写入初始化命令字即进行初始化编程。8259A 共有 4 个初始化命令字 $ICW_1 \sim ICW_4$，输出初始化命令字的流程图如图 6-8 所示，其中 ICW_1 和 ICW_2 是必需的，而 ICW_3 和 ICW_4 需根据具体的情况加以选择。各初始化命令字的安排与作用分别如下。

若 CPU 用一条输出指令向 8259A 的偶地址端口写入一个命令字，而且 $D_4 = 1$，则被解释为初始化命令字 ICW_1。后面应连续写入 ICW_2、ICW_3、ICW_4。8259A 接收到 ICW_1 后就启动其初始化操作，8259A 的内、外部自动产生下列操作。

(1)边沿敏感电路复位，中断请求的上升沿有效。

(2)中断屏蔽器 IMR 清零，即对所有的中断呈现允许状态。

(3)中断优先权由高到低自动按 $IR_0 \sim IR_7$ 排列。

(4)清除特殊屏蔽方式。

下面分别详细说明 $ICW_1 \sim ICW_4$ 的具体格式。

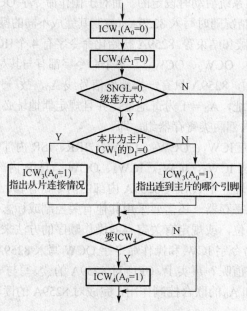

图 6-8 8259A 初始化流程图

1. ICW_1

初始化命令字 1，写入 8259A 偶地址端口，其各位的定义如下。

A_0		D_7	D_6	D_5	D_4	D_3	D_2	D_1	D_0
0		×	×	×	1	LTIM	×	SNGL	IC4

(1)$A_0 = 0$：表示写入 8259A 的偶地址。与 $D_4=1$ 一起表示本次操作时 ICW_1。

(2)$D_7 \sim D_5$：在 8086/8088 系统中无意义，可为任意值。应用于 MCS80/85 系统，为入口地址中的编程位。

(3)D_4：$D_4=1$，与 $A_0 = 0$ 一起为 ICW_1 的标志位，表示本次操作时 ICW_1。

(4)D_3：即 LTIM 位，设定中断请求信号的触发方式。若 $D_3 = 1$，则表示中断请求信号为电平触发方式，高电平有效。若 $D_3 = 0$，则表示中断请求信号为边沿触发方式，上升沿有效。

(5) D_2：即 ADI 位，在 8086/8088 系统中，该位无意义，可为任意值。应用于 MCS80/85 系统中，规定调用地址的间隔。

(6) D_1：SNGL 位，设定 8259A 芯片是单片工作，还是多片级连工作。若 $D_1 = 1$：8259A 为单片工作，初始化过程中 ICW_1、ICW_2 后就没有 ICW_3 了。若 $D_1 = 0$：8259A 多片级连工作，初始化过程中必须有 ICW_3。

(7) D_0：即 IC4 位，用以决定是否跟有 ICW_4。若 $D_0 = 1$，则说明 $ICW_1 \sim ICW_3$ 后必须跟有 ICW_4。若 $D_0 = 0$，则说明不需跟有 ICW_4。此时表示 ICW_4 的各位都为 0（用于如非缓冲方式、非 AEOI、8080/8085 方式等）。

2. ICW_2

初始化命令字 2，写入 8259A 奇地址端口。

A_0	D_7	D_6	D_5	D_4	D_3	D_2	D_1	D_0
1	T_7	T_6	T_5	T_4	T_3	×	×	×

当 8259A 用于 8086/8088 系统中时，ICW_2 的 $D_7 \sim D_3$ 为本芯片所管理 8 级中断类型号的高 5 位，$D_2 \sim D_0$ 一般设为 000。在 8259A 输出中断类型号时，$D_2 \sim D_0$ 位就由 $IR_7 \sim IR_0$ 的引脚编号 7(111B)～0(000B) 决定。若 ICW_2 的 $D_2 \sim D_0$ 为 000B，此时可以认为 ICW_2 定义的是引脚 IR_0 的中断类型号，而 $IR_1 \sim IR_7$ 的中断类型号在 ICW_2 的基础上依次递增 1，如表 6-2 所示。

表 6-2　8086/8088 系统中的中断类型号产生表

IR 引脚	中断类型号							
	D_7	D_6	D_5	D_4	D_3	D_2	D_1	D_0
IR_0						0	0	0
IR_1						0	0	1
IR_2						0	1	0
IR_3	T_7	T_6	T_5	T_4	T_3	0	1	1
IR_4						1	0	0
IR_5						1	0	1
IR_6						1	1	0
IR_7						1	1	1

当 8259A 用于 MCS80/85 系统中时，用于确定中断入口地址的高 8 位($A_{15} \sim A_8$)。

例 6.1　若 $ICW_2 = 20H = 0010\ 0000B$，则 Intel 8259A 的 $IR_0 \sim IR_7$ 引脚的中断类型号分别为 20H、21H、22H、23H、24H、25H、26H、27H。

例 6.2　若 $ICW_2 = 25H$，$25H = 0010\ 0101B$，由于只能设置高 5 位，故其 $D_2 \sim D_0$ 位无法设置，实际 $ICW_2 = 0010\ 0000B = 20H$，故 8259A 的 $IR_0 \sim IR_7$ 引脚的中断类型号分别为 20H、21H、22H、23H、24H、25H、26H、27H。可见，在编程设置 ICW_2 的值时，所选的值应能被 8 整除。

3. ICW_3

初始化命令字 3，写入相应 8259A 的奇地址端口。

ICW_3 用于 8259A 的级连方式。若系统中只有一片 8259A，则不用 ICW_3。一片 8259A 主片最多允许与 8 片 8259A 从片进行级连，此时可管理多达 64 个中断源的中断处理。

若有主从级连方式，则对主片和所有从片 8259A 芯片，都必须使用 ICW_3 分别对其初始化，主片和从片的 ICW_3 的使用格式是不相同的。

对于主片 8259A（$\overline{SP}/\overline{EN}=1$，或其 ICW_4 中的 BUF = 1 和 M/S = 1），它自身无法自动感知它是如何与从片相连接的。初始化命令字 ICW_3 就是向主片说明其引脚 $IR_7 \sim IR_0$ 中哪些接有从片（IR 引脚与从片中断请求信号线 INT 引脚相连接），哪些是没有接的（IR 引脚与外设的中断请求信号相连接）。主片 ICW_3 的各位定义如下。

A_0		D_7	D_6	D_5	D_4	D_3	D_2	D_1	D_0
1		S_7	S_6	S_5	S_4	S_3	S_2	S_1	S_0

其中，$S_7 \sim S_0$ 位与主片的 $IR_7 \sim IR_0$ 位一一对应。对应于一从片 8259A 芯片，ICW_3 的 $S_7 \sim S_0$ 位是这样得到的：若主片的某 IR 引脚上接有从片 8259A，则相应的 S 位为 1；否则，相应位 S 为 0。

反过来，知道了主片 ICW_3，也可推知该主片是如何与从片相连接的。

例 6.3　主片 8259A 其引脚 IR_1、IR_0 上连有从片，则其 $ICW_3 = 0000\ 0011B = 03H$。

例 6.4　主片的 $ICW_3 = 81H = 1000\ 0001B$，则说明其引脚 IR_7、IR_0 上连有从片。

对于从片 8259A（$\overline{SP}/\overline{EN}=0$，或其 ICW_4 中的 BUF = 1 和 M/S = 0），它也无法自动感知它到底是连接到主片 8259A $IR_7 \sim IR_0$ 中的哪一根引脚上。从片的初始化命令字 ICW_3 就是向从片说明从片的中断请求信号 INT 是与主片 8259A $IR_7 \sim IR_0$ 中的哪一根引脚相连的。从片 ICW_3 的各位定义如下。

A_0		D_7	D_6	D_5	D_4	D_3	D_2	D_1	D_0
1		-	-	-	-	-	ID_2	ID_1	ID_0

从片 8259A 的 ICW_3，如表 6-3 所示，只用其中的低 3 位 $ID_2 \sim ID_0$ 标识与其相连的主片 8259A 的 IR 引脚的编号的二进制编码数，高 5 位 $ID_7 \sim ID_3$ 没有用，可为任意值，习惯上让其全为 0。

例 6.5　若从片的中断请求信号输出引线 INT 接在主片的 IR_1 引脚上，则 $ICW_3 = 0000\ 0001B$。

例 6.6　若从片的中断请求信号输出引线 INT 接在主片的 IR_7 引脚上，则 $ICW_3 = 0000\ 0111B$。

表 6-3　从片 8259A $ID_2 \sim ID_0$ 与主片 8259A 的 IR_i 引脚编号对应表

ID_2	ID_1	ID_0	主片 8259A 的 IR_i 引脚
0	0	0	IR_0
0	0	1	IR_1
0	1	0	IR_2
0	1	1	IR_3
1	0	0	IR_4
1	0	1	IR_5
1	1	0	IR_6
1	1	1	IR_7

4. ICW₄

初始化命令字 4，写入 8259A 奇地址端口，只有当 ICW₁ 中的 $D_0 = 1$ 时才需要设置，其各位的定义如下。

A₀		D₇	D₆	D₅	D₄	D₃	D₂	D₁	D₀
1		0	0	0	SFNM	BUF	M/S	AEOI	μPM

(1) $D_7 \sim D_5$：恒定为 000。

(2) D_4 即 SFNM 位。若 D_4(SFNM) = 1，则规定 8259A 工作于特殊全嵌套方式，适合于级连方式多重中断系统的主 8259A。在本次服务结束之前，能够响应同级或更优先级的中断。若 D_4(SFNM) = 0，则规定 8259A 工作于普通全嵌套模式。适合于单级中断系统或级连方式的从 8259A，在一次服务结束之前，只能响应更优先级的中断，不能响应同级中断。

(3) D_3 即 BUF 位，指示是否工作于缓冲方式。若 D_3(BUF) = 1 为缓冲方式；若 D_3(BUF) = 0 为非缓冲方式。

(4) D_2 即 M/S 位，指示在缓冲方式的级连方式下，本片是主片还是从片。当 BUF = 1 时，M/S = 1 则本片为主片，M/S = 0 则本片为从片。当 BUF = 0 时，M/S 位不起作用。

(5) D_1 即 AEOI 位，指定中断结束的方式。若 D_1(AEOI) = 1，则为自动中断结束方式。用中断应答信号的最后一个脉冲后沿来复位 ISR 的为 1 的最优先位，不用 EOI 命令复位。若 D_1(AEOI) = 0，则不用自动中断结束方式。在此方式下，在服务程序专门安排一条 EOI 命令复位 ISR 中断服务寄存器的 1 的最优先位。

(6) D_0 即 μPM 位，取决于系统中所采用 CPU 的类型。若系统中的 CPU 为 8086/8088，则 D_0(μPM) = 1；反之，若系统中的 CPU 为 MCS80/85，则 D_0(μPM) = 0。

例 6.7　在 8086/8088 CPU 的微机系统中，使用单片 8259A，其 I/O 端口地址分别为 20H、21H，中断触发方式采用边沿触发方式，引脚 $IR_7 \sim IR_0$ 的中断类型号高 5 位设为 1 0000（即 $IR_0 \sim IR_7$ 引脚的中断类型号分别依次为 80H～87H），优先权管理为普通全嵌套方式，总线连接方式为非缓冲方式，不用中断自动结束方式。试编程以实现 8259A 的初始化操作。

解

```
ICW₁: 00010011B = 13H    （边沿触发、8086/8088、单片 8259A、有 ICW₄）
ICW₂: 10000000B = 80H
ICW₃: 单片 8259A 不用
ICW₄: 00000001B = 01H    （普通全嵌套、非缓冲、非中断自动结束、8086/8088）
...
MOV  AL, 13H
OUT  20H, AL      ; 对偶地址写入 ICW₁
MOV  AL, 80H
OUT  21H, AL      ; 对奇地址写入 ICW₂
MOV  AL, 01H
OUT  21H, AL      ; 对奇地址写入 ICW₄
...
```

6.3.11　操作命令字及其编程

按照上述流程对 8259A 进行初始化编程之后，8259A 就进入了工作状态。若中断源发出了中断请求，则 8259A 就可按照初始化编程所指定的各种方式进行处理和工作。在 8259A 的工作期间，CPU 还可以通过操作命令字(OCW)随时对 8259A 进行控制操作，及时改变其工作方式，或者及时读取 8259A 中的某些寄存器的内容。8259A 共有 3 个操作命令字 OCW$_1$～OCW$_3$，可单独使用。下面分别对其进行讨论。

1. OCW$_1$

中断屏蔽字，必须写入相应 8259A 芯片的奇地址端口，其各位的定义如下。

A$_0$		D$_7$	D$_6$	D$_5$	D$_4$	D$_3$	D$_2$	D$_1$	D$_0$
1		M$_7$	M$_6$	M$_5$	M$_4$	M$_3$	M$_2$	M$_1$	M$_0$

OCW$_1$ 将 M$_7$～M$_0$ 的每一位，分别与 8259A 芯片的引脚 IR$_7$～IR$_0$ 一一对应，对其引脚 IR$_7$～IR$_0$ 输入的中断请求信号进行屏蔽。若 OCW$_1$ 的某一位为 1，则与其对应的引脚输入的中断请求信号将被屏蔽；反之，该输入的中断请求信号将被允许。换句话说，若 OCW$_1$ 的 M$_i$ 位 = 1，则表示 8259A 对引脚 IR$_i$ 输入的中断请求信号呈屏蔽状态；否则，若 M$_i$ 位 = 0，则表示 8259A 对引脚 IR$_i$ 输入的中断请求信号呈允许状态。

例 6.8 在 8086/8088 CPU 的微机系统中，使用单片 8259A，其 I/O 端口地址分别为 20H、21H。在其工作状态下，试编程实现对其引脚 IR$_0$ 和 IR$_4$ 进行中断屏蔽设置，对其他引脚进行开放。

解

```
OCW₁: 00010001B = 11H
...
MOV  AL, 11H
OUT  21H, AL    ; 对奇地址设置 OCW₁
...
```

2. OCW$_2$

必须写入 8259A 芯片的偶地址端口，其各位的定义如下。

A$_0$		D$_7$	D$_6$	D$_5$	D$_4$	D$_3$	D$_2$	D$_1$	D$_0$
0		R	SL	EOI	0	0	L$_2$	L$_1$	L$_0$

(1)D$_7$ 即 R 位，用于表示中断的优先权管理是否采用优先级自动循环方式。R = 1，表示采用优先级自动循环方式；R = 0，表示采用优先级固定方式。

(2)D$_6$ 即 SL 位，用于指定是否需要使用 OCW$_2$ 中的 L$_2$、L$_1$、L$_0$ 来明确中断源。

(3)D$_5$ 即 EOI 位，用于指定 OCW$_2$ 是否作为中断结束命令。

(4)D$_4$D$_3$ 恒定为 00，是 OCW$_2$ 的特征位。

(5)D$_2$～D$_0$ 即 L$_2$、L$_1$、L$_0$ 位，用于指定本 OCW$_2$ 命令字的操作是针对 IR$_7$～IR$_0$ 中的哪一个引脚进行的，L$_2$、L$_1$、L$_0$ 三个位的二进制编码的值就是要制定操作的 IR$_7$～IR$_0$ 的引脚编号，即 000 指定引脚 IR$_0$，001 指定引脚 IR$_1$，…，110 指定引脚 IR$_6$，111 指定引脚 IR$_7$。

当 SL 位 = 1 时，用 L$_2$、L$_1$、L$_0$ 三个位的二进制编码值 $i(i = L_2L_1L_0)$ 指定本次 OCW$_2$ 操作是针对引脚 IR$_i$；当 SL 位 = 0 时，L$_2$、L$_1$、L$_0$ 三个位不被使用。

上述 R、SL、EOI 三个位的不同组合，可以组成 7 种不同的操作命令，用于改变 8259A 的工作方式。其中 3 种操作命令字要用到 OCW$_2$ 的低 3 位，这 3 位所形成的编码指出操作所涉及的中断源。

R、SL、EOI 共有 8 种不同的组合形式，其中有 7 种是相应的控制命令，分别通过表 6-4 介绍如下。

表 6-4 R、SL、EOI 8 种不同的组合功能表

R SL EOI	功能
0 0 0	取消自动结束中断 AEOI 循环命令
1 0 0	设置自动 EOI 循环命令
0 0 1	普通的 EOI 命令，适用于完全嵌套方式，在中断服务程序结束时，用于清除 ISR 中最后被置位的相应位。只有在 ICW4 中的 AEOI = 0 时，才需要在中断服务子程序中向 Intel 8259A 发普通的 EOI 命令
0 1 1	特殊的 EOI 命令，与普通的 EOI 命令的差别在于，它需要利用 L_2、L_1、L_0 位明确地指出 ISR 寄存器中需要被复位的对应位
1 0 1	普通循环的 EOI 命令，它在中断服务程序结束时使用，它使已置位的 ISR 寄存器中优先级最高的位复位，同时赋予刚刚结束中断处理的中断源的中断优先级最低
1 1 1	特殊的 EOI 循环命令，它一方面复位 ISR 寄存器中由 L_2、L_1、L_0 位明确指出的那一位；另一方面，使 L_2、L_1、L_0 位明确指出的那一个中断源的中断优先级最低
1 1 0	置位优先权命令，它用于设置优先级特殊循环方式，即利用 L_2、L_1、L_0 位明确指出中断优先级最低的中断源
0 1 0	非操作命令，无实际意义

表 6-4 中的 101、111、100、110 都涉及中断服务寄存器 ISR 中优先权级别最高的且为 1 的位的复位，或由 L_2、L_1、L_0 所指定 ISR 中的位的复位，并将该位对应的中断的优先权级别置为最低，而其他位对应的中断的优先权级别相应地变化。所谓相应变化，即若将 ISR 中的第 3 位优先权级别置为最低，则 ISR 中对应的中断的优先权级别从高到低的排列顺序为 IR_4、IR_5、IR_6、IR_7、IR_0、IR_1、IR_2、IR_3。

3. OCW3

OCW3 有 3 个功能：控制 8259A 的中断屏蔽、设置中断查询方式、设置与读取 8259A 的内部寄存器。OCW3 必须写入 8259A 芯片的偶地址端口，其各位的定义如下。

A_0		D_7	D_6	D_5	D_4	D_3	D_2	D_1	D_0
0		0	ESMM	SMM	0	1	P	RR	RIS

（1）D_7 未用。

（2）$D_6 D_5$ 决定 8259A 是否为设置特殊屏蔽方式命令。若 $D_6 = 0$，则 D_5 无意义；若 $D_6 D_5$ 为 11，则为设置特殊屏蔽方式命令；若 $D_6 D_5$ 为 10，则为撤销特殊屏蔽方式。

（3）$D_4 D_3$ 为 01，是 OCW3 的标志位。

（4）D_2 即 P 位，将 8259A 设置为中断查询方式，此时外设是否有中断请求必须通过 CPU 发出查询命令对 8259A 进行查询后获得。若 $D_2 = 1$，表示 OCW3 为查询命令；若 $D_2 = 0$，表示 OCW3 为非查询命令。

（5）D_1、D_0 即 RR、RIS 位，决定随后的操作是否是读操作，读什么寄存器。若 $D_1 = 0$，则不进行读操作，D_0 无意义；若 $D_1 D_0 = 10$，则随后的操作应为读取中断请求寄存器 IRR 的内容；若 $D_1 D_0 = 11$，则随后的操作应为读取中断服务寄存器 ISR 的内容。

（6）查询字

查询字是在 8259A 设置为中断查询方式时，CPU 从 8259A 读出的中断请求寄存器 IRR

或中断服务寄存器 ISR 的当前最高中断优先权的 $IR_0 \sim IR_7$ 的引脚编号。查询字必须从 8259A 芯片的偶地址端口读出，其各位的定义如下。

A_0		D_7	D_6	D_5	D_4	D_3	D_2	D_1	D_0
0		I	-	-	-	-	W_2	W_1	W_0

(1) D_7 即 I 位，表示是否有中断。若 $D_7 = 0$，表示无中断；若 $D_7 = 1$，表示有中断。

(2) $D_6 \sim D_3$ 未用。

(3) $D_2 \sim D_0$ 即 $W_2 \sim W_0$ 位，为最高中断优先权中断源的 $IR_0 \sim IR_7$ 的引脚编号。

例 6.9　设 8259A 的端口地址为 20H、21H，请读入中断请求寄存器 IRR、中断屏蔽寄存器 IMR、中断服务寄存器 ISR 内容，并按顺序保存到数据地址为 1000H 开始的内存单元中。

解

```
MOV AL, 0××01010B        ; 对偶地址发 OCW3，指定读取 IRR 的内容
OUT 20H, AL
IN  AL, 20H              ; 从偶地址读入并保存 IRR 的内容
MOV (1000H), AL z

IN  AL, 21H             ; 从奇地址读入并保存 IMR 的内容
MOV (1001H), AL

MOV AL, 0××01011B        ; 对偶地址发 OCW3，指定读取 ISR 的内容
OUT 20H, AL
IN  AL, 20H             ; 从偶地址读入并保存 ISR 的内容
MOV (1002H), AL
```

例 6.10　设 8259A 的端口地址为 20H、21H，请用查询方式查询其哪个引脚有(最高)中断请求。

解

```
MOV     AL, ×××0110×B    ; 对偶地址发 OCW3，指定查询是否有中断请求
OUT     20H
IN      AL, 20H         ; 从偶地址读入相应状态
TEST    AL, 80H         ; 并判断最高位是否为 1
JZ      NO_INT          ; 无中断就跳到 NO_INT 运行
AND     AL, 0000111B    ; 取出中断引脚编号到 AL
...
...
NO_INT: ...
...
```

6.4　中断服务程序的编程方法

对于 8086/8088 系统的中断程序编程，一般可分为两部分：一是中断服务程序的编制；二是如何将该中断服务程序的入口地址放到中断向量表的相应地址中。下面就这两个方面进行讨论。

6.4.1 中断服务程序的编程

一个中断服务程序以图 6-9 为框架来进行编程。

1) 保护主程序的现场

在保护主程序的现场前，8086/8088 CPU 清零 IF 标志，关闭可屏蔽中断，以防止在保护现场时，又被新的中断请求打断，造成主程序的现场数据保存不完整而引起混乱。

保护现场的目的就是在该中断服务程序完成后，能够恢复主程序在调用中断服务程序前各寄存器的内容或状态。

保护现场完成后，如果允许嵌套，必须进行 STI 打开中断操作，这样 CPU 就可以响应比本次中断更高优先权的新的中断请求服务，以实现中断嵌套。

2) 中断服务

这是中断服务程序的主体，也是中断服务程序的本质，即真正实现中断服务的地方。用户可以根据中断服务的具体对象来进行编写。通常是数据的输入/输出程序。

如果系统在 ICW$_4$ 设置为非自动 EOI，应在中断返回之前，安排中断结束命令。IBM PC 的 8259A 的地址是 20H、21H。在这种情况下的程序是

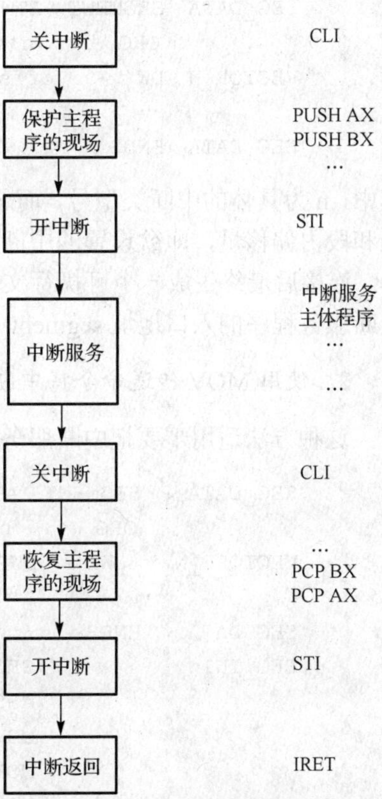

```
MOV  AL, 20H
OUT  20H, AL
```

3) 恢复主程序的现场

在恢复主程序的现场前，也必须进行关中断 CLI 的操作，以防止在恢复现场时，又被新的中断请求打断，造成主程序的现场数据恢复不完整而引起混乱。

因为在中断服务程序中，各个寄存器可能被使用，那么主程序在调用中断服务程序前，各寄存器的内容或状态可能已在中断服务中被破坏。因此必须恢复主程序现场的工作，恢复主程序各寄存器原来的内容或状态。

恢复现场完成后，进行 STI 打开中断操作以便必要时实现中断嵌套。

4) 中断返回

使用命令 IRET，CPU 从中断服务程序返回到主程序的断点处继续运行主程序。

图 6-9 中断程序编程总体框图

关中断	CLI
保护主程序的现场	PUSH AX PUSH BX …
开中断	STI
中断服务	中断服务主体程序 … …
关中断	CLI
恢复主程序的现场	PCP BX PCP AX
开中断	STI
中断返回	IRET

6.4.2 中断向量表的设置方法

在正式使用中断服务程序之前，必须将该中断服务程序的入口地址放到与该中断类型号相对应的中断向量表中，即必须完成中断向量表的设置。在 DOS 下，一般可采用 3 种方法来完成。

1. 直接利用 DOS 的加载程序来完成

这种方法的基本思想是在程序设计时定义一个起始地址为 0 段的数据段和段内的字，例如：

```
SEG_DATA  SEGMENT  AT  0
          ORG      n*4
VECTOR_N  DW       offset_n，segment_n
          …
SEG_DATA  ENDS
```

其中，n 为具体的中断类型号，而 segment_n 和 offset_n 则分别为一个具体的中断向量的段地址和段内偏移量，即欲设置的中断服务程序的入口地址为 segment_n：offset_n。程序经过编译、连接后最终生成一个可执行文件。该程序在运行时，DOS 就会在加载该程序的过程中把中断服务程序的入口地址 segment_n：offset_n 自动送入中断向量表 0000:n*4 处。

2. 使用 MOV 传送命令将中断服务程序的入口地址送入中断向量表

这种方法适用于要把中断服务程序固化在 ROM 中的情况，例如：

```
SEG_DATA   SEGMENT  AT  0
           ORG      n*4
VECTOR_N   DW 2 DUP(?)
           …
SEG_DATA   ENDS
SEG_INI            SEGMENT
                   ASSUME CS: SEG_INI, DS: SEG_DATA
                   MOV  AX, SEG_DATA
                   MOV  DS, AX
                   MOV  VECTOR_N, offset_n
                   MOV  VECTOR_N+2, segment_n
                   …
        SEG_INI    ENDS
```

其中，n、segment_n 和 offset_n 与前面谈到的一样，同样也分别为具体的中断类型号、中断向量的段地址和段内偏移量。程序经过编译、连接后最终也生成一个可执行文件。该程序在运行时，MOV 语句就会把中断服务程序的入口地址 segment_n：offset_n 自动送入中断向量表 0000:n*4 处。

3. 使用 DOS 的 INT 21H 功能调用将中断服务程序的入口地址送入中断向量表

这种方法在程序中使用起来非常灵活方便，在执行 INT 21H 功能调用之前，有关参数设置如下。

25H 送入 AH，表示此系统调用是设置中断向量表；中断类型号 n 送入 AL；中断服务程序入口地址 segment_n：offset_n 中的段地址 segment_n 和偏移量 offset_n 分别送入 DS 和 DX。

最后执行 INT 21H 指令就可完成对中断类型号为 n 的中断服务程序入口地址 segment_n：offset_n 在中断向量表中的设置，例如：

```
    …
    CLI
    MOV  AX, 25H
    MOV  AL, n
    MOV  DS, segment_n
```

```
        MOV  DX, offset _n
        INT  21H
        STI
        …
```

注意：在设置中断向量表之前先要开中断，设置完后要关中断。

还可通过 INT 21H 调用功能，对某中断类型号的中断服务程序的入口地址进行查询，功能参数设置如下。

AH = 35H 表示是查询中断向量表；欲查询的中断类型号 n 送入 AL，执行完 INT 21H 指令后，中断类型号 n 的中断服务程序入口地址的段地址和偏移量分别放在 ES 和 BX 中，即此时中断服务程序入口地址就是 ES：BX。

查询中断向量表的程序段举例如下：

```
        …
        MOV  AX, 35H
        MOV  AL, n
        INT  21H
        …
```

6.4.3 一个键盘中断服务程序

编写一个新的键盘中断服务程序，用来替代原来的 9 号键盘中断服务程序。在新的 9 号中断服务程序中，实现显示每个按键的键盘扫描码。即当用户按下一个按键时，键盘就产生一次 9 号中断，显示按键的接通扫描码；当松开按键时，键盘也产生 9 号中断，显示的是断开扫描码。如果直接按下某个键不放，就以一个固定频率显示该键的接通扫描码。按 Q 键退出新中断服务程序，并恢复原来的 9 号键盘中断服务程序。参考程序如下：

```
    SSEG  SEGMENT  PARA  STACK  'STACK'
          DB 100H   DUP(0)
    SSEG  ENDS

    DATA  SEGMENT
          OLD09OFF  DW  0        ; 保存原 9 号中断服务程序入口地址的偏移量
          OLD09SEG  DW  0        ; 保存原 9 号中断服务程序入口地址的段基址
          SAVEIMR   DB  0        ; 保存原中断屏蔽寄存器的内容
          FLAG1     DB  0        ; 第一次进入新 9 号中断服务程序的标志
          FLAG2     DB  0        ; 按键标志
          SCANCODE  DB  0
    DATA  ENDS
    CSEG  SEGMENT
          ASSUME CS:CSEG, DS:DATA
          START:MOV AX, DATA
               MOV DS, AX
               MOV AX, 3509H     ; 获取原 9 号中断服务程序的入口地址
               INT 21H
               MOV OLD09SEG, ES
               MOV OLD09OFF, BX
```

```
            PUSH DS
            MOV AX, SEG NEW09
            MOV DS, AX
            MOV DX, OFFSET NEW09
            MOV AX, 2509H        ; 设置新 9 号中断服务程序的入口地址
            INT 21H
            POP DS
            IN AL, 21H
            MOV SAVEIMR, AL      ; 保存原中断寄存器 IMR 的内容
            AND AL, 0FDH         ; 允许键盘中断, 其他不变
            OUT 21H, AL
            STI

    LOOP1:CMP FLAG2, 0           ; 判断是否有按键按下或松开
            JZ LOOP1             ; 没有, 则转 LOOP1
            MOV FLAG2, 0
            CMP SCANCODE, 90H    ; 判断是否按下并松开 Q 键
            JZ  QUIT             ; 是则转 QUIT
            TEST SCANCODE, 80H   ; 判断是否为断开扫描码
            JZ LOOP1             ; 不是, 则转 LOOP1
            MOV DL, 0DH          ; 是, 输出回车及换行键
            MOV AH, 2
            INT 21H
            MOV DL, 0AH
            INT 21H
            JMP LOOP1

    QUIT: MOV AL, SAVEIMR        ; 恢复原中断寄存器 IMR 的内容
            OUT 21H, AL
            MOV DX, OLD09OFF
            MOV DS, OLD09SEG
            MOV AX, 2509H        ; 恢复原 9 号中断服务程序的入口地址
            INT 21H
            MOV AH, 4CH
            INT 21H
    NEW09   PROC                 ; 新的 9 号中断服务程序
            STI
            PUSH AX
            PUSH BX
            PUSH CX
            PUSH DX
            IN AL, 60H           ; 读取键盘扫描码
            MOV SCANCODE, AL     ; 保存键盘扫描码
            IN AL, 61H
            OR AL, 80H           ; 设置键盘认可信号
            OUT 61H, AL
```

```
                    AND AL, 7FH              ; 复位键盘认可信号
                    OUT 61H, AL
                    CMP FLAG1, 0             ; 判断是否为第一次进入键盘中断服务程序
                    JNZ DISP                 ; 不是，则转 DISP
                    MOV FLAG1, 1             ; 是，则将 FLAG 置 1
                    JMP EXIT
             DISP:  MOV FLAG2, 1
                    MOV AL, SCANCODE         ; 取回键盘扫描码
                    MOV CL, 4
                    SHR AL, CL
                    CMP AL, 0AH
                    JB  DISP1
                    ADD AL, 7
             DISP1: ADD AL, 30H
                    MOV AH, 0EH
                    MOV BH, 0
                    INT 10H                  ; 显示扫描码的高 4 位
                    MOV AL, SCANCODE
                    AND AL, 0FH
                    CMP AL, 0AH
                    JB  DISP2
                    ADD AL, 7
             DISP2: ADD AL, 30H
                    MOV AH, 0EH
                    MOV BH, 0
                    INT 10H                  ; 显示扫描码的低 4 位
                    MOV AL, 20H
                    MOV AH, 0EH
                    MOV BH, 0
                    INT 10H                  ; 显示一个空格
                    MOV AL, 20H
                    MOV AH, 0EH
                    MOV BH, 0
                    INT 10H                  ; 再显示一个空格
             EXIT:  MOV AL, 20H
                    OUT 20H, AL
                    POP DX
                    POP CX
                    POP BX
                    POP AX
                    IRET
           NEW09 ENDP
     CSEG ENDS
     END START
```

习　题

6.1　试述中断、中断源的概念以及中断处理的主要过程。

6.2　8086/8088 有哪些中断源？

6.3　何谓中断优先权，它对于实时控制有什么意义？8086/8088 CPU 系统中，NMI 与 INTR 哪个优先级高？

6.4　中断向量表的功能是什么？已知中断类型号分别是 10H 和 80H，它们的中断向量应放在中断向量表的什么位置？

6.5　试述 8086/8088 的 INTR 中断响应过程。

6.6　在中断响应总线周期中，第一个和第二个 $\overline{\text{INTA}}$ 脉冲分别向外部电路说明什么？

6.7　试说明 8259A 芯片的可编程序性？8259A 芯片的编程有哪两种类型？

6.8　8259A 芯片是如何实现对 8 级中断进行管理的？

6.9　试结合 8086/8088 的 INTR 中断响应过程，说明向量中断的基本概念和处理方法。

6.10　在用 8259A 作为中断控制器的系统中，由 IR_i 输入的外部中断请求，能够获得 CPU 响应的基本条件是什么？

6.11　单片 8259A，采用边沿触发，引脚 $IR_0 \sim IR_7$ 中断类型号分配为 70H～77H，不需要 ICW_4，问 ICW_1 的值应为多少？ICW_2 的值是多少？

6.12　单片 8259A 用在 8086/8088 CPU 的微机系统中，其 I/O 端口地址分别为 80H、81H，中断触发方式采用边沿触发方式，中断类型号高 5 位设为 10000（即 $IR_0 \sim IR_7$ 引脚的中断类型号分别依次为 80H～87H），优先权管理为普通全嵌套方式，总线连接方式为非缓冲方式，不用中断自动结束方式，试编程以实现 8259A 的初始化操作。

6.13　在 80386DX 系统中，对于主片 8259A，用一般的 EOI，缓冲模式主片，特殊全嵌套方式，问其 ICW_4 的值应为多少？

6.14　如果 OCW_2 等于 67H，则 8259A 允许何种优先级策略？为什么？

6.15　设 8259A 的端口地址为 10H、11H，请读入中断请求寄存器 IRR、中断屏蔽寄存器 IMR 和中断服务寄存器 ISR 中的内容，并按顺序保存到数据地址为 2000H 开始的内存单元中。

第7章 常用可编程接口芯片

教学提示： 通用接口芯片可为多种外设提供 I/O，常用的有串行和并行接口。本章先以 8255A 芯片为例，详细介绍该并口芯片的内外部结构、工作方式及其控制字编程方法和应用；其次对串行接口概念及其接口标准进行介绍；最后以 8251A 芯片为例，详细介绍该串口芯片的性能、内外部结构、控制字及其初始化编程应用。

数/模转换和模/数转换技术主要应用于工业控制、仪器仪表和计算机控制。在工业控制和参数测量显示中，经常遇到一些连续变化的物理量，如温度、压力、流量、湿度和速度等。它们的共同点是在时间上、数值上都是连续变化的，被称作模拟量。但计算机只能处理数字信息。因此，用计算机处理模拟量时，首先要利用传感器将其转化成模拟电流或模拟电压，然后将模拟电流或模拟电压转变成数字信号传给计算机。计算机处理好数据以后需要立刻送到外部执行机构，但外部执行机构需要模拟信号，因此，计算机处理好的数据必须经过数模转换器后才能送给外部执行机构。

教学要求： 通过本章学习，一是使读者了解串行和并行接口的性能、结构、工作方式及其控制字编程方法和应用；二是使读者了解数/模转换器与模/数转换器的基本原理、主要技术指标、与微处理器的接口等知识。

注意： 本章内容较多，学习不难，必须做到课前预习、课后复习。但要记住的知识较多，必须多阅读，多多练习，认真对待课后习题。

7.1 通用接口及其功能

CPU 访问外设、与外设进行数据交换，必须通过接口电路。接口中数据的传送方式有无条件传送方式、状态查询传送方式、程序中断传送方式和直接数据通道传送(DMA)等。随着大规模集成电路的发展，将接口电路集成在一块芯片上，接口芯片具有接口电路中的所有功能，即接口中含有输入输出数据的通道，能对输入输出数据进行缓冲，能够协调 CPU 和输入输出设备的数据传送，对输入输出设备进行选择和信息转换等。接口中的寄存器可通过编程对其进行设置和控制，使芯片具有不同的工作方式和功能，接口芯片也称可编程接口芯片。

按接口芯片的外设范围来分，可编程接口芯片可分为专用接口芯片和通用接口芯片。所谓专用接口芯片，就是该类芯片是为某类外设专门设计的接口芯片，如软盘、硬盘控制器芯片、键盘和显示器接口芯片等。而通用接口芯片，顾名思义，此类芯片可作为多种外设的接口。对于不同的外设所需的不同功能，可通过对接口芯片的内部寄存器进行编程实现。Intel 8251A 和 8255A 就是通用的串行和并行接口芯片。

7.2 并 行 接 口

并行接口就是并行通信的接口。所谓并行通信就是把一个数据的各位同时用多根线进行传输，具有传输速度快的优点。但随着传输距离的增加，因并行传送需要多根电缆，其成本就会大幅增加而成为一个非常突出的问题。所以，并行通信一般用于对传输速率要求较高而传输距离比较短的场合。

Intel 8255A（简称 8255A）是一个通用的可编程的并行接口芯片，简称 PPI（Programmable Peripheral Interface），价格低廉，有 3 个并行 I/O 口，可通过编程设置多种工作方式，使用时通常不需要再附加外部电路，具有很高的灵活性和广泛的适应性，CPU 常常通过 8255A 与并行接口的 I/O 外设相连，完成与外设的数据交换任务。8255A 的主要功能和特点如下。

(1)具有 3 个 8 位的数据端口：端口 A、端口 B 和端口 C，分别用于数据的输入和输出，其中端口 C 除可以单独使用外，还可以分成 2 个半字节，其高 4 位与 A 口组成 A 组，低 4 位与 B 口组成 B 组。

(2)各数据端口具有如下 3 种工作方式。

方式 0：基本输入、输出方式，端口 A、B、C 都可以使用此方式，可完成同步（无条件）传送方式和状态查询传送方式的数据信息传送。

方式 1：选通输入、输出方式，端口 A、B 都可以使用此方式，端口 C 不能使用此方式。在方式 1 时，可以使用状态查询或中断方式进行数据信息传送。

方式 2：双向传输方式，仅端口 A 都可以使用此方式，这是双向 I/O 方式，可以使用状态查询或中断方式进行数据信息传送。

(3)两个控制字：工作方式控制字，端口 C 置 1/置 0 控制字。

7.2.1　8255A 的内部结构

8255A 的内部结构如图 7-1 所示。从图 7-1 可知，8255A 由以下几部分组成。

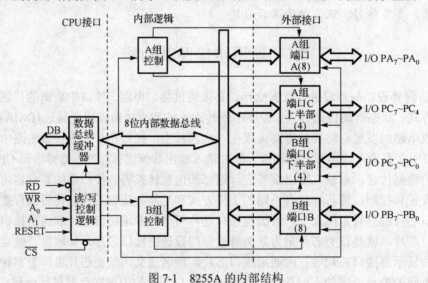

图 7-1　8255A 的内部结构

1. 数据总线缓冲器

8 位的三态双向缓冲器。用于 8255A 芯片与系统双向数据总线连接，CPU 与外设之间的输入、输出数据、CPU 向 8255A 发出的编程控制字以及 CPU 读取的 8255A 工作状态等信息，都是通过数据缓冲器进行传输的。

2. 读/写控制逻辑

读/写控制逻辑电路负责对 8255A 的数据传输过程进行控制。它接收片选信号 $\overline{CS}$，系统控制总线的读信号 $\overline{RD}$、写信号 $\overline{WR}$、复位信号 RESET 以及系统地址总线信号 A_1 和 A_0。通过对这些信号的组合，可以完成接口中控制、数据和状态等三大信息的传输。

3. 数据端口

数据端口即数据端口 A、B、C。这 3 个端口是与外设进行连接的 I/O 数据端口，但它们的结构和功能各有特点。

（1）端口 A：8 位 I/O 数据端口，包括一个 8 位数据输入锁存器和一个 8 位的输出数据锁存/缓存器。

（2）端口 B：8 位 I/O 数据端口，包括一个 8 位数据输入缓冲器和一个 8 位的输入/输出数据锁存/缓存器。

（3）端口 C：8 位 I/O 口有一个 8 位数据输入缓冲器和一个 8 位的输出数据锁存/缓存器。

4. A 组、B 组的控制逻辑电路

8255A 内部把 A、B、C 这 3 个数据端口分成 A 组和 B 组来进行控制，其中 A 组控制电路控制端口 A（$PA_7 \sim PA_0$）和端口 C 的高 4 位（$PC_7 \sim PC_4$）；B 组控制电路控制端口 B（$PB_7 \sim PB_0$）及端口 C 的低 4 位（$PC_3 \sim PC_0$）。这 A、B 两组控制电路内部设有控制寄存器，可以根据 CPU 送来的编程控制字控制 8255A 的工作方式，或对端口 C 的指定位进行置位/复位操作。

7.2.2 8255A 的引脚特性

如图 7-2 所示，除了电源和地线外，8255A 的引脚可以分为两组：一组引脚是面向 CPU，与系统总线相连接；另一组是面向外设，与外设相连接。

1. 面向 CPU 的引脚特性

（1）$D_0 \sim D_7$：8 位，双向，三态数据线，用于与系统数据总线相连。

（2）RESET：复位输入信号，高电平有效，用于 8255A 的复位，复位后其内部寄存器被清除，并置端口 A、B、C 均为输入方式。

（3）$\overline{CS}$：片选控制信号，输入，低电平有效，用来决定芯片是否被选中。

（4）$\overline{RD}$：读控制信号，输入，低电平有效，控制 8255A 将数据或状态信息发送给 CPU。

（5）$\overline{WR}$：写控制信号，输入，低电平有效，控制 8255A 接收 CPU 发来的数据信息或控制信息。

（6）A_1、A_0：内部端口地址的选择信号，输入。8255A 内部共有 4 个端口：端口 A、B、C 和控制寄存器端口，A_1、A_0 这两个引脚上的信号组合选择对哪一个端口进行操作。

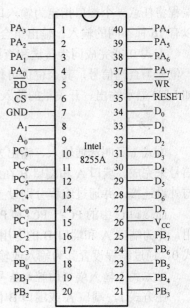

图 7-2 Intel 8255A 引脚图

$\overline{CS}$、$\overline{RD}$、$\overline{WR}$、A_1、A_0 这 5 个信号的组合与 8255A 的 4 个端口操作的关系见表 7-1。

表 7-1　8255A 的端口操作表

$\overline{CS}$	$\overline{RD}$	$\overline{WR}$	$A_1\ A_0$	操作	数据传送方式
0	0	1	0　0	读端口 A	数据总线 ← 端口 A
			0　1	读端口 B	数据总线 ← 端口 B
			1　0	读端口 C	数据总线 ← 端口 C
	1	0	0　0	写端口 A	数据总线 → 端口 A
			0　1	写端口 B	数据总线 → 端口 B
			1　0	写端口 C	数据总线 → 端口 C
	1	0	1　1	写控制寄存器端口	数据总线 → 控制寄存器端口
1	×	×	×	未被选中，不工作	

2. 面向外设的引脚特性

(1)$PA_7 \sim PA_0$：端口 A 数据线，用来连接外设。

(2)$PB_7 \sim PB_0$：端口 B 数据线，用来连接外设。

(3)$PC_7 \sim PC_0$：端口 C 数据线，用来连接外设，或者作为控制信号。

7.2.3　8255A 的工作方式

1. 方式 0

方式 0 又叫基本输入、输出方式，为单向数据传送，是一种不使用专用控制信号线的简单输入或输出方式。8255A 的端口 A 和端口 B 在方式 0 下，与端口 C 的高 4 位、端口 C 的低 4 位等组成的 2 个 8 位、2 个 4 位共 4 个彼此独立 I/O 端口，其间没有任何关系，可通过编程将任意一个端口指定为输入口或输出口，单独与外设连接，进行数据交换，4 个端口可以有 16 种不同的输入、输出组合。

方式 0 能完成同步传送和查询传送。若用于查询传送，可用端口 A、B、C 三个中的任一位充当查询信号，其余位仍可作为独立的端口位用于与外设连接，进行数据信息的传送，如 LED 显示输出、开关量的输入和输出等。

2. 方式 1

方式 1 又叫选通输入、输出方式，为单向数据传送，此时数据的输入或输出要借助选通信号来完成。端口 A 和端口 B 在此方式下，仍是作为两个彼此独立的 8 位 I/O 端口，可单独与外设连接，并通过编程分别设置它们为输入或输出，与外设进行数据交换。

而端口 C 中的 $PC_5 \sim PC_3$ 和 $PC_2 \sim PC_0$(2 个 3 位，共计 6 位)，分别被端口 A 和端口 B 征用，作为端口 A 和端口 B 的专用控制信号线，端口 C 中其余没被征用的 2 位仍可工作在方式 0，通过编程设置其为输入或输出。

1)方式 1 输入端口的控制信号

在方式 1，端口 A 或端口 B 作为输入端口，其控制信号可分为以下几类。

(1)$\overline{STB}$：选通输入信号，低电平(= 0)有效，由外设发送给 8255A。当外设发来的 $\overline{STB}$ 为低电平(= 0)时，Intel 8255A 将外设输入的新数据锁存到所选端口的输入缓冲器中。

(2)IBF：输入缓冲器满信号，输出，高电平(= 1)有效。IBF 由 8255A 发送给外设，作

为 $\overline{STB}$ 的回应信号。当输入缓冲器中的数据还未被 CPU 取走时，IBF 有效，即为高电平（=1）时，以此信号通知外设暂停向输入端口发送新的数据；当输入缓冲器中的数据已被 CPU 取走，IBF 变为低电平（=0）时，以此通知外设可向 8255A 的输入端口发送新的数据。

（3）INTE：中断允许信号，高电平（=1）有效，允许 8255A 向 CPU 发出中断请求；低电平（=0）则禁止。可通过编程控制 INTE 的电平以允许或者禁止中断请求。对于端口 A，由 PC_4 置位（=1）实现其 INTE=1；对于端口 B，则是由 PC_2 置位（=1）实现的。对 PC_4 置位、PC_2 置位，不会影响 $\overline{STB}$ 选通信号。

（4）INTR：中断请求信号，输出，高电平（=1）有效，INTR 信号由 8255A 向 CPU 发出。8255A 发出中断请求的触发条件是当新数据已经锁存到输入缓冲器中，CPU 还没将新数据取走，8255A 允许中断请求，即当 $\overline{STB}$、IBF、INTE 均为高电平（=1）时，INTR 输出高电平（=1），向 CPU 申请中断。

图 7-3 给出了端口 A 和端口 B 输入，在方式 1 下，给出 $PC_5 \sim PC_3$ 和 $PC_2 \sim PC_0$ 的引脚定义。表 7-2 是方式 1 输入端口控制信号与引脚之间的关系总结。

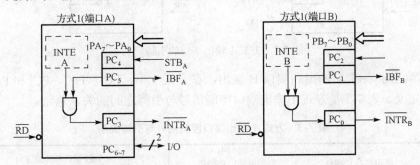

图 7-3　方式 1 输入端口的引脚定义

表 7-2　方式 1 输入端口控制信号与引脚关系

控制信号	端口 A 征用端口 C 的位	端口 B 征用端口 C 的位	控制信号传输方向
$\overline{STB}$	PC_4	PC_2	8255A ← 外设
IBF	PC_5	PC_1	8255A → 外设
INTE	PC_4 置 1	PC_2 置 1	允许中断请求
INTR	PC_3	PC_0	CPU ← Intel 8255A
剩余的 PC_7、PC_6 仍可以作为方式 0 使用			

2）方式 1 的输出端口的答信号

在方式 1，端口 A 或端口 B 作为输出端口，其控制信号可分为以下几类。

（1）$\overline{OBF}$：输出缓冲器满信号，输出，低电平（=0）有效，由 8255A 发送给外设。当 8255A 向外设发出 $\overline{OBF}$ 为低电平（=0）时，表示 CPU 已将输出的新数据送到所选定的输出端口的输出缓冲器中，以此来通知外设可以从 8255A 的输出端口提取数据。

（2）$\overline{ACK}$：应答信号，输入，低电平（=0）有效，由外设向 8255A 输入。$\overline{ACK}$ 由外设发送给 8255A，作为 $\overline{OBF}$ 的回应信号。当输出缓冲器中的数据还未被外设取走时，$\overline{ACK}$ 无效，为高电平（=1）时，以此信号通知 8255A 暂停从 CPU 接收新的输出数据；当输出缓冲器中的数据已被外设取走时，$\overline{ACK}$ 变为低电平（=0），以此通知 8255A 从 CPU 接收新的输出数据。

（3）INTE：中断允许信号，高电平（=1）有效，允许 8255A 向 CPU 发出中断请求；低电平(= 0)则禁止。可通过编程控制 INTE 的电平以允许或者禁止中断请求。对于端口 A，由 PC$_6$ 置位(= 1)实现其 INTE = 1；对于端口 B，则是由 PC$_2$ 置位(= 1)实现的。对 PC$_6$、PC$_2$ 的置位，不会影响 $\overline{\text{ACK}}$ 应答信号。

(4) INTR：中断请求信号，输出，高电平(= 1)有效，INTR 信号由 8255A 向 CPU 发出。8255A 发出中断请求的触发条件是当新数据已经送到输出缓冲器中，外设还没将新数据取走，8255A 允许中断请求，即当 $\overline{\text{OBF}}$、$\overline{\text{ACK}}$、INTE 均为高电平(= 1)时，INTR 输出高电平(= 1)，向 CPU 申请中断服务。

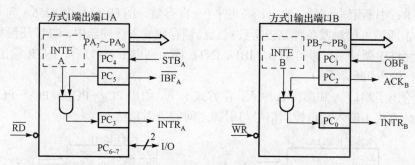

图 7-4　方式 1 输出端口的引脚定义

图 7-4 给出了端口 A 输出和端口 B 输出，在方式 1 下，PC$_7$、PC$_6$、PC$_3$ 和 PC$_1$、PC$_2$、PC$_0$ 的引脚定义。表 7-3 是方式 1 输出端口控制信号与引脚之间的关系总结。

表 7-3　方式 1 输出端口控制信号与引脚关系

控制信号	端口 A 征用端口 C 的位	端口 B 征用端口 C 的位	控制信号传输方向
$\overline{\text{OBF}}$	PC$_7$	PC$_1$	8255A→ 外设
$\overline{\text{ACK}}$	PC$_6$	PC$_2$	8255A ← 外设
INTE	PC$_6$ 置 1	PC$_2$ 置 1	允许中断请求
INTR	PC$_3$	PC$_0$	CPU ← 8255A
剩余的 PC$_5$、PC$_4$ 仍可以作为方式 0 使用			

3. 方式 2

方式 2 为双向传输方式，一般用于既可以作为输入设备，又可以作为输出设备的并行外设进行数据交换，并且输入、输出数据不会同时进行。

方式 2 只有端口 A 才使用，此时端口 C 中的 PC$_7$～PC$_3$(共计 5 位)被端口 A 征用，作为端口的专用控制信号线，端口 C 中其余没被征用的 PC$_2$～PC$_0$(共计 3 位)仍可工作在方式 0，通过编程设置其为输入或输出；或被端口 B 在方式 1 下征用，用作其控制信号。

这时，端口 C 有 5 根线用作端口 A 与外部的应答联络信号，由于方式 2 就是方式 1 的输入与输出方式的组合，各控制信号的功能也与方式 1 相同。

(1) $\overline{\text{STB}}$：选通输入信号，低电平(= 0)有效，其作用与方式 1 的 $\overline{\text{STB}}$ 信号完全等同。

(2) IBF：输入缓冲器满信号，输出，高电平(= 1)有效。其作用与方式 1 的 IBF 信号完全等同。

(3) $\overline{\text{OBF}}$：输出缓冲器满信号，输出，低电平(= 0)有效，其作用与方式 1 的 $\overline{\text{OBF}}$ 信号完全等同。

　　(4) $\overline{ACK}$：应答信号，输入，低电平(= 0)有效，其作用与方式 1 的 $\overline{ACK}$ 信号完全等同。

　　(5) $INTE_{IN}$：从外设输入数据的中断允许信号，高电平(= 1)有效，允许 8255A 向 CPU 发出中断请求；低电平(= 0)则禁止。可通过编程控制 $INTE_{IN}$ 的电平以允许或者禁止中断请求。对于端口 A，在输入数据时若允许中断请求，由 PC_4 置位(= 1)实现其 $INTE_{IN}$ = 1；若不允许，则由 PC_4 清 0(= 0)。对 PC_4 置位和清 0，不会影响 $\overline{STB}$ 选通信号。

　　(6) $INTE_{OUT}$：向外设输出数据的中断允许信号，高电平(= 1)有效，允许 8255A 向 CPU 发出中断请求；低电平(= 0)则禁止。可通过编程控制 $INTE_{OUT}$ 的电平以允许或者禁止中断请求。对于端口 A，向外设输出数据时允许中断请求，由 PC_6 置位(= 1)实现其 $INTE_{OUT}$ = 1；若不允许，则由 PC_6 清 0(= 0)。对 PC_6 的置位和清位，不会影响 $\overline{ACK}$ 应答信号。

　　(7) INTR：中断请求信号，输出，高电平(= 1)有效，INTR 信号由 8255A 向 CPU 发出。无论输入还是输出，在完成后和下一次传送操作前，8255A 通过此信号向 CPU 发出中断请求。8255A 发出中断请求的触发条件与端口 A 方式 1 中的相同。

　　图 7-5 给出了端口 A 的双向传输，在方式 2 下，PC_7、PC_6、PC_3 和 PC_1、PC_2、PC_0 的引脚定义。表 7-4 是方式 2 输出端口控制信号与引脚之间的关系总结。

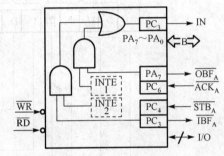

图 7-5　方式 2 端口 A 的双向传输的引脚定义

表 7-4　方式 2 双向传输端口控制信号与引脚关系

控制信号	端口 A 征用端口 C 的位	控制信号传输方向
$\overline{STB}$	PC_4	8255A ← 外设
IBF	PC_5	8255A → 外设
$\overline{OBF}$	PC_7	8255A → 外设
$\overline{ACK}$	PC_6	8255A ← 外设
$INTE_{IN}$	PC_4 置 1	从外设输入数据时允许中断请求
$INTE_{OUT}$	PC_6 置 1	向外设输出数据时允许中断请求
INTR	PC_3	CPU ← Intel 8255A

　　注：对于剩余的 $PC_2 \sim PC_0$：若端口 B 口用于方式 1，$PC_2 \sim PC_0$ 被端口 B 口征用于控制信号；若端口 B 口用于方式 0，$PC_2 \sim PC_0$ 可用于方式 0，输入或者输出数据信息。

　　方式 2 和其他方式的组合如下。

　　(1) 方式 2 和方式 0 输入的组合：控制字。如 11XXX01T。

　　(2) 方式 2 和方式 0 输出的组合：控制字。如 11XXX00T。

　　(3) 方式 2 和方式 1 输入的组合：控制字。如 11XXX11X。

　　(4) 方式 2 和方式 1 输出的组合：控制字。如 11XXX10X。

　　其中 X 表示与其取值无关，而 T 表示视情况可取 1 或 0。

7.2.4　8255A 控制字编程

　　当 8255A 的 RESET 引脚输入高电平时，其内部所有的内部寄存器均被清除，RESET 引脚的高电平撤除后，端口 A、B、C 均处于方式 0，即基本输入输出方式。如果要改变 8255A

的工作方式，可通过控制字完成。8255A 共有两个控制字，分别是工作方式控制字和端口 C 置 1/置 0 控制字。对 8255A 的编程就是向控制寄存器端口写入控制字，但通过查看表 7-1 发现 8255A 只有一个控制寄存器端口地址（$A_1A_0 = 11$）。为了区别两个控制字，就在欲写入的控制字中加入了区分标志。控制字的最高位 $D_7 = 1$，表示写入的是工作方式控制字；控制字的最高位 $D_7 = 0$，表示写入的是端口 C 置 1/置 0 控制字。

1. 工作方式控制字

控制字要写入 8255A 的控制口，写入控制字之后，8255A 才能按指定的工作方式工作。8255A 的控制字格式与各位的功能如图 7-6 所示。

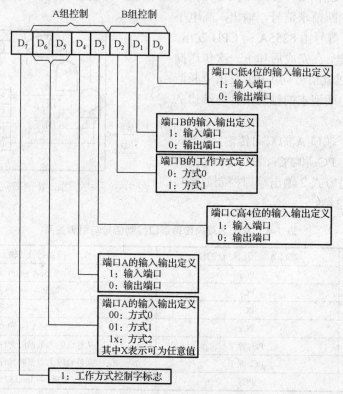

图 7-6　8255A 工作方式控制字格式

例 7.1 某系统使用 8255A，其端口地址为 1000H～1003H。要求其端口 A：方式 0，作为输入端口；端口 B：方式 0，作为输出端口；端口 C 高 4 位：（只能为）方式 0，作为输入端口；端口 C 低 4 位：（只能为）方式 0，作为输出端口。试写出其初始化程序。

解 其工作方式控制字为 1 001 1 00 0B = 98H。控制端口据表 7-1 为 1000H～1003H 中的最后一个地址，即 1003H 为控制端口。

写出初始化程序为

```
MOV  AL,  98H
MOV  DX, 1003H
OUT  DX,   AL
```

例 7.2 某系统使用 8255A，其端口地址为 80H～83H。要求其端口 A：方式 2，作为双向输入、输出端口；端口 B：方式 1，作为输入端口；这种情况下，端口 C 已全部被用作端口 A 和端口 B 的控制引脚，故不能单独使用。试写出其初始化程序。

解　其工作方式控制字为 1100 0110B = C6H。控制端口据表 7-1 为 80H～83H 中的最后一个地址即 83H 为控制端口。

写出初始化程序为

```
MOV AL, C6H
OUT 83H, AL
```

2. 端口 C 位置位/复位控制字

端口 C 置位/复位控制实际上是对端口 C 的某个位的值，即置位($=1$)或复位($=0$)。此功能可用于设置端口 A、B 在方式 1、2 的中断允许，还可根据系统设计为外设的启、停位，用于控制外设的启、停。设置端口 C 某个位的值的操作，其实就是向控制端口写入对应的置位/复位的控制字完成。置位/复位的控制字格式如图 7-7 所示。

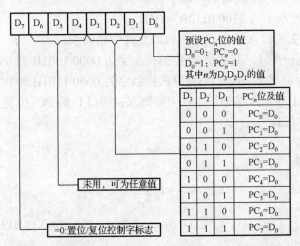

图 7-7　Intel 8255A 端口 C 的置位/复位控制字格式

例 7.3　某系统使用 Intel 8255A，其端口地址为 50H～53H。系统仅用一个端口 C 的 PC_0，其引脚平时一直输出低电平。试编程实现使 PC_0 引脚向外输出一个正脉冲的程序段。

解　PC_0 引脚平时为低电平，向外输出一个正脉冲，就是在 PC_0 引脚向外输出高电平($=1$)后，再输出一个低电平($=0$)。

端口 C 的 PC_0 位置 1，故其置位/复位的控制字为 0000 0001B 即 01H。

端口 C 的 PC_0 位置 0，故其置位/复位的控制字为 0000 0000B 即 00H。

控制端口为 53H。

写出初始化程序为

```
MOV AL, 01H      ；将端口 C 的 PC0 位置 1(高电平)
OUT 53H, AL
MOV AL, 00H      ；将端口 C 的 PC0 位置 0(低电平)
OUT 53H, AL
```

例 7.4　某系统使用 8255A，其端口地址为 80H～83H。系统仅用一个端口 A，用于方式 1 的输入端口，并允许其中断请求。试写出其初始化程序。

解 其工作方式控制字为 1011 000 0B = B0H。

端口 A 用于方式 1 的输入端口允许中断请求，端口 C 的 PC_4 位置 1，故其置位/复位的控制字为 0000 1001B 即 09H。

控制端口为 83H。

写出初始化程序为

```
MOV  AL, B0H        ；设置端口 A 的工作方式
OUT  83H, AL
MOV  AL, 09H        ；将端口 C 的 PC₄ 位置 1，允许中断请求
OUT  83H, AL
```

例 7.5 某系统使用 8255A，其端口地址为 80H～83H。要求其端口 A：方式 2，作为双向输入输出端口，输入输出均允许中断请求；端口 B：方式 1，作为输入端口，允许中断请求。此时端口 C 的所有位均被端口 A、端口 B 征用于输入输出的控制信号，故端口 C 无法用于方式 0 的输入输出。试写出其初始化程序。

解 其工作方式控制字为 1100 0110B = C6H。

端口 A 用于方式 2 的输入输出双向端口均允许中断请求。

(1) 端口 C 的 PC_4 位置 1，其置位/复位的控制字为 0000 1001B 即 09H。

(2) 端口 C 的 PC_6 位置 1，其置位/复位的控制字为 0000 1101B 即 0CH。

端口 B 用于方式 1 的输入端口，允许中断请求，端口 C 的 PC_2 位置 1，其置位/复位的控制字为 0000 0101B 即 02H。

控制端口为 83H。

写出初始化程序为

```
MOV  AL, C6H        ；设置端口 A 的工作方式
OUT  83H, AL
MOV  AL, 09H        ；将端口 C 的 PC₄ 位置 1，端口 A 输入时允许中断请求
OUT  83H, AL
MOV  AL, 0CH        ；将端口 C 的 PC₆ 位置 1，端口 A 输出时允许中断请求
OUT  83H, AL
MOV  AL, 02H        ；将端口 C 的 PC₂ 位置 1，端口 B 输入时允许中断请求
OUT  83H, AL
```

7.2.5 8255A 应用举例

1. 8255A 与 CPU 的连接

8255A 与 CPU 的连接与内存与 CPU 的连接情况非常相似，最简单的情况就是一片 CPU 与一片 8255A 的连接。下面举例说明。

例 7.6 已知 CPU，其地址总线为 16 位，其数据总线为 16 位，RESET 为 CPU 的复位信号，$\overline{RD}$、$\overline{WE}$ 分别为 CPU 的读、写控制线，低电平有效；M/$\overline{IO}$ 为访问内存和 IO 控制线，高电平表示访问内存，低电平表示访问 IO，内存地址和 IO 地址独立编址。系统使用可编程的并行接口芯片 8255A，其 I/O 端口地址为 0000H～0003H。试设计并画出 8255A 与 CPU 连接的系统电路图。

解　(1)数据线连接设计。8255A 的数据线只有 8 位，CPU 数据总线为 16 位，将 8255A 的 8 位数据线与 CPU 的低 8 位数据线相连接。

(2)根据 8255A 的端口地址确定系统的 IO 端口地址分配空间。由于只有一片 8255A 芯片，该片占用 0000H～0003H (共 4 个端口) 连续空间范围，Intel 8255A 只需 2 根地址线，与 CPU 的低 2 位地址 A_1、A_0 线相连，占用系统低 2 位地址线。

(3)片选信号设计。因 8255A 只需 2 根地址线，与 CPU 的低 2 位地址 A_1、A_0 线相连，CPU 剩余的高位地址线 $A_{15}\sim A_2$，在 0000H～0003H 地址范围内每位均为 0，8255A 芯片应该被选通而处于工作状态，其余地址 8255A 芯片应处于非工作状态。另外，CPU 访问 8255A 时，即为访问 IO 端口，此时 M/$\overline{\text{IO}}$ 控制线输出低电平，8255A 芯片也应被选通而处于工作状态；当 CPU 访问内存时，输出高电平，此时 8255A 芯片应处于非工作状态。$A_{15}\sim A_2$、M/$\overline{\text{IO}}$ 与 8255A 芯片的片选信号输入 $\overline{\text{CS}}$ 的关系真值表如表 7-5 所示。

表 7-5　CPU 高位地址线、M/$\overline{\text{IO}}$ 与 8255A 芯片的片选信号输入 $\overline{\text{CS}}$ 的关系真值表

CPU 高位地址线 $A_{15}\sim A_2$	CPU 的 M/$\overline{\text{IO}}$	8255A 工作状态	8255A 的 $\overline{\text{CS}}$
0000 0000 0000 000	0	工作	0
$A_{15}\sim A_2$ 有任一个位为 1	1	非工作	1

根据真值表，设计片选信号电路见图 7-8。

(4)读/写控制信号设计。CPU 的读控制 $\overline{\text{RD}}$ 引脚(输出信号)与 8255A 的读控制信号 $\overline{\text{RD}}$ 引脚(输入信号)连接。CPU 的写控制 $\overline{\text{WR}}$ 引脚(输出信号)与 8255A 的写控制信号 $\overline{\text{WR}}$ 引脚连接。

(5)RESET 信号设计。将 CPU 的复位信号 RESET 与 8255A 的 RESET 相连接。

(6)将数据线、地址线和控制线连接起来，画出的系统连接图如图 7-9 所示。

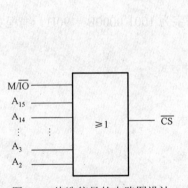

图 7-8　片选信号的电路图设计

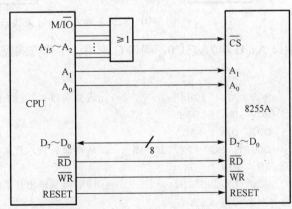

图 7-9　8255A 与 CPU 的电路连接图

对于多片 8255A 与 CPU 的连接，或其他接口芯片和存储器芯片一起与 CPU 的连接，均可参照存储器芯片与 CPU 的连接设计。需要注意的是，对于存储器地址和 IO 地址独立编址的系统，CPU 有一个指示是访问存储器或访问 IO 的控制信号(如 M/$\overline{\text{IO}}$)，用作对存储器和 IO 芯片的片选信号设计时，存储器和 IO 芯片使用该控制信号正好相反(如 M/$\overline{\text{IO}}$ = 1，存储器片选有效；如 M/$\overline{\text{IO}}$ = 0，IO 芯片选有效)。

2. 开关量的监测和 LED 显示

在工控系统中，经常会有检测某些开关量状态(1，0)，或输出开关量状态的问题。下面举一个简单的例子说明。

例 7.7　已在例 7.6 的基础上，在 8255A 的端口 A，连接 8 个开关 $K_7 \sim K_0$，在端口 B 连接 8 个发光二极管 $LED_7 \sim LED_0$。要求系统不断通过端口 A 输入 $K_7 \sim K_0$ 的通断状态，并通过端口 B 在发光二极管 $LED_7 \sim LED_0$ 进行显示，如 K_0 向端口 A 输入高电平时，对应的 LED_0 发光，否则 LED_0 熄灭。试画出系统的电路连接图，并编写程序段。

解　根据题意，将 8255A 的端口 A 作为输入口，即将 8 个开关 $K_7 \sim K_0$ 分别与 8255A 的 $PA_7 \sim PA_0$ 相连；端口 B 作为输出口，即将 8 个发光二极管 $LED_7 \sim LED_0$ 分别与 8255A 的 $PB_7 \sim PB_0$ 相连。端口 A、B 采用同步(无条件)传送方式，不使用任何控制信号，即端口 A 为输入，方式 0；端口 B 为输出，也为方式 0。设计出的电路图如图 7-10 所示。

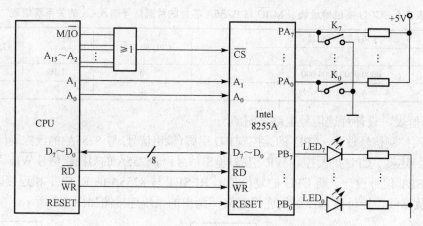

图 7-10　8255A 输入输出开关状态的电路连接图

端口 A、B 均为方式 0，端口 C 未用，工作方式控制字为 1001 0000B = 90H。编程实现如下：

```
MOV  AL, 90H            ；设置端口 A、B 的工作方式
MOV  DX, 0003H
OUT  DX,  AL
LOOP: MOV DX, 0000H     ；从端口 A 输入开关状态
IN   AL,  DX
MOV  DX, 0001H          ；向端口 B 输出开关状态
OUT  DX,  AL
CALL DELY              ；DELY 为 5s 延时子程序，目的是每 5s 采样并显示一次
JMP  LOOP              ；循环
```

3. 8255A 在打印机中的应用

例 7.8　CPU 为 8088 的微机系统通过 8255A 的端口 A，方式 1，与一台采用 Centronics 标准引脚的微型打印机相连，采用中断方式(中断类型号为 13H)，将内存缓冲区 BUFF 中的 256 个字符输出到微型打印机完成打印工作。8255A 的 4 个端口地址为 00H～03H，试完成相应的硬件线路和软件程序设计工作。

解　首先对硬件接口进行设计。微型打印机和主机之间的接口采用并行接口，Centronics 标准引脚信号定义如表 7-6 所示。打印机的数据传输时序图如图 7-11 所示，通过时序图，可以看出它的工作流程。

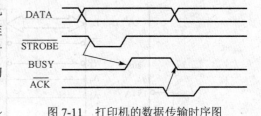

图 7-11　打印机的数据传输时序图

(1)主机将要打印的数据送上数据线 $DATA_7 \sim DATA_0$ 上。

(2)发选通信号 $\overline{STB}$。打印机将数据从数据线 $DATA_7 \sim DATA_0$ 读入，同时使 BUSY 线为高电平，通知主机停止送数。

(3)打印机内部对读入的数据进行打印处理。

表 7-6　Centronics 标准引脚信号定义

引脚编号	引脚名称	信号方向	功能
1	$\overline{STROBE}$（$\overline{STB}$）	输入	打印机选通信号，有效时接收数据
2～9	$DATA_7 \sim DATA_0$	输入	数据线，用于输入数据
10	$\overline{ACKNLG}$（$\overline{ACK}$）	输出	响应信号，有效时准备接收数据
11	BUSY	输出	忙信号，有效时不能接收数据
12	PE	输出	纸用完信号
13	SLCT	输出	选择联机信号，指出打印机能否工作
14	AUTOLF	输入	自动换行信号
31	INIT	输入	打印机复位信号
32	ERROR	输出	出错信号
36	SLCTIN	输入	有效时打印机不能工作

(4)打印机打印完毕后，使 $\overline{ACK}$ 有效，同时使 BUSY 失效，通知主机可以发下一个将要打印的数据。

8255A 与打印机的连接方法如下。

数据线：8255A 的 $PA_7 \sim PA_0$ 与打印机的 $DATA_7 \sim DATA_0$ 连接。

打印机选通信号：用 PC_0 作为打印机的选通，CPU 通过对 PC_0 的置位/复位来选通打印机。

8255A 端口 A 的 $\overline{ACK}$ 信号：由打印机 $\overline{ACK}$ 的提供。

8255A 与 CPU 的连接方法如下。

中断请求信号：8255A 端口 A，方式 1，输出，允许中断请求，8255A 的 PC_3 被征用作为中断请求信号，中断类型号为 13H，故与接至中断控制器 8259A 的 IR_3 引脚。

其他数据线、地址线和控制线参见上面的例子。

最后打印机接口的线路图如图 7-12 所示。

8255A 仅使用端口 A 输出，方式 1，所用到的控制字如下。

工作方式控制字为 1010 0000B＝A0H。

选通打印机：PC_0 复位，PC_0 复位控制字 ＝0000 0000B，即 00H。

撤销选通：PC_0 置位，PC_0 置位控制字 ＝0000 0001B，即 01H。

端口 A 输出允许中断请求：PC_6 置位，PC_6 置位控制字 ＝0000 1101B，即 0DH。

端口 A 输出禁止中断请求：PC_6 置位，PC_6 置位控制字 ＝0000 1100B，即 0CH。

8255A 有如下 4 个端口地址。

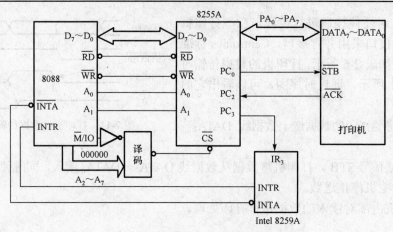

图 7-12　中断方式的打印机接口线路图

00H 为端口 A。

01H 为端口 B。

10H 为端口 C。

11H 为控制寄存器端口。

8255A 初始化时送 ICW_2 为 10H，则 8255A A 端口的中断类型码是 13H，其对应的中断类向量为中断向量地址 4CH（= 13H×4）～4FH 对应的 4 个单元的值。

主程序如下：

```
MAIN:
        ...
                                ; 初始化 8255A
MOV  AL, A0H                     ; 设置 8255A 的工作方式控制字
     OUT  03H, AL
     MOV  AL, 01H                ; 使打印机选通无效
     OUT  03H, AL
     ; 将中断服务程序 INT_PRT 的入口地址设置到中断向量表中
XOR  AX, AX
     MOV  DS, AX
     MOV  AX, OFFSET  INT_PRT    ; 取得 INT_PRT 的段内偏移量
     MOV  WORD PTR [004CH], AX   ; 段内偏移量写入中断向量表
     MOV  AX, SEG  INT_PRT       ; 取得 INT_PRT 的段地址
     MOV  WORD PTR [004EH], AX   ; 段地址写入中断向量表

MOV  AL, 0DH
     OUT  03H, AL                ; 使 8255A 端口 A 输出时允许中断请求
     ; 打印缓冲区 BUFF 中的第一个字符
     MOV  DI, OFFSET  BUFF       ; DI 为缓冲区 BUFF 的起始地址指针
     MOV  CX, FFH                ; 设置 BUFF 缓冲区未打印字符的个数
     MOV  AL, [DI]               ; AL 为第一个要打印的字符
     OUT  00H, AL                ; 从 8255A 端口 A 输出第一个字符
     INC  DI                     ; DI 为下一次要打印的字符的地址指针
```

```
MOV   AL, 00H                              ; 发出选通信号，通知打印机打印
      OUT   03H, AL
      INC   AL
      OUT   03H, AL                        ; 撤销选通
      STI                                  ; 开中断
; 打印缓冲区 BUFF 的其余未打印的字符由中断服务程序 INT_PRT 完成
      …
```

中断服务子程序如下：

```
INT_PRT:
      …
MOV AL, [DI]                               ; AL 为本次要打印的字符
      OUT  00H, AL                         ; 从 8255A 端口 A 输出本次要打印的字符
      MOV  AL, 00H                         ; 发出选通信号，通知打印机打印
      OUT  03H, AL
      INC  AL
      MOV  03H, AL                         ; 撤销选通信号
      INC  DI                              ; DI 为下一次要打印的字符的地址指针

DEC CX
JNZ  NEXT_PRT                              ; 判断 BUFF 缓冲区未打印字符个数是否为 0
MOV   AL, 0CH                              ; BUFF 缓冲区中的字符打印完毕，禁止中断请求
      OUT   03H, AL
NEXT_PRT:
…
      IRET                                 ; 中断返回
```

7.3　串　行　接　口

7.3.1　串行通信概述

所谓通信，就是计算机与计算机之间或计算机与外设之间的信息交换。随着微型计算机和网络技术的不断发展，通信对于计算机系统的应用显得越来越重要。计算机中的数据通信可以分成并行通信和串行通信两类。

并行通信是指利用多条数据传输线将一个数据的各位同时传送，即一次可以传送一个字节或更多字节。其特点是传输速度快，但需要使用比串行通信更多的传输线，在远距离传送时，其传输线的成本就非常高，一般用于短距离数据通信。

串行通信是指利用一条传输线将数据一位一位地按顺序传送，即一个字节需要分多次才能完成。其特点是占用的通信线路少，利用电话或电报线路就可实现远程通信，故成本低，特别适用于远距离通信，但传输速度比较慢。

1. 数据传送方式

根据数据传送方向的不同，串行通信的数据有以下 3 种基本传送方式。图 7-13 是 A 计算机与 B 计算机或外设之间的数据传送方式示意图。

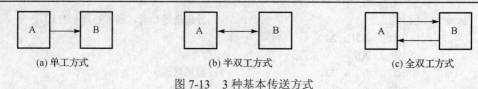

图 7-13　3 种基本传送方式

（1）单工方式。只允许数据按照一个固定的方向传送，如图 7-13（a）所示。A 机只能作为发送方，B 机只能作为接收方，数据只能从 A 机发到 B 机。

（2）半双工方式。通信双方可以互相发送数据，但是不能同时进行双向传送数据，通信双方只能轮流地单向进行发送和接收，如图 7-13（b）所示。在同一时间，要么是 A 机发送，B 机接收；要么是 B 机发送，A 机接收。

（3）全双工方式。允许双方通信同时进行发送和接收，如图 7-13（c）所示。这时，A 机在向 B 机发送数据的同时，也可以接收 B 机发来的数据。全双工方式可以看成把两个方向相反的单工方式组合在一起，故它需要两条传输线。

在计算机串行通信中，大多数的计算机和外设主要使用半双工和全双工方式。在某些低级的数字仪表上，只能发出采集到的数据，因此只能使用单工方式。图 7-13 中只画出了信号线，没有画信号的地线。在实际使用中，电信号的地线也是必需的。

2. 异步通信和同步通信

串行通信分为同步通信（SYNC）与异步通信（ASYNC），而通信协议就是通信规程，是通信双方约定的一些规则。

1）异步通信

所谓异步通信，是以一个字符为传输单位，在通信中字符与字符之间的收发时间间隔是不固定的，即没有严格的定时。而在同一个字符中的各个相邻位之间的收发时间间隔却是固定的。

异步通信格式如图 7-14 所示。从图 7-14 可以看到，一帧只有一个字符，即每次仅传送一个字符，其信息格式包含起始位、数据位、奇偶校验位、停止位和空闲位等，各位的意义如下。

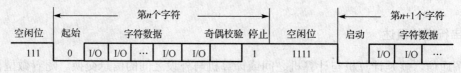

图 7-14　异步通信格式

（1）起始位：最先发出一个逻辑"0"低电平信号，为双方发、收的同步位，表示本次传输开始。接收设备在收到起始位之后就要和发送设备保持同步进行数据接收。

（2）数据位：紧接着起始位之后，为 5～8 位的数据位，一般为 8 位，构成一个字符。从最低位到最高位依次开始传送，靠时钟定位。

（3）奇偶校验位：奇偶校验位用来反映数据位中"1"的个数应为偶数（偶校验）或为奇数（奇校验），以此来校验数据传送是否正确。

（4）停止位：发出逻辑"1"高电平信号，表示本次传输的字符数据的结束标志，可以是 1 位、1.5 位、2 位的高电平。

（5）空闲位：处于逻辑"1"状态，表示当前通信线路上还没有开始进行数据传输。

为了使双方能正常通信，必须保证双方要有一致的异步通信格式和异步通信的速率。异步通信速率的单位为波特率。

所谓波特率就是每秒钟传送的二进制位数，用 bit/s(位/每秒)表示。例如，数据传送速率为 120 字符/秒，而每传送每一个帧字符为 10 位，则其传送的波特率为 $10×120 = 1200bit/s = 1200Baud$。

异步通信的优点是对硬件的要求低，但由于每传送一个字符均要加一些附加位，如起始位、校验位和停止位，因此传送效率不高。

2)同步通信

同步通信是以多个字符组成一个数据块，作为基本的数据传输单位。这个数据块就是一个帧，每个帧中包含有相同数量的字符。在同步通信过程中，帧中每个字符间的收发时间间隔是相同的，而且每个字符中各相邻位之间的收发时间间隔也是固定相同的。同步通信的通信格式如图 7-15 所示，各字符定义如下。

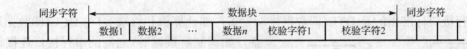

同步字符		数据块					同步字符	
	数据1	数据2	…	数据n	校验字符1	校验字符2		

图 7-15 同步通信格式

(1)同步字符：同步通信在开头设置 1～2 个同步字符(SYNC)，表示本次数据通信的开始。发送方若没有准备好发送的数据，就会发送同步字符来填充。

(2)数据字符：同步字符之后就是 n 个连续的数据字符，数据字符与数据字符之间没有空隙，严格按照事先规定的速率进行发送和接收。

(3)校验字符：同步通信在结束时设置 1～2 个校验字符，用于对本次数据通信是否正确的校验。

同步通信，由于帧中附加字符相对于传送字符的个数来说，比例非常小，故其传送效率明显比异步通信要高，但同步通信对硬件电路的要求较高，硬件成本也相对异步通信要高。

3. 信号传输方式

1)基带传输方式

数字信号(二进制数据)不加任何调制，即数字信号直接在通信线路进行传输，此时传输的数字信号是矩形波，如图 7-16 所示。由于二进制数字信号的频带非常宽，要求通信线路的频带也相应较宽，故基带传输方式仅适合速度较低的近距离通信。

2)频带传输方式

所谓频带传输方式，就是二进制数据经过调制后变为模拟信号进行传输。在长距离通信时，通信双方需各接一个调制器(Modem)和解调器(Demodem)。数字信号的调制和解调过程为：发送方要用调制器把二进制的数字信号转

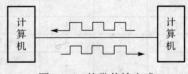

图 7-16 基带传输方式

换成模拟信号，模拟信号在通信线路上经过长距离传输后到达接收方，接收方则用解调器将接收到的模拟信号还原为原来的二进制的数字信号，以供计算机使用。

频带传输方式其实就是将数字信号加载在模拟信号上进行传输，故此信号传送方式也称为载波传输方式，其通信线路可以是公共电话交换网(PSTN)，当然也可以是专用通信线路。

目前常用的调制方式有调幅、调频和调相等 3 种，如图 7-17 所示。

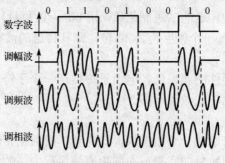

图 7-17　频带传输方式

7.3.2　串行通信接口标准

串行接口标准指的是 DTE(即数据终端设备，如计算机和终端等)与 DCE(即数据通信设备，如调制解调器等)之间的串行接口连接标准。目前常用的有以下几种。

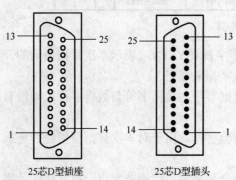

图 7-18　25 芯 D 型插座和插头

1. RS-232C 接口标准

RS-232C 是一种串行通信标准接口，由于它符合电子工业协会(EIA)的规格要求，故在计算机与计算机之间以及计算机和外设之间得到了广泛的应用。PC 的串行通信接口就是按照 RS-232C 标准设计的。

RS-232C 接口标准规定使用 25 芯的 D 型插口，如图 7-18 所示。由于 25 芯中只用 9 个信号，也有使用非标的 9 芯 D 型插口，它们的引脚定义如表 7-7 所示。对于 DTE(如计算机)端采用 D 型插座，DCE(如 Modem)端采用 D 型插头。

表 7-7　RS-232C 接口标准引脚定义

引脚代号	25芯引脚编号	9芯引脚编号	功　　能	信号方向
PGND	1		保护地，一般与机壳连接	
TXD	2	3	发送数据线	DTE→DCE
RXD	3	2	接收数据线	DTE←DCE
$\overline{\text{RTS}}$	4	7	请求发送 DTE(如计算机)通过此引脚通知 DCE(如 Modem)，要求发送数据	DTE→DCE
$\overline{\text{CTS}}$	5	8	允许发送 DCE(如 Modem)向 DTE(如计算机)发回 $\overline{\text{CTS}}$，作为对 $\overline{\text{RTS}}$ 的回答，DTE 收到 $\overline{\text{CTS}}$ 后才可以发送数据	DTE←DCE
$\overline{\text{DSR}}$	6	6	DCE 数据准备就绪 表示 DCE(如 Modem)可以使用，该信号有时直接和电源连接，这样 DCE 一供电即有效	DTE←DCE
CD	8	1	载波检测(接收线信号测定器) 表示 DCE(如 Modem)已与电话线路连接好，如果通信线路是使用普通交换电话，则还需 RI、$\overline{\text{DTR}}$ 两个信号	DTE←DCE

续表

引脚 代号	25芯引脚 编号	9芯引脚 编号	功　　能	信号方向
RI	22	9	振铃指示 DCE(如 Modem)若接到交换电话台送来的振铃呼叫信号,就发出 该信号来通知计 DTE(如计算机)	DTE←DCE
$\overline{\text{DTR}}$	20	4	DTE 准备就绪 DTE(如计算机)收到 RI 信号以后,就向 DCE(如 Modem)发出 $\overline{\text{DTR}}$ 信号作为回答,以控制其转换设备建立起通信链路	DTE→DCE
SGND	7	5	信号地	

　　RS-232C 接口标准规定其逻辑电平采用 EIA 电平,即"1"的逻辑电平为-3~-15V 之间,"0"的逻辑电平为+3~+15V,-3~+3V 为过渡区,不作定义,也无电平意义。由于 EIA 电平与 TTL 电平和 MOS 电平完全不同,因此在使用两种不同电平信号之间通信时,必须进行相应的电平转换。常见的电平转换芯片有 MC1488(TTL→RS-232C)/MC1489(RS-232C→TTL)和 MAXM232。除了 RS-232C 标准以外,还有一些其他的通用串行接口标准。

　　RS-232C 由于受电容允许值不能超过 2500pF 的限制,其传送距离仅为几十米。要想进行更远距离的通信,就必须使用远程通信设备。如两台远程计算机,就可使用 Modem 和 PSTN 电话线间接进行数据通信。如图 7-19 所示,计算机之间彼此通过 RS-232C、Modem 和 PSTN 电话线相连,通信时呼叫方首先通过电话交换网向对方拨号,被叫方应答后即在两台计算机之间建立起了远程通信链路,以此来完成两台计算机之间的数据通信。

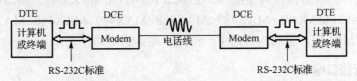

图 7-19　计算机通过 Modem 和 PSTN 电话线建立的数据通信链路

　　采用 RS-232C 也存在传输距离短、传输速率低、抗干扰能力差、易发生电平偏移而出现逻辑错误等问题。此外,它还要使用+15V 和-15V 电源。

　　2. RS-422A 接口标准

　　为了克服 RS-232C 的缺点,进一步提高通信距离和传送速率,美国电子工业协会(EIA)提出了新的串行通信标准 RS-422A。与 RS-232C 相比,其主要优点是信号地不再公用,双方的信号地不再接在一起;另外,RS-422A 一个方向的传输数据线采用两条平衡导线,如图 7-20所示,发送器采用平衡输出,接收器采用差分输入,只使用+5V 电源。

　　RS-422A 的输出信号线间的电压为±2V,接收器的识别电压为±0.2V,在高速传送信号时,应该考虑到通信线路的阻抗匹配,一般在接收端加终端电阻以吸收掉反射波。电阻网络也应该是平衡的,如图 7-21 所示。

　　3. RS-485 接口标准

　　RS-232C 和 RS-422A 接口标准一般只能用于点对点的通信,对于多个点之间的数据通信,就非常不方便了。为了解决这个问题,美国电子工业协会制定了新的接口标准 RS-485,以支持一点对多点之间的数据通信。RS-485 接口标准既可用于收、发双方共用一对线进行通信,也可用于多个点之间共用一对线路进行总线方式联网，但此时数据通信只能是半双工方式，线路连接图如图 7-22 所示。

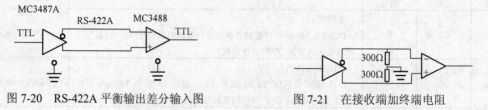

图 7-20　　RS-422A 平衡输出差分输入图　　　　图 7-21　　在接收端加终端电阻

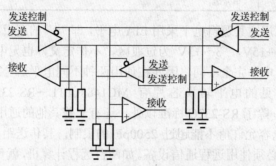

图 7-22　　多个点使用 RS-485 通信的线路连接图

由于 PC 主板直接使用 RS-232C 接口标准，故 PC 不能直接使用 RS-422A 和 RS-485 接口标准，必须进行标准转换。典型的 RS-232C、RS-422A 和 RS-485 接口标准转换芯片有 MAX481、MAX483、MAX485、MAX487、MAX488、MAX489、MAX490、MAX491、SN75175、SN75176 和 SN75184 等，它们均只需单一的+5V 电源供电即可工作。

7.3.3　通用串行接口标准

1. USB 接口

USB（Universal Serial Bus）即通用串行总线，是计算机与外设连接的标准之一，由 IT 业的许多巨头参与制定。USB 接口虽然比 IEEE 1394 技术晚了好几年，但是，1994～1999 年，其版本从 0.7、1.1 到现在的 2.0，技术已经非常成熟，并已成为 PC 的基本配置标准，用于外设与 PC 之间的数据交换，解决了过去 PC 后面一大堆缆线乱绕的困境。USB 接口具有以下特点。

（1）USB 接口定义了一个简单的连接器，连接器可连接任何一个 USB 外设，这大大简化了安装过程。另外，一个 USB 接口最多可以同时连接 127 个外设，因此一部计算机最多可以连接 127 个具有 USB 接口的外设，这样多外设的连接成本也大大降低了。

（2）同时支持低速和全速外设的数据交换。对于 USB 1.1，可支持的传送速率最大为 12Mbit/s；而 USB 2.0 支持的最大传送速率可达 480Mbit/s，能够满足大部分外设的使用需求。

（3）支持 4 种类型的传输，即块传输、同步传输、中断传输和控制传输。

（4）支持即插即用（Plug-and-Play）功能，并能自动侦测与配置系统的资源，而不必运行设置程序进行设置。一个 USB 接口仅需占用一个 IRQ 中断资源。

（5）支持热插拔（Hot Attach &Detach），在计算机开机运行的状态下，可随时插入或拔出 USB 插口，而不需另外关闭电源，也不必重新启动。

（6）采用数据线供电，5V 的直流电可直接加在数据线，其供电电流的大小则由集线器端口决定，其范围可为 100～500mA。

USB 接口使用 A 系列和 B 系列两类不同的连接器，如图 7-23 所示。

A 系列连接器是为那些要求电缆保留永久连接的设备而设计的，如集线器、键盘和鼠标器。大多数主板上的 USB 端口通常是 A 系列连接器。

B 系列连接器是为那些需要可分离电缆的设备设计的，如打印机、扫描仪、Modem、电话和扬声器等。

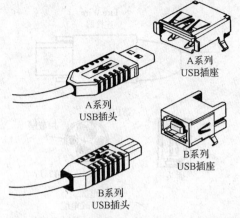

图 7-23　USB 接口的 A 系列和 B 系列连接器

尽管 USB 接口可同时使用 A 系列和 B 系列两类不同的连接器，但连接到计算机的一端（即上游 Upstream 端）必须使用 A 型连接器，外设端（即下游 Downstream 端）可使用 A 型连接器也可使用 B 型连接器。因此，在扩充 USB 接口的集线器中，就有 A 型连接器与 B 型连接器。

USB 接口的每个连接器中有 4 个引脚，其中中间的两个引脚用来传递差动数据，另外两个引脚则为 USB 接口提供电源。与此对应，所有的 USB 电缆中包含 4 根 USB 的电缆线。引脚和电缆线的规格定义颜色，如表 7-8 所示。

表 7-8　USB 连接器引脚及电缆线标准

A/B 系列连接器引脚编号	引脚含义	电缆线颜色	电缆线标准
1	V_{CC}	红	AWG20～28
2	D−	白	AWG28
3	D+	绿	AWG28
4	Ground	黑	AWG20～28

其中，一对的电源线采用 AWG（America　Wire Gauge）20～28 导线。但对于传递差动数据线的线规，全速的差动数据信息传输线必须采用屏蔽双绞线，以防止高速传输时产生电磁干扰。但对于低速的差动数据信号线就不需要采用屏蔽双绞线。

2. IEEE-1394 接口

IEEE-1394 接口也称 Firewire 接口，是 Apple 公司开发的串行数据总线标准，作为新一代的高性能串行总线标准，IEEE-1394 的主要性能和特点如下。

（1）最多 63 个设备可以通过菊花链方式连接到单个 IEEE-1394 适配卡上。

（2）支持热插拔，即系统在全速工作时，IEEE-1394 设备也可以插入或拆除。

（3）支持即插即用，不需要人工设定。

（4）总线结构：采用读/写映射空间的结构。

（5）速度快，目前有 3 种传输速率：100Mbit/s、200Mbit/s 和 400Mbit/s。

（6）兼容性好，可适应台式个人机用户的全部 I/O 要求，并可以与 SCSI 并口（小型计算机系统接口）、RS-232C 标准串口、IEEE-1284 标准并口、Centronics 接口和 Apple's Desktop Bus 等接口兼容。

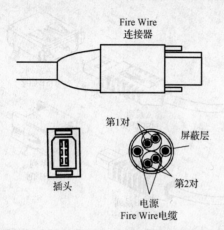

图 7-24　IEEE-1394 六角形的连接器和电缆线

(7) 接口设备端对端 (Peer-to-Peer)，不分主从设备，可以不通过计算机而实现在两台摄像机之间直接进行数据传递，也可以让多台计算机共享一台摄像机。

(8) 物理体积小，易于安装，制造成本低。

(9) 使用 5 根导线，其中 2 对 (4 根) 用作数据传输，2 条用于提供电源，如图 7-24 所示。

IEEE-1394 接口使用两种类型连接器，即六角形的连接器 (6 针) 和小型四角形连接器 (4 针)。

最早的 IEEE-1394 连接器是苹果公司开发的六角形的连接器 (6 针)，主要用于普通的台式电脑，特别是 Apple 电脑。

小型四角形的连接器 (4 针) 又称为 ILINK，是 SONY 公司对六角形连接器的改良，外观上要比六角形的连接器小很多。由于没有提供电源的引脚，故无法供电，主要用于笔记本电脑和 DV (Digitial Video) 上传输影像数据。

两种 IEEE-1394 连接器可谓是各有千秋，目前市面上不仅有 4 针对 4 针、6 针对 6 针的传输线缆，也有 6 针转 4 针的传输线缆。

3. USB 和 IEEE-1394 的性能比较

这里就现在应用最广泛的 USB 和 IEEE-1394 进行对比。其实，IEEE-1394 的 400Mbit/s 最大传输速率远远领先于 USB 1.1。但由于 USB 2.0 的出现，打破了这个局面，在理论上它的传输速率达到 480Mbit/s，已经超过了目前 IEEE-1394 的速度。除了速度的差异外，两者的主要区别在于其各自面向的应用上。下面将这两种接口的主要性能进行比较，如表 7-9 所示。

表 7-9　IEEE-1394 和 USB 主要性能比较

比较项目	IEEE-1394	USB 1.1/USB 2.0
PC 主机请求	否	是
最多外设数	63	127
支持热插拔	是	是
设备间最大电缆长度/m	4.5	5
电缆线数	6 根 (2 对信号线+2 根电源线)	4 根 (1 对信号线+2 根电源线)
数据块大小/B	512	256
编码方式	DS LINK	NRZI
现行传输速率/(Mbit/s)	100～400	12～480
未来传输速率	800Mbit/s (100MB/s) 和 1.6Gbit/s (125MB/s)	无
典型设备	DV 便携式摄像机、数码相机、HDTV 机顶盒和扫描仪等	键盘、鼠标器、打印机、扫描仪、数码相机、游戏棒和 Modem 等

7.4　可编程串行接口芯片 8251A

7.4.1　8251A 的基本性能

8251A 是通用可编程串行通信接口芯片，其主要基本性能如下。

(1)可工作于同步方式和异步方式。

(2)同步方式波特率为 64Kbit/s；异步方式下，波特率为 0～19.2Kbit/s。

(3)同步方式下，其通信格式为每个字符 5～8 位数据位，可使用内部或外部同步检测，可自动插入同步字符。

(4)异步方式下其通信格式为每个字符 5～8 位数据位、1 个启动位、1 个位作为奇/偶校验，并能根据编程为每个数据增加 1 个、1.5 个或 2 个停止位，可以检查假启动位，自动检测和处理停止位。

(5)全双工的工作方式，其内部可提供具有双缓冲器的发送器和接收器。

(6)提供出错检测，具有奇偶、溢出和帧等 3 种错误校验电路。

7.4.2　8251A 的内部结构

8251A 的内部结构如图 7-25 所示，由发送器、接收器、数据总线缓冲器、读/写控制电路和调制解调控制电路等几部分组成。

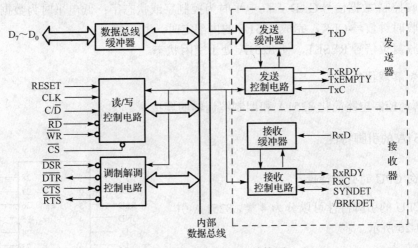

图 7-25　8251A 的内部结构图

1. 数据总线缓冲器

数据总线缓冲器用于 8251A 芯片与系统双向数据总线连接，CPU 与外设间的输入、输出数据、CPU 向 8251A 发出的编程控制字以及 CPU 读取的 8251A 工作状态等信息，都是通过数据总线缓冲器进行传输的。数据总线缓冲器包含 3 个 8 位的缓冲寄存器，其中，状态缓冲寄存器用来存放 8251A 的状态信息，接收缓冲数据寄存器存放准备送往 CPU 的数据，发送数据缓冲寄存器用来存放 CPU 向 8251A 写入的数据信息或控制命令。

2. 发送器

发送器由发送缓冲器和发送控制电路两部分组成。发送器的功能是接收由 CPU 发来的并行数据信息，自动转换为所要求的帧格式，然后通过 TxD 引脚逐位串行输出。

对于异步方式，则由发送控制电路在其首尾加上启动位，并根据控制字加上校验位和停止位。

对于同步方式，则在发送数据之前，发送器先自动送出 1 个或 2 个同步字符 SYNC，然后才逐位串行输出数据。

3. 接收器

接收器由接收缓冲器和接收控制电路两部分组成。接送器的功能是从 RxD 引脚上接收串行数据并将其转换为并行数据后存入接收缓冲数据寄存器。

对于异步方式，要进行奇偶校验和去掉停止位后。对于同步方式，首先搜索同步字符，即将接收下来的信息与同步字符寄存器的内容进行比较，当两个寄存器的内容相等时，表示同步字符已经找到，同步已经实现。接收器和发送器间就开始进行数据的同步传输。

4. 读/写控制电路

读/写控制电路接收 CPU 发来的控制信号，实现对 8251A 内部的各项操作，功能如下。

(1)接收写信号 $\overline{\text{WR}}$，并将来自数据总线的数据和控制字写入 8251A。

(2)接收读信号 $\overline{\text{RD}}$，并将数据或状态字从 8251A 送往数据总线。

(3)接收控制/数据信号 $C/\overline{D}$，高电平时为控制字或状态字；低电平时为数据。

(4)接收时钟信号 CLK，完成 8251A 的内部定时。

(5)接收复位信号 RESET，使 8251A 处于空闲状态。

5. 调制解调控制电路

调制解调控制电路简化 8251A 和调制解调器的连接。

7.4.3　8251A 的引脚特性

1. 面向 CPU 的引脚特性

面向 CPU 的引脚特性可以分为 4 类，8251A 引脚图如图 7-26 所示。

1)片选信号

$\overline{\text{CS}}$：片选信号，控制 8251A 芯片是否处于工作状态。

2)数据信号

$D_7 \sim D_0$：8 位三态双向数据线，与系统的数据总线相连，用以从 CPU 输入 CPU 发送到数据信息和 8251A 的编程命令字，或向 CPU 输出数据信息或 8251A 的状态信息。

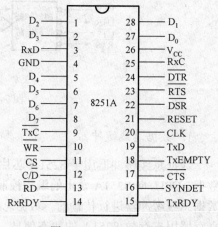

图 7-26　8251A 引脚图

3）读/写控制信号

$\overline{RD}$：读信号，输入，低电平有效，CPU 从 8251A 读取数据信息或者状态信息。

$\overline{WR}$：写信号，输入，低电平有效，CPU 向 8251A 写入数据信息或者控制信息。

C/$\overline{D}$：控制/数据信号，区分当前读/写的是数据还是控制信息或状态信息，即高电平表示数据线传送的是控制信息或状态信息；低电平表示数据线传送的是数据信息。该信号也可看作 8251A 数据口/控制口的选择信号。

由 $\overline{RD}$、$\overline{WR}$、C/$\overline{D}$ 这 3 个信号的组合决定了 8251A 的读写操作，具体如表 7-10 所示。

表 7-10　8251A 读写操作表

$\overline{CS}$	C/$\overline{D}$	$\overline{RD}$	$\overline{WR}$	操　作
0	0	0	1	CPU 从 8251A 读取数据信息
		1	0	CPU 向 8251A 写入数据信息
	1	0	1	CPU 从 8251A 读取状态信息
		1	0	CPU 向 8251A 写入控制命令字
	×	1	1	三态，不进行任何读写操作
1	×	×	×	三态，8251A 未被选中，不工作

由于 8251A 没有地址线，一般可将 $\overline{CS}$、C/$\overline{D}$ 和 CPU 的地址信号相连接，即将 $\overline{CS}$、C/$\overline{D}$ 看作地址输入线，此时从表 7-10 可看出，数据输入端口和数据输出端口合用同一个偶地址；而状态端口和控制端口合用同一个奇地址。

4）收发联络信号

TxRDY：发送器准备好信号，用来通知 CPU，8251A 已准备好发送一个字符。

RxRDY：接收器准备好信号，用来表示当前 8251A 已经从外部设备或调制解调器接收到一个字符，等待 CPU 来取走。

SYNDET：同步检测信号，只用于同步方式。

2. 面向外设的引脚特性

面向外设的引脚按信号类型可分为两大类。

1）收发联络信号

$\overline{DTR}$：数据终端准备好信号，输出，低电平有效，通知外设，CPU 当前已经准备就绪。

$\overline{DSR}$：数据设备准备好信号，输入，低电平有效，表示当前外设已经准备好。

$\overline{RTS}$：请求发送信号，输出，低电平有效，表示 CPU 已经准备好发送。

$\overline{CTS}$：允许发送信号，输入，低电平有效，是对 $\overline{RTS}$ 的回答。

实际使用时，这 4 个信号中通常只有 $\overline{CTS}$ 必须为低电平，其他 3 个信号可以悬空。

2）数据信号

TxD：发送器数据输出信号。当 CPU 送往 8251A 的并行数据被转换为串行数据后，通过 TxD 引脚向外设发送。

RxD：接收器数据输入信号。通过 RxD 引脚接收从外设送来的串行数据，串行数据被 8251A 接收后，被转换为并行方式。

3. 时钟、电源和地引脚特性

8251A 除了与 CPU 及外设的连接信号外，还有电源端、地端和 3 个时钟端。

CLK：时钟输入，用来为 8251A 提供时钟信号。

TxC：发送器时钟输入，用来控制发送字符的速度。

RxC：接收器时钟输入，用来控制接收字符的速度。

在实际使用时，RxC 和 TxC 往往连在一起，由同一个外部时钟提供。

V_{CC}：电源输入。

GND：接地。

7.4.4　8251A 的控制字

8251A 的控制字有工作方式控制字、操作命令控制字和控制状态字 3 个，关于控制字的编程可分为两类：一是由 CPU 向 8251A 发出的方式选择控制字和操作命令控制字；二是 CPU 从 8251A 读出 8251A 状态控制字。

1. 方式选择控制字

8251A 的方式选择控制字的格式如图 7-27 所示，用于决定 8251A 是工作在异步还是同步方式。

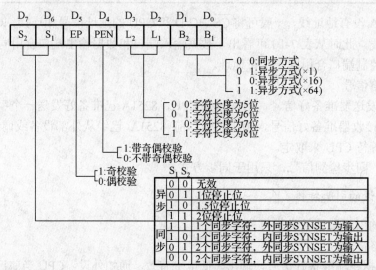

图 7-27　8251A 的方式选择控制字格式

2. 操作命令控制字

8251A 的操作命令控制字的格式如图 7-28 所示。操作命令控制字用于控制 8251A 是处于发送数据信息状态还是接收数据信息状态，以及通知外设是发送数据信息还是准备接收数据状态。

3. 状态控制字

CPU 可通过指令读出 8251A 状态控制字，以了解 8251A 当时的工作状态，做出是否进行新的数据传送的决定。状态控制字放在状态寄存器中，CPU 只能读状态寄存器而不能写状态寄存器。状态控制字的格式如图 7-29 所示。

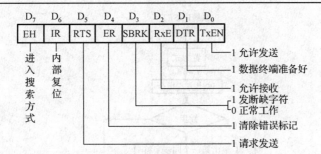

图 7-28　8251A 的操作命令控制字格式

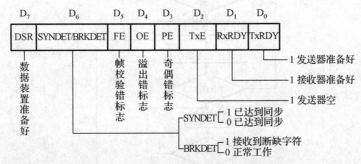

图 7-29　8251A 的状态控制字的格式

例 7.9　设 8251A 的数据端口为 20H，控制端口和状态端口地址为 21H，编写一程序段，查询 8251A 接收器是否准备好；若准备好了，则从数据端口输入数据到 AL 中。

解

```
        ...
LOOP:   IN    AL, 21H      ; 读状态口
        AND   AL, 02H      ; 查 D₁ = 1? 即是否准备好了
        JZ    LOOP         ; 未准备好，则等待
        IN    AL, 20       ; 已准备好，则输入数据到 AL 中
        ...
```

7.4.5　8251A 的初始化

1. 8251A 的初始化过程

芯片复位以后，在数据传输前，要对 8251A 进行初始化，才能确定 8251A 的工作方式，从而保证能正确地传送数据信息。由于 8251A 没有地址线，一般可将 $\overline{CS}$、$C/\overline{D}$ 和 CPU 的地址信号 A_1、A_0 相连接，这样，数据输入和输出端口共用一个偶地址，而状态端口和控制端口共用同一个奇地址。方式选择控制字和操作命令控制字本身无特征标志，两个字写入同一个奇地址端口，8251A 只能按写入的顺序来识别。8251A 的初始化流程图如图 7-30 所示。

2. 异步方式下的初始化程序举例

例 7.10　要使 8251A 工作在异步模式，波特率系数为 16，每个字符含 1 个启动位、7 个数据位、1 个停止位，使用奇校验。允许接收但不允许发送，数据终端准备好，清除错误标志，并请求发送。系统为 8251A 的控制端口分配的地址为 0081H。试完成其初始化程序段。

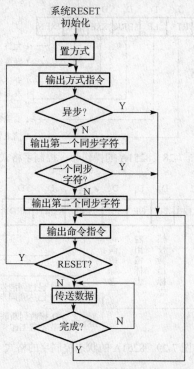

图 7-30　8251A 的初始化流程图

解　据题意,确定方式选择字为 0111 1010B = 7AH。而控制字为 0011 0110B,即 36H。则初始化程序段如下:

```
...
MOV  AL, 07AH        ; 工作方式选择字送入 AL
MOV  DX, 0081H       ; 控制端口地址送入 DX
OUT  DX, AL          ; 向控制端口地址写入工作方式选择字
MOV  AL, 36H         ; 设置操作命令控制字
OUT  DX, AL          ; 向控制端口地址写入操作命令控制字
...
```

3. 同步方式下初始化程序举例

例 7.11　8251A 工作于同步方式,2 个同步字符,设同步字符为 FFH,每字符 7 位数据位,使用偶校验。要求使 8251A 对同步字符进行检索,同时使状态寄存器中的 3 个出错标志复位。此外,还使 8251A 允许接收和发送,并通知 8251A 当前 CPU 已经准备好进行数据传输。若系统为 8251A 的控制端口分配地址为 0011H,试完成其初始化程序段。

解　据题意,确定工作方式选择字为 0011 1000B = 38H。而操作命令控制字为 1001 0111B = 97H。则初始化程序段如下:

```
...
MOV  AL, 38H         ;
OUT  11H, AL         ; 写入工作方式选择字
MOV  AL, FFH         ;
OUT  11H, AL         ; 写入同步字符 FFH
OUT  11H, AL
```

```
    MOV    AL，97H          ；写入操作命令控制字
    OUT    11H，AL
    …
```

7.4.6　8251A 应用举例

例 7.12　利用两片 8251A 通过标准串行接口 RS-232C，实现两台 8086 微机之间的串行通信，其系统连接图如图 7-31 所示。系统采用异步传送方式，8 位数据，1 位停止位，偶校验，波特率系数为 64，允许发送。8251A 的数据端口和控制/状态端口地址分别为 20H、21H，数据缓冲区为 BUFF，数据缓冲区的大小为 FFH。用查询方式控制传输过程。试编写初始化程序。

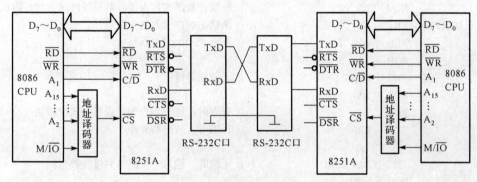

图 7-31　8251A 的系统连接图

解　查询方式的通信控制过程如下。

对于发送器：其 CPU 一旦查询到 TxRDY 有效时，就向 8251A 并行输出一个字节数据。

对于接收器：其 CPU 一旦查询到 RxRDY 有效，就从 8251A 输入一个字节数据，一直进行到全部数据传送完毕为止。

发送方 8251A 的初始化程序及其发送过程控制程序段如下：

```
    …
STAR:  MOV   AL，7FH
       OUT   21H，AL         ；写入工作方式控制字
       MOV   AL，11H
       OUT   21H，AL         ；写入操作命令控制字

       MOV   DI，OFFSET BUFF  ；设置发送数据块 BUFF 首地址指针
       MOV   CX，FF           ；设置计数器初值为发送数据缓冲区 BUFF 的长度
NEXT:  IN    AL，20H          ；输入状态
       AND   AL，01H          ；查询 TxRDY 有效否
       JZ    NEXT             ；无效则等待

       MOV   AL，[DI]
       OUT   20H，AL          ；向数据端口输出一个字节数据
       INC   DI               ；修改地址指针
       DEC   CX
       JZ  ENDT               ；判断是否发送完毕
```

```
            LOOP  NEXT               ; 未传输完，则继续下一个
      ENDT:  HLT
            ⋮
```

接收方 8251A 的初始化程序及其接收过程控制程序段如下：

```
      STAR:  MOV  AL, 7FH
            OUT  21H, AL            ; 写入工作方式控制字
            MOV  AL, 14H
            OUT  21H, AL            ; 写入操作命令控制字

            MOV  DI, OFFSET BUFF    ; 设置接收数据缓冲区 BUFF 首地址指针
            MOV  CX, FF             ; 设置计数器初值为接收数据缓冲区 BUFF 的长度
      NEXT:  IN   AL, 21H           ; 从状态端口读入状态信息
            ROR  AL, 1             ; 查询 RxRDY 有效否
            ROR  AL, 1
            JNC  NEXT              ; 无效则等待
            ROR  AL, 1
            ROR  AL, 1             ; 有效时，进一步查询是否有奇偶校验错
            JC   ERR              ; 有错时，转出错处理

            IN   AL, 20H           ; 无错时，输入一个字节到接收数据块
            MOV  [DI], AL
            INC  DI               ; 修改缓冲区的当前地址指针
            DEC  CX
            JZ   ENDT             ; 判断缓冲区是否已满，是就结束

      LOOP  NEXT                   ; 未传输完，则继续下一个
      ERR:   CALL  ERR-DIS
      ENDT:  HLT
```

7.5 可编程计时器/计数器 8253

Intel 8253 是可编程间断定时器 PIT，也可以用作事件计数器。每个 8253 芯片有 3 个独立的 16 位计数器通道，每个计数器有 6 种工作方式，都可以按二进制或十进制(BCD)计数。

Intel 8254 是 8253 的改进型，内部工作方式和外部引脚与 8253 完全相同，只是增加了一个读回命令和状态字，时钟输入频率 8253 支持 2MHz，8254 支持 10MHz。所以，本节所论述的 8253 同样适用于 8254。

7.5.1 8253 PIT 的外部特点

8253 是一个双列直插式器件，具有 24 个引脚，使用单一+5V 电源。具有 3 个独立的 16 位计数器。

7.5.2 8253 PIT 的主要功能

8253 PIT 的主要功能如下。

(1)每个计数器均可以按照 BCD 码或二进制进行计数。

(2)每个计数器的计数速率可高达 2MHz。

(3)每个计数器有 6 种工作方式都可由程序设置。

(4)所有输入/输出电平均与 TTL 电平兼容。

7.5.3 8253 PIT 的工作原理

8253 在工作时体现在两个方面:一方面按照计数器方式工作,即设置好计数初值后便开始减 1 计数,计到"0"时输出一个信号,计数器停止计数;另一方面作为定时器方式工作,定时常数设定后便进行减 1 计数,按定时常数不断地输出为时钟周期的整数倍(即定时常数)的定时间隔。本质上讲都是基于计数器的减"1"工作。当作为定时器使用时,减计数脉冲来自 8253 得时钟脉冲。当作为计数器使用时,还可以对外部事件的脉冲进行减计数。当计数结束时,读出计数器的值,与计数初值相减,算出外部事件的脉冲数。

当它作为定时器使用时,用系统时钟脉冲对减计数器进行减计数。当它作为计数器使用时,用外部事件的脉冲对计数器进行减计数。

8253 的具体用途如下。

(1)在多任务分时系统中用作程序切换的中断信号。

(2)可以向 I/O 设备输出精确的定时信号。

(3)实现时间延迟。

(4)作为一个可编程的时钟。

(5)可以作为某种外部事件的计数器。

图 7-32 是典型的定时器/计数器原理图。图 7-32 中有 4 个寄存器:控制寄存器、初始值寄存器、计数输出寄存器和状态寄存器。

控制寄存器从数据总线缓冲器接收控制字,从而确定 8253 的操作方式,此寄存器中的数据不可读取;初始值寄存器存放初始数据,此值由程序写入,若不复位或没有向该寄存器写入新数据则一直保持原值;状态寄存器随时提供定时器/计数器的当前状态,根据这些状态可了解定时器/计数器某一时间的内部情况;计数输出寄存器数据可随时被 CPU 读出,它可以反映出计数值的变化情况。

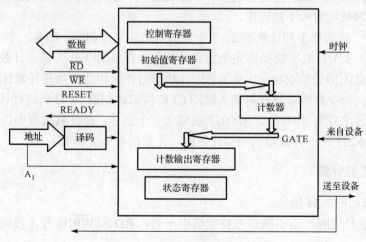

图 7-32 定时器/计数器的原理图

7.5.4　8253 PIT 的内部结构

8253 的内部结构如图 7-33 所示。

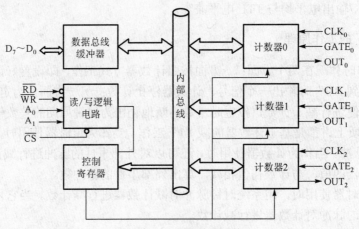

图 7-33　8253 的工作原理

(1) 数据总线缓冲器。这是 8253 同 CPU 数据总线连接的 8 位双向三态缓冲器。CPU 用 I/O 指令对 8253 读写的所有数据都是通过数据总线缓冲器传送的，包括在初始化编程时，CPU 写入 8253 的控制字；CPU 向 8253 的某一计数器写入的计数值；CPU 从 8253 的某一计数器读取的计数值。

(2) 读/写(R/W)逻辑电路。8253 内部操作的控制部分，它决定 3 个计数器和控制寄存器中哪一个能工作，并控制内部总线上数据传送方向。R/W 逻辑的输入信号来自系统控制总线，获得信号后将其转变成 8253 内部操作的各类控制信号。R/W 逻辑获得的控制信号如下：

A_0、A_1：对 3 个计数器和控制器进行寻址。

$\overline{RD}$：读信号，低电平有效，表示 CPU 正在对 8253 的某一个计数器进行读操作。

$\overline{WR}$：写信号，低电平有效，表示 CPU 正在对 8253 的某一个计数器的计时/计数初值或控制寄存器写入控制字。

(3) 控制寄存器。在 8253 初始化编程时，由 CPU 写入控制字，从而决定计数器的工作方式。此寄存器内容只能写入不能读出。

(4) 计数器 0、计数器 1 和计数器 2。3 个计数器功能完全相同，都有一个 16 位的可预置值的减法计数器。3 个计数器的操作完全独立，各自均有 6 种工作方式。计数器的输入与输出以及门控信号之间的关系取决于工作方式。计数器的计数初值必须在开始计数之前由 CPU 用输出指令预置。每个计数器都是对输入脉冲 CLK 按二进制或 BCD 码进行计数，从预置值开始减数。当预置值减到 "0" 时，从 OUT 端输出一个信号。在计数过程中，CPU 可以随时用输入指令读取 8253 任一计数器的当前计数值，计数过程不受影响。

7.5.5　8253 PIT 的引脚

8253 的引脚如图 7-34 所示。

$\overline{CS}$：片选信号引脚。当引脚信号持续低电平时，$\overline{RD}$ 和 $\overline{WR}$ 信号才被确认；否则，被忽略。

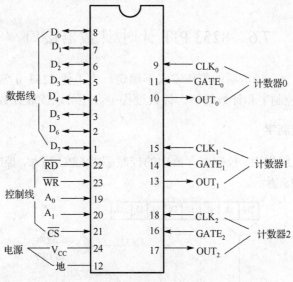

图 7-34　8253 的引脚

CLK：输入脉冲线。计数器就是对这个脉冲计数。8253 要求加在 CLK 引脚输入时钟周期 $T \gg 380\text{ns}$ 。

GATE：门控信号输入引脚。对计数器工作的控制信号由此输入，GATE = 0，禁止计数器工作；GATE = 1，允许计数器工作。

OUT：输出引脚。当计数为零时，OUT 引脚必有输出，输出信号波形取决于计数器的工作方式。

$D_0 \sim D_7$：8 位数据引脚。CPU 通过 $D_0 \sim D_7$ 对 8253 的数据总线缓冲器进行读/写操作。

V_{CC}：8253 PIT 电源引脚。要求电压为 5V。

8253 内部端口的选择由引脚 A_0 和 A_1 决定，通常接至地址总线 A_0 和 A_1。各通道的读/写操作选择如表 7-11 所示。

表 7-11　8253 PIT 的端口选择

$\overline{CS}$	$\overline{RD}$	$\overline{WR}$	A1	A0	寄存器选择和操作
0	1	0	0	0	写入计数器 0
0	1	0	0	1	写入计数器 1
0	1	0	1	0	写入计数器 2
0	1	0	1	1	写入控制寄存器
0	0	1	0	0	读计数器 0
0	0	1	0	1	读计数器 1
0	0	1	1	0	读计数器 2
0	0	1	1	1	无操作(三态)
1	×	×	×	×	禁止(三态)
0	1	1	×	×	无操作(三态)

8253 端口地址由片选信号和地址输入引脚 A_1、A_0 共同产生。

7.6　8253 PIT 计时/计数器接口

8253 没有复位信号，加电后的工作方式不确定。为了使 8253 正常工作，微处理必须对其初始化编程，写入控制字和计数初值。计数过程中，还可以读取计数值。

7.6.1　8253 PIT 的控制字

在 8253 的初始化编程中，控制寄存器中的控制字由 CPU 写入，控制字规定了 8253 的工作方式。格式如图 7-35 所示。

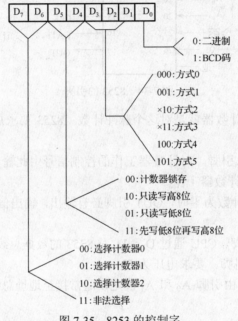

图 7-35　8253 的控制字

(1) 计数器选择(D_7D_6)控制字的最高两位，决定这个控制字属于哪一个计数器。由于 3 个计数器完全独立工作，所以需要 3 个控制字寄存器分别规定相应计数器的工作方式。但 8253 的控制字寄存器只有一个地址，所以必须由这两位来决定控制字属于哪一个计数器。

注意：控制字中的计数器选择与计数器的地址纯属两码事，不可混淆！后者用作 CPU 访问 8253 的计数器的地址。

(2) 数据读/写格式(D_5D_4)。CPU 向计数器写入初值和读取其当前状态时有几种不同格式。例如，$D_5D_4 = 10$，则写数据时，只写入高 8 位而低 8 位自动为 0。

(3) 工作方式选择($D_3D_2D_1$)。8253 的每个计数器的 6 种不同的工作方式由此 3 位决定。例如，$D_3D_2D_1 = 000$，则某一个计数器工作于方式 0，具体地，若 $D_7D_6 = 00$，则计数器 0 工作于方式 0。

(4) 数制选择(D_0)。8253 的每个计数器有两种计数制：二进制计数和 BCD 码计数，由 D_0 决定。二进制计数时，初值写入范围是 0000H～FFFFH，其中 FFFFH 代表 65536，为最大计数初值。在 BCD 码计数时，初值写入范围是 0000～9999，其中，9999 代表 10000，为最大计数初值。

(5)计时常数的计算：

计时常数 ＝ 定时时间/8253 的时钟周期

由于 8253 的计数器是 16 位的，能存的最大无符号数为 65536。因此，它的定时时间是有限的。例如，设 8253 的时钟频率为 1MHz，则最大的延时大约是 65ms。更长的延时可以通过记录 8253 每 65ms 产生的中断次数来解决。此时就要靠软件来帮助，也可以用 8253 的两个计时通道的串联来解决。

7.6.2 Intel 8253 PIT 的工作方式

1. 方式 0——计数结束产生中断

当方式 0 的控制字 CW（Control Word）写入控制器时，OUT 输出端输出低电平，此时计数器未获得初值，计数未开始。欲开始计数，必须持续有 GATE = 1，写入计数初值后，计数器开始计数，在计数过程中 OUT 引脚持续低电平，当计数器计数到"0"时，OUT 引脚输出高电平。工作过程如图 7-36 所示。

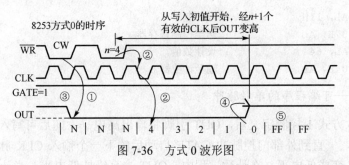

图 7-36 方式 0 波形图

方式 0 的工作特点如下。

(1)计数器只计数一次。计数器计到"0"后不再重新计数，OUT 引脚持续输出高电平，直到重新写入计数初值后，OUT 引脚输出低电平，计数器重新开始计数。

(2)8253 内部是在 CPU 写计数值的 $\overline{WR}$ 信号上升沿将计数初值写入计数器的计数初值寄存器。但是，计数初值在 $\overline{WR}$ 信号上升沿后的下一个 CLK 脉冲由计数初值寄存器送到计数器，计数开始。可见，门控信号与计数初值的写入时刻有关，设计数初值为 n。若门控引脚 GATE 为高电平，在写入计数初值后，再经过 $n+1$ 个 CLK 脉冲，OUT 才输出高电平；若门控引脚 GATE 为低电平，写入计数初值后，计数初值仍将在下一个 CLK 脉冲到来时将计数初值由计数初值寄存器送到计数器，但必须等到 GATE 引脚变为高电平时才开始计数，因此，在 GATE = 1 后，经过 n 个 CLK 脉冲，OUT 引脚输出高电平。图 7-36 中所示①写入控制字（CW）后，OUT 变为低电平。②写入初值（$n = 4$）后，再经一个 CLK 信号，初值进入计数执行部件。③GATE=1 允许对 CLK 计数，GATE=0 计数停止。④计数值到 0 时计数结束，OUT 变为高电平。⑤计数结束后，计数值保持 FFH 不变，直到重新送放计数初值。

(3)门控信号可以暂停计数过程。在计数过程中，当 GATE = 0 时，计数暂停，直到 GATE = 1 后继续计数。工作波形如图 7-37 所示。

(4)在计数过程中可以改变计数值。若是 8 位计数，如果有新的计数值送至计数器，该计数值将在下一个 CLK 脉冲到来时被送到计数器执行部件。此后，计数器就按照新的计数初值计数。若是 16 位计数，写入第 1 个字节后，计数器停止计数，写入第 2 个字节后，新计数值立即生效，计数器按照新的计数值开始计数。

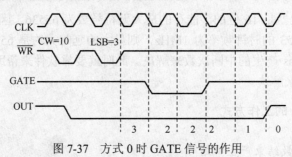

图 7-37　方式 0 时 GATE 信号的作用

(5) 8253 可产生中断请求信号。欲用作中断请求信号，8253 必须外接中断优先权排队电路和向量产生电路。

例 7.13　8253 的地址为 04H～07H，要使计数器 0 工作在方式 0，仅用 8 位计数，计数值为 64，设 8253 的地址为 04H～07H，其初始化程序如下：

```
MOV    AL, 11H          ; 设控制字
OUT    07H, AL          ; 送至控制寄存器
MOV    AL, 64           ; 设计数值
OUT    04H, AL          ; 输至计数器 0
```

2. 方式 1——可编程序的单拍脉冲

当 CPU 写入方式 1 控制字之后，OUT 引脚将输出高电平。随后可写入计数值，但计数器并不开始计数，一直到外部门控脉冲 GATE 启动后的下一个输入 CLK 脉冲的下降沿开始计数，输出 OUT 变成低电平。在计数过程中，OUT 一直维持低电平。当计数到 0 时，OUT 引脚变为高电平，因此，输出为一个单脉冲。在另一个外部门控脉冲 GATE 启动下，则可以再产生一个单脉冲，如图 7-38 所示。

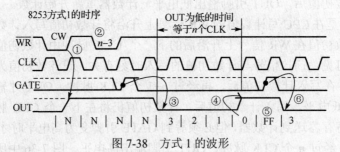

图 7-38　方式 1 的波形

方式 1 的工作特点如下。

(1) 若设置的计数值为 n，则输出的单脉冲宽度为 n 个 CLK 脉冲输入间隔。

(2) 计数结束后，外部门控脉冲再次触发，重新产生等宽单拍脉冲。计数器计到 0 后，再给 GATE 一个外部门控脉冲，可以再次输出一个等宽度的单拍脉冲。

注意： 无须再送入计数值。图 7-38 中所示，①写入控制字（CW）后，OUT 变为低电平。②写入初值（$n=3$）后，初值进入初值寄存器 CR。③GATE 上升沿使边沿触发器受到触发，再经一个 CLK 信号，初值进入计数执行部件 CE，OUT 信号变低。此后允许对 CLK 计数。④计

数值到 0 时计数结束，OUT 变为高电平。⑤计数结束后，计数值保持 FFH 不变。⑥GATE 上升沿使计数初值自动进入计数执行部件，OUT 信号重新为低，并开始新一轮计数。

(3)计数过程中外部门控脉冲再次触发，单拍脉冲宽度展宽。在门控脉冲上升沿过后的一个 CLK 脉冲下降沿，计数器重新计数，如图 7-39 所示。

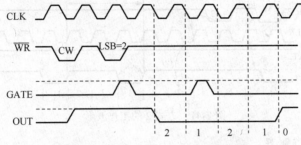

图 7-39　方式 1 时 GATE 信号的作用

(4)计数值重置，重新触发时生效。在计数过程中，可以重新写入计数值，计数过程不受影响，计数到 0，OUT 引脚输出高电平。外部门控脉冲再次触发，计数器按照新的计数值计数，如图 7-40 所示。

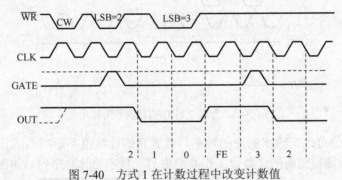

图 7-40　方式 1 在计数过程中改变计数值

例 7.14　设 8253 的端口地址为 E4H～E7H，若要使计数器 2 工作在方式 1，二进制计数，计数值为 04H，初始化程序如下：

```
MOV    AL, 92H          ;设控制方式
OUT    0E7H, AL         ;输至控制寄存器
MOV    AL, 04H          ;设计数值
OUT    0E6H, AL         ;输至计数器 2
```

3. 方式 2——分频器

当 CPU 写入方式 2 控制字之后，OUT 引脚输出为高电平。GATE 引脚持续高电平，计数器写入计数初值后的下一个 CLK 脉冲开始计数。在计数过程中，OUT 引脚始终输出高电平，当计数器计数到 1 时，OUT 引脚输出变为低电平，经过一个 CLK 周期后，OUT 引脚再次输出高电平，同时，计数器开始重新计数，如此周而复始。若计数值为 n，每输入 n 个 CLK 脉冲，OUT 引脚输出一个脉冲，如图 7-41 所示。

图 7-41 中所示，①写入控制字(CW)后，OUT 变为高电平。②写入初值($n=4$)后，再经一个 CLK 信号，初值进入计数执行部件，开始计数。③GATE = 1 允许对 CLK 计数，GATE =

0 计数停止。④计数值到 1 时计数结束，OUT 变为低电平，经一个 CLK 后，OUT 变高，计数执行部件自动从初值寄存器获得原初值，并自动重新开始新一轮计数，如此反复进行，直到重新对 8253 初始化或使 GATE 变低。

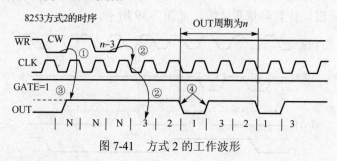

图 7-41　方式 2 的工作波形

方式 2 的工作特点如下。

(1) 不用重新设置计数值，能够连续工作，输出固定 n 分频的脉冲。

(2) 计数过程门控脉冲可控。计数过程中，当 GATE = 0 时，计数器暂停计数。计数器在 GATE = 1 后的下一个时钟恢复计数初值并重新开始计数，如图 7-42 所示。

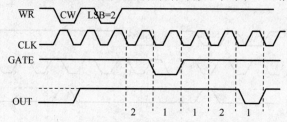

图 7-42　方式 2 时 GATE 信号的作用

(3) 重置计数值可改变输出脉冲的频率。重置新的计数值不影响当前计数过程，从下一次计数开始，计数器按照新的计数值工作并产生另一频率的脉冲序列，如图 7-43 所示。

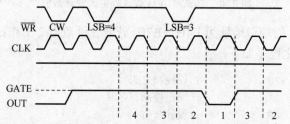

图 7-43　方式 2 在计数过程中改变计数值

例 7.15　若要使计数器 1 工作于方式 2，按 BCD 码计数，计数值为 5。设 8283 的端口地址为 04H～07H。初始化程序为如下：

```
MOV    AL, 55H          ；设控制字
OUT    07H, AL          ；输至控制寄存器
MOV    AL, 5            ；设计数值
OUT    05H, AL          ；输至计数器 1
```

4. 方式 3——可编程方波速率发生器

同方式 2 一样，方式 3 的输出也是周期性的。但方式 3 的输出中，波形为基本对称的矩

形波或方波(即一半为高电平,另一半为低电平)。在方式 3 下,CPU 写入控制字后,OUT引脚输出高电平,若 GATE = 1,CPU 写入计数值后立即开始计数,OUT 引脚仍然保持高电平,直至计数器计数到一半时才输出低电平,计数器计到 0 后,OUT 引脚再次输出高电平,同时,计数器又重新开始计数,重复前面的过程,如此周而复始,输出波形为基本对称的矩形波或方波,如图 7-44 所示。

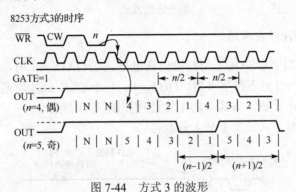

图 7-44　方式 3 的波形

方式 3 的工作特点如下。

(1)若计数值为偶数,则 CPU 写入计数值 n 后,每个 CLK 脉冲到来时,计数器减 2 计数,当计到"0"时,OUT 引脚输出状态改变,同时,计数器重新装入计数值并开始计数,重复前面的过程,如此周而复始地进行。输出方波的周期为 n 个 CLK 脉冲周期。

(2)若计数值为奇数,则 CPU 写入计数值 n 后,第一个 CLK 脉冲到来时,计数器减 1。此后,每个脉冲到来时,计数器减 2,计数器计到 0 后,OUT 引脚输出状态改变,同时,计数器重新装入计数值并开始计数,第一个 CLK 脉冲到来时计数器减 3。此后,每一个 CLK脉冲到来时计数器减 2,直至计数器计数到 0,OUT 引脚输出状态改变,计数器重新装入计数值并重复前面的过程,如此周而复始地进行。OUT 引脚输出的一个周期的波形中,有 $(n+1)/2$ 个 CLK 脉冲周期为高电平;有 $(n-1)/2$ 个 CLK 脉冲周期为低电平。设 $n = 5$,工作波形如图 7-44 所示。

(3)GATE 信号的计数过程控制。GATE = 1,计数器允许计数;GATE = 0,计数器禁止计数。在计数过程的低电平期间,若 GATE = 0,计数器停止计数,待 GATE = 1 后,计数器重新装入计数值并开始计数。工作过程如图 7-45 所示。

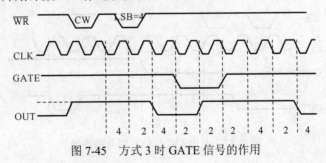

图 7-45　方式 3 时 GATE 信号的作用

(4)在计数期间,新计数值的写入不影响现行的计数过程。新计数值将在现行半周期结束时被装入计数器。但是,若方波半周期结束之前且在新计数值写入之后 8253 收到 GATE脉冲,则计数器便在下一个 CLK 脉冲到来时装入此新计数值并按此重新开始计数。

例 7.16 设 8253 的计数器 2 工作在方式 3，按 BCD 码计数，计数初值为 6，8253 的端口地址为 00H～03H。初始化程序如下：

```
MOV   AL, 97H        ; 设控制字
OUT   03H, AL        ; 输至控制寄存器
MOV   AL, 6          ; 设计数值
OUT   02H, AL        ; 输至计数器 2
```

5. 方式 4——软件触发选通

写入方式 4 的控制字后，OUT 引脚输出高电平。在 GATE = 1 时，CPU 写入计数值后计数器立刻开始计数，当计数器减到 0 时，OUT = 0，一个 CLK 脉冲周期后，OUT 引脚恢复高电平输出，计数器停止计数。方式 4 的工作过程如图 7-46 所示。

注意：要重新计数，必须重新装入计数值。

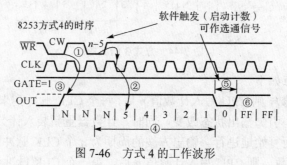

图 7-46　方式 4 的工作波形

图 7-46 中所示，①写入初值后，经 $n-1$ 个 CLK，OUT 变低。②OUT 为低的时间仅为 1 个 CLK，然后自动变高，并停止计数。③计数停止，OUT 一直为高，除非重新初始化或送初值。

方式 4 的工作特点如下。

(1)CPU 写入计数初值相当于软件启动。CPU 写入计数初值 n 后，在下一个 CLK 脉冲到来时，计数值被装入计数器并开始计数，n 个 CLK 脉冲周期后，OUT 引脚输出一个 CLK 脉冲周期的负脉冲。

(2)GATE 的控制作用。当 GATE = 1 时，允许计数；当 GATE = 0 时，禁止计数。因此，要做到软启动，必须保证 GATE 持续为"1"，如图 7-47 所示。

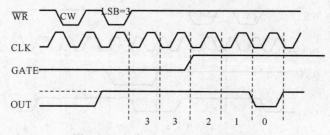

图 7-47　方式 4 时 GATE 信号的作用

(3)若计数值在计数过程中改变，计数器则立刻按照新计数值重新计数。若为双字节计数，CPU 写入第一字节时停止计数，第二字节写入后，计数器按照新的计数值计数，如图 7-48 所示。

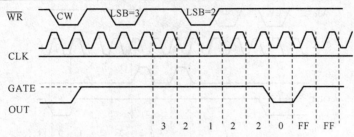

图 7-48　方式 4 在计数过程中改变计数值

例 7.17　设 8253 的计数器 2 工作在方式 4，按照二进制计数，计数初值为 6。8253 的端口地址为 03H～06H。初始化程序段如下：

```
MOV   AL, 98H      ; 设控制字
OUT   06H, AL      ; 输至控制寄存器
MOV   AL, 6        ; 设计数值
OUT   05H, AL      ; 输至计数器 2
```

6. 方式 5——硬件触发选通

设置了方式 5 的控制字后，OUT 为高电平。计数值设置后，计数器并不立刻计数，必须由 GATE 信号的上升沿触发计数器才开始计数。即计数器开始计数必须由硬件触发。计数到 0 后，OUT 输出低电平，一个 CLK 脉冲周期后，OUT 恢复高电平，计数器停止计数。要重新计数，8253 需要另一个 GATE 信号的上升沿，如图 7-49 所示。

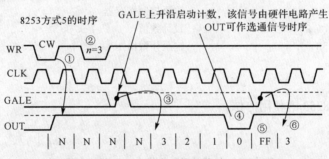

图 7-49　方式 5 的工作波形

图 7-49 中所示，①写入控制字(CW)后，OUT 变为高电平。②初值写入初值寄存器。③GATE 上升沿使计数执行部件在一个 CLK 后获得初值，并启动计数。④计数结束时，OUT 输出一个 CLK 宽度的负脉冲，该负脉冲可作为选通信号。⑤计数停止。⑥新的 GATE 上升沿，启动新一次计数。

方式 5 的工作特点如下。

(1)若计数值是置为 n，门控脉冲上升沿触发后 $n+1$ 个 CLK 脉冲周期由 8253 输出一个宽度为一个 CLK 脉冲周期的长度。

(2)重新施加门控脉冲，计数器重新计数。在计数器计数过程中，若再施加门控脉冲，计数器重新计数，8253 输出状态不受影响，如图 7-50 所示。

(3)要使计数器开始新一轮计数，必须施加门控脉冲信号。在计数过程中，只写入新的计数值，计数过程不受影响；若施加门控脉冲信号，计数器立刻按照新的计数值计数，如图 7-51 所示。

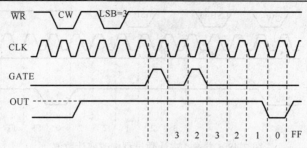

图 7-50　方式 5 时 GATE 信号的作用

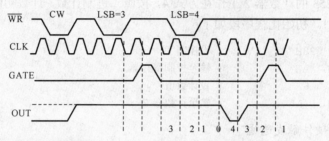

图 7-51　在方式 5 计数过程中改变计数值

例 7.18　设 8253 的端口地址为 E4H～E7H。使 8253 的计数器 1 工作于方式 5，按照 BCD码计数，计数初值为 99。其初始化程序段如下：

```
MOV   AL, 5BH              ; 设控制字
OUT   0E7H, AL             ; 输至控制寄存器
MOV   AL, 99               ; 设计数值
OUT   0E5H, AL             ; 输至计数器 1
```

7.6.3　应用举例

下面举例说明 8253 的使用方法。

1. 微机日时钟

以 2MHz 输入 8253，实现每 5s 定时中断。设 8253 端口地址为 40H～43H。

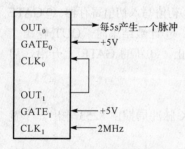

图 7-52　8253 作为定时器的例子

分析　8253 的最大初值 $= 65536$（写入初值 0）。$CLK = 2MHz$ 可实现的最大时间间隔为

$$65536/(2×10^6)\,s = 32.769ms$$

可见，仅用一个定时器无法实现 5s 定时中断，需要采用两个计数器串联：一个计数器的输出（OUT）作为另一个计数器的输入（CLK），如图 7-52 所示。

计数器 1：工作于方式 2，OUT_1 每 5ms 输出一个脉冲，初值为 $5×2×10^6/1000 = 10000$。

计数器 0：工作于方式 2，初值为 1000。

程序段如下：

```
MOV AL, 00110100B     ; 计数器 0 控制字，方式 2，二进制初值，先低 8 位，后高 8 位
OUT 43H, AL
```

```
MOV   AX, 1000              ; 计数器 0 计数初值
OUT   40H, AL
MOV   AL, AH
OUT   40H, AL
MOV   AL, 01110100B         ; 计数器 1 控制字, 方式 2, 二进制初值, 先低 8 位, 后高 8 位
OUT   43H, AL
MOV   AX, 10000            ; 计数器 1 计数初值
OUT   41H, AL
MOV   AL, AH
OUT   41H, AL
```

2. 提供可编程采样信号

用 8253 为 A/D 子系统提供可编程的采样信号。硬件电路如图 7-53 所示。

将 8253 的 3 个计数器都用上, 既可以设置采样频率, 也可以决定采样信号的程序宽度。我们可以让计数器 0 工作在方式 2, 计数器 1 工作在方式 1, 计数器 2 工作在方式 3, 计数初值分别为 N_0、N_1、N_2。设时钟频率为 f。

由图 7-53 可知, 计数器 1 的时钟由计数器 2 的输出提供, 故计数器 1 的时钟 CLK_1 的频率为 f/N_2, 计数器 1 工作在方式 1——可重复触发的单稳态方式, 则输出端 OUT_1 的脉冲频率为 $f/(N_2N_1)$。计数器 0 工作在方式 2——分频器, 输出端 OUT_0 的脉冲频率为 f/N_0, 计数器 0 的 $GATE_0$ 脉冲来自 OUT_1 的控制。OUT_0 连接至 A/D 转换器的 CONVERT 端。当用软件对 3 个计数器设置好计数初值后, 合上手动开关或继电器, A/D 转换器便按照 f/N_0 采样频率工作, 每次采样的时间为 N_2N_1/f。采样信号经 A/D 转换后送至 8255A。

图 7-53 中, 用 PC_5 作为中断请求信号, 从而引起中断, 进入中断处理子程序。CPU 在执行中断处理子程序的过程中, 将接口 8255A 中的数据输入累加器进行处理。

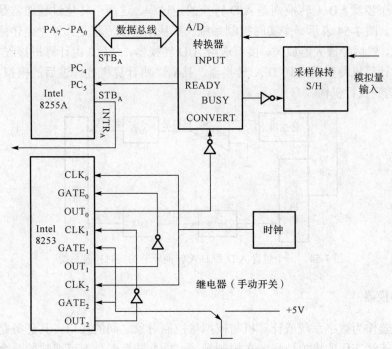

图 7-53　8253 硬件电路图

下面是系统的初始化程序段。这里设 8253 的地址为 0070H～0076H，即控制器端口地址为 76H，3 个计数器的端口地址分别为 0070H、0072H、0074H。为了便于阅读，将初始值 N_0、N_1 和 N_2 分别用标号 N0CNT、N1CNT 和 N2CNT 表示，其中 N_0 和 N_2 为二进制数，并且都小于 256，N_1 为 BCD 码。此程序设置了计数器的模式，并设置了计数初值。具体程序段如下：

```
MOV AL, 14H      ;
OUT 76H, AL      ; 将计数器 0 设置为方式 2
MOV AL, N0CNT    ;
OUT 70H, AL      ; 对计数器 0 设置计数初值 N0
MOV AL, 73H      ;
OUT 76H, AL      ; 将计数器 1 设置为方式 1
MOV AX, N1CNT    ;
OUT 72H, AL      ;
MOV AL, AH       ;
OUT 72H, AL      ; 对计数器 1 设置计数初值 N1
MOV AL, 96H      ;
OUT 76H, AL      ; 将计数器 2 设置为方式 3
MOV AL, N2CNT    ;
OUT 74H, AL      ; 对计数器 2 设置初值 N2
```

7.7　数/模(D/A)转换与模/数(A/D)转换接口

为了将模拟电流或模拟电压数字化，一般分两步进行：第一步，对模拟电流或模拟电压采样得到与其对应的离散脉冲序列；第二步，利用数/模转换器将离散脉冲序列转化成离散的数字信号。总之，就是将某一时刻的一个十进制数转化成二进制数。以上就是采样保持和 A/D 转换技术的两个步骤。D/A 转换则是 A/D 转换的逆过程，这两个转化过程通常是出现在同一个控制系统中。图 7-54 表示一个实时控制系统。其基本控制流程是：首先由传感器将物理量转化成电信号，然后经放大器放大，接着送给 A/D 转换器，之后，由计算机接收并进行处理；数据处理完后计算机将数据送到 D/A 转换器，接着，将计算机处理过后的模拟量经功放(功率放大器)再送到执行机构。

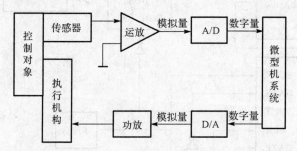

图 7-54　一个包含 A/D 和 D/A 转换环节的实时控制系统

7.7.1　D/A 转换器

D/A 转换器作为数字系统或计算机与模拟量控制对象之间的接口，其任务是将离散的数字信号转换为连续变化的模拟信号。在控制领域，D/A 转换器是不可或缺的一个环节。

　　数字量由一位一位的数位构成，每个数位都代表一定权值。例如，1000 0001，最高数位代表的权值是 $2^7 = 128$，该位代码 1 就表示 $1×128 = 128$；最低位的权值是 $2^0 = 1$，故该位代码 1 就表示 $1×1 = 1$，其余各位代码都表示 $2^x×0 = 0$，故二进制数 1000 0001 就是十进制数 129。

　　计算机处理的数字量就是二进制数表示的，因此，要想将数字量变成模拟量就必须按照下面两个步骤进行。首先，将每一位代码按照权转换为对应的模拟量；其次，将各模拟量相加。这样，最终得到的总的模拟量便对应于给定的数据。

　　D/A 转换的思路是：可将二进制数每一位代表的数值转化成与之对应的电量(如电流)，然后，将所有电量相加，便能得到一个对应于该二进制数的一个电量(模拟量)。具体讲，要想将数字量转换成模拟电压量通常需要两个环节：先将数字量转换成模拟电流量，由 D/A 转换器实现，再将模拟电流量转换成模拟电压量，由集成运放实现。

　　在原理上，由 D/A 转换器通常有两种电路可以实现：一种采用权电阻网络；一种采用 T 形电阻网络。当二进制位数不高(如 8 位)，转换精度要求也不高时，可以采用权电阻网络；在集成电路中，往往采用 T 形电阻网络实现 D/A 转换。

　　为了便于理解 D/A 转换的原理，现简要回顾集成运放的工作特点和应用电路。集成运放放大原理如图 7-55 所示。

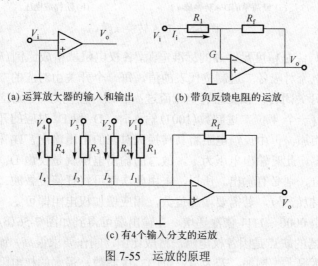

(a) 运算放大器的输入和输出　　　(b) 带负反馈电阻的运放

(c) 有4个输入分支的运放

图 7-55　运放的原理

集成运放有如下 3 个特点。

(1)高开环增益 A_{uo}。一般为几千，最高可达数十万。正常情况下，运放只需输入很小电压，认为同相端与反相端等电位即虚短($U_+ = U_-$)。

(2)高输入阻抗 R_{in}。运放正常工作时，输入电压很小，而输入电阻很大，故输入电流特别小，几乎为零，认为同相端与反相端输入电流为零即虚断($I_+ = I_- = 0$)。

(3)低输入阻抗 R_{out}。运放有极强的驱动能力(即带载能力强)。

　　如图 7-55(a)所示，运放有两个输入端，"+"端为同相输入端；"−"端为反相输入端。在分析运放的应用电路时，通常利用虚短($U_+ = U_-$)和虚断($I_+ = I_- = 0$)进行分析。

　　图 7-55(b)中，输入端有一个电阻 R_1，输入端和输出端之间有一个反馈电阻 R_f。V_i 和 V_o 的关系分析如下：

　　虚短：
$$I_i = V_i / R_1$$

虚断反相端： $V_o = -I_i R_f = -(V_i / R_1) R_f$

V_i 和 V_o 的关系： $V_o = -(R_f / R_1) V_i$

如图 7-55(c) 所示，输出电压为

$$V_o = -(I_1 + I_2 + I_3 + I_4) R_f$$

可类推至 n 输入支路的运放，输出电压等于 n 个支路电流之和同反馈电阻的乘积，即 $V_o = -(I_1 + I_2 + I_3 + I_4 + \cdots + I_n) R_f$。

采用 T 形网络和集成运放构成的 D/A 转换器

(1) 最简单的 D/A 转换器，如图 7-56 所示。

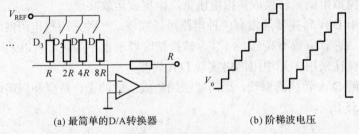

(a) 最简单的D/A转换器　　(b) 阶梯波电压

图 7-56　D/A 转换原理

图 7-56(a) 中，V_{REF} 是精度足够高的标准电源，各权电阻严格成比例 ($R, 2R, 3R, 4R, \cdots$)。运放各输入端输入电流对应各二进制位代表的值，每一个开关由对应的二进制位控制：当对应位为 1 时，对应开关闭合，该支路有电流流过；若该对应位为 0，对应开关断开，该支路流过电流为零。当有一个 4 位二进制数 (1001) 输入时，D_3 和 D_0 对应的开关闭合，对应支路产生相应电流，并相加，再由反馈电阻将其转换成对应的电压输出，D_1 和 D_2 对应支路开关断开，支路电流为零，此时输出电压为零，故总的输出电压就是仅由 D_3 和 D_0 引起。可见，只要某二进制位为 1，则必有输出。所以，采用此法就可将任何位数的二进制数 (数字信号) 转化成十进制数 (模拟信号)，若需要增加位数，相应增加权电阻即可。

现设输入信号由 0000～1111 依次递增，在输出端可得到如图 7-56(b) 所示的阶梯波。

此类 D/A 转换器的缺点是因各权电阻严格成比例，制作要求很高，而且，随着位数的增加，权电阻的值必然很大。例如，若为 12 位的二进制数，最大的权电阻将是最小权电阻的 2^{11} 倍。所以，在位数较高时一般不采用此法，而采用 T 型电阻网络电路。

(2) 采用 T 形电阻网络的 D/A 转换器，如图 7-57 所示。

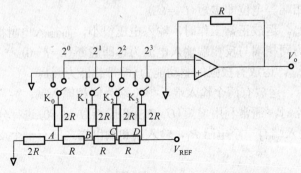

图 7-57　采用 T 形电阻网络的 D/A 转换器

由图 7-57 可见，T 形电阻网络取代了单一的权电阻支路，整个网络中只需两种电阻：R 和 $2R$。由于集成电路中的所有元件均做在同一个芯片上，电阻的特性可以做得很接近，因此很容易实现。

由于集成运放的虚地特点，无论开关打向哪边，均认为 $2R$ 的另一端接"地"。但是，只有将开关打向右端时，才会有电流提供给运放。

T 形电阻网络中，节点 A 左端有两个 $2R$ 电阻并联，等效为电阻 R；节点 B 左端也是两个电阻并联，也等效为电阻 R，依此类推，最终在 D 点左边等效为电阻 R，结果相当于一个电阻 R 连在参考电压 V_{REF} 上，故总电流为 V_{REF}/R，从左向右，$2R$ 上的导通电流为 $V_{REF}/(2R)$，$V_{REF}/(4R)$，$V_{REF}/(8R)$，$V_{REF}/(16R)$。当 $K_i(i = 0，1，2，3)$ 打向右端时，对应支路电流注入运放反相端，在 R_f 上相加并转换成 V_o 输出。

现将 $K_i(i=0，1，2，3)$ 打向右端，这时对应二进制数 1111，注入运放的电流为

$$I = V_{REF}/(2R)+V_{REF}/(4R)+V_{REF}/(8R)+V_{REF}/(16R)$$
$$=(1+1/2+1/4+1/8)\,V_{REF}/(2R)$$
$$=(1+1/2^1+1/2^2+1/2^3)\,V_{REF}/(2R)$$
$$\qquad 2^0 \quad 2^1 \quad 2^2 \quad 2^3$$

相应的输出电压

$$V_o = -IR_f = -(1+1/2^1+1/2^2+1/2^3)\,(R_f/(2R))\,V_{REF}$$

可见，输出电压与二进制数、运放反馈电阻和标准 V_{REF} 有关。

7.7.2　D/A 转换器的主要技术指标

1. 分辨率

分辨率就是 D/A 转换器对微小输入量变化敏感程度的描述。通常用数字量的位数表示，如 8 位、12 位、16 位等。例如，一个 D/A 转换器的分辨率为 n 位，能构成分辨满量程的 2^n 输入信号。

2. 转换精度

转换精度分为绝对转换精度和相对转换精度。

绝对转换精度指每个输出电压接近理想值的程度。例如，数字量 1111B($= 15$)，但 D/A 转换器的实际输出为 14，与理想值相差 1；类似地，对于某一个数字量，其转换输出与理想值之间总有差别，差别越小，绝对转换精度就越高，输出电压就越接近理想值。绝对转换精度与标准电源和权电阻有关。

相对转换精度指绝对转换精度相对于满量程输出的百分比。它是更加常用的描述输出电压理想值程度的物理量，比绝对转换精度更实用。有时相对转换精度也用最低位(LSB)的几分之几表示。例如，一个 D/A 转换器的相对转换精度为 LSB 的 1/4，则可能出现的最大相对误差为

$$\Delta A = (1/2)\times(FS/2^n) = FS/2^{n+1}$$

其中，FS 为满量程输出电压。

3. 建立时间

建立时间(又称稳定时间)指 D/A 转换器输入端满量程变化后(如全"0"变为全"1")，

模拟量输出稳定到最终值正负 LSB 时所需的时间。通常，模拟电流输出时，建立时间较短；模拟电压输出时，建立时间较长，主要耗在输出放大器上。如图 7-58 所示，t_s 为建立时间。

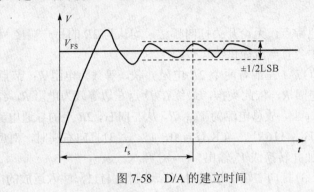

图 7-58　D/A 的建立时间

4. 输出电平

D/A 转换器型号不同，其输出电平相差较大。电流型 D/A 转换器的输出电流为几毫安至几安；电压型 D/A 转换器的输出电压为 0～5V 或 0～10V。

5. 线性误差

相邻两个数字量之间的差应是 1LSB，即理想的转换特性应是线性的。在满量程内，偏离理想转换特性的最大值称为线性误差。线性误差一般用模拟量和理想值的最大差值折合成的数字输入量表示。例如，一个 D/A 转换器的线性误差小于 1LSB，另一个 D/A 转换器的线性误差小于 0.5LSB，则后者的线性误差小，也就是线性好，用它进行 D/A 转换时，模拟量输出和理想的差，最多不会超过最低输出值的二分之一，如图 7-58 所示。

6. 温度系数

温度系数就是在规定范围内，温度每变化 1℃，线性度、零点、偏移(双极性 D/A)及增益等参数的变化量。温度系数直接影响转换精度。温度系数越小越好。

7.7.3　典型 D/A 转换器芯片

在当前使用的 D/A 转换器件中，绝大部分是集成电路芯片(IC)。既有分辨率低、价格较低、较通用的 8 位芯片，也有速度和分辨率较高、价格也较高的 16 位芯片。

集成 D/A 芯片类型很多，按转换方式可分为串行和并行，串行慢，并行快。根据能否直接与总线连接，集成 D/A 芯片又可分为两类。一类为芯片内部集成了数据输入寄存器，可直接与系统总线连接，如 DAC 0832 和 AD 7524 等；另一类为芯片内部无数据输入寄存器，必须外接数据缓冲器后才能与系统总线相连，如 DAC 0808、AD 7520 和 AD 7251 等，它们内部结构简单，价格较便宜。也可按生产工艺分类，分为双极型(TTL 型)和单极型(MOS 型)。相较而言，TTL 型速度快，但功耗大。

下面介绍几种常用的 D/A 转换器芯片。

1. DAC 0832

1) DAC 0832 的主要技术指标

(1) 分辨率：8 位。

(2) 电流建立时间：1μs。

(3) 线性误差：0.2%，芯片的线性误差为满量程的 0.2%。

(4) 非线性误差：0.4%。

(5) 3 种输入工作方式：直通方式、单缓冲方式和双缓冲方式。

(6) 数字输入逻辑电平：与 TTL 兼容。

(7) 增益温度系数：0.002%/℃。

(8) 功耗：20mW。

(9) 单电源：+5～+15V。

(10) 参考电压：−10～+10V。

2) D/A 转换器的逻辑结构

DAC 0832 是 8 位 D/A 转换芯片，其逻辑结构框图如图 7-59 所示。

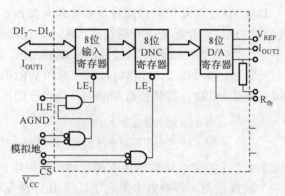

图 7-59　DAC 0832 逻辑结构框图

　　DAC 内部有两级数据缓冲寄存器：8 位输入寄存器和 8 位 DAC 寄存器。前者可直接与系统总线连接，后者介于 8 位输入寄存器和 D/A 转换器之间。两者分别受 LE1 和 LE2 控制。若 LE1 = 1，8 位数据输入寄存器输出随输入数据变化；LE1 = 0，输入数据被锁存。若 LE2 = 1，8 位 DAC 寄存器的输出随 8 位输入寄存器输出的变化而变化；LE2 = 0，输入数据被锁存在 8 位 DAC 寄存器中，同时，8 位 D/A 转换器将此数据转化成模拟电流输出。在 D/A 转换的同时，若 LE1 = 1，8 位输入寄存器还可以接收新的待转换数据；LE1 = 0，则可以锁存一个新的转换数据。一旦上一次 D/A 转换结束，令 LE2 = 1，新数据进入 8 位 DAC 寄存器，再令 LE2 = 0，数据被锁存在 8 位 DAC 寄存器中，同时开始新一轮的 D/A 转换。

DAC 0832 的 20 个引脚定义如下。

$DI_7 \sim DI_0$：8 位数字量输入引脚。DI_7 为最高位，DI_0 为最低位。

$\overline{CS}$：片选输入信号，低电平有效。

$\overline{WR_1}$：数据写入信号 1，低电平有效。

ILE：输入寄存器允许信号，高电平有效。ILE 信号同 $\overline{CS}$、$\overline{WR_1}$ 一起控制 8 位输入寄存器。当 $\overline{CS} = \overline{WR_1} = 0$、ILE = 1 时，输入数据立即被送至 8 位输入寄存器输出端。之后，3 个信号中任何一个无效，LE_1 变为低电平，输入寄存器锁存数据，输出端保持数据输出。

$\overline{WR_2}$：数据写入信号 2，低电平有效。$\overline{WR_2} = 0$ 是否有效，受 XFER 控制。

$\overline{XFER}$：传送控制信号，低电平有效。用于控制 $\overline{WR_2} = 0$ 是否起作用，当 $\overline{XFER}$ 和 $\overline{WR_2}$ 同为低电平时，输入数据被装入 DAC 寄存器。

I_{OUT1}：电流输出 1。当 DAC 寄存器中全为"1"时，输出电流最大，当 DAC 寄存器中全为"0"时，输出电流最小。

I_{OUT2}：电流输出 2。I_{OUT2} 和 I_{OUT1} 的关系：$I_{OUT1}+I_{OUT2}=$ 常数。

R_{fb}：内部反馈电阻引脚。R_{fb} 在芯片内，该引脚直接接到外部运放的输出端。

V_{REF}：参考电压输入端。正负电压均可，范围为–10～+10V。

V_{CC}：芯片电源引脚。+5～+15V，典型值为+15V。

AGND：模拟地引脚。

DGND：数字地引脚。

3）DAC 0832 的工作方式

（1）直通方式。将 $\overline{CS}$、$\overline{WR_1}$、$\overline{WR_2}$ 和 $\overline{XFER}$ 数字地，ILE 接高电平，芯片工作于直通状态。直通方式下，8 位数字量一到达 $DI_7～DI_0$ 输入端，立即 D/A 转换并输出。

注意：直通方式时，DAC 0832 必须经数据缓冲器后才能与数据总线相连。

（2）单缓冲方式。通常使 DAC 寄存器处于直通状态，输入寄存器处于首控锁存状态。即将 $\overline{WR_2}$ 和 $\overline{XFER}$ 接数字地；$\overline{CS}$ 接端口地址译码信号，$\overline{WR_1}$ 接 CPU 系统总线 $\overline{IOWR}$ 信号，ILE 接高电平。只需执行一条输出指令，选中该端口，使 $\overline{CS}$ 和 $\overline{WR_1}$ 有效，启动 D/A 转换。例如，设 DAC 0832 的端口地址 PORT，待转换数据 28H，程序段如下：

```
MOV  AL, 28H      ; 将28H送入累加器AL
OUT  PORT, AL     ; 将28H送入DAC 0832同时启动D/A转换
```

（3）双缓冲方式。双缓冲方式的优点是数据接收和启动转换可以异步进行，即进行某数据转换的同时可接收下一个转换数据，转换效率提高了。将 ILE 接高电平，$\overline{WR_1}$ 和 $\overline{WR_2}$ 接 CPU 系统总线的 $\overline{IOWR}$ 信号，$\overline{CS}$ 和 $\overline{XFER}$ 分别接两个不同的 I/O 地址译码信号。CPU 执行输出指令时，$\overline{WR_1}$ 和 $\overline{WR_2}$ 均为低电平，但并非输入寄存器和 DAC 寄存器都被选中。执行第一条指令，选中 $\overline{CS}$ 端口，数据写入输入寄存器；执行第二条指令，产生 $\overline{XFER}$ 所需的低电平，将输入寄存器的数据写入 DAC 寄存器，启动 D/A 转换。再执行输出指令，选中 $\overline{CS}$ 端口，另一个数据写入输入寄存器。

例如，两个待转换数据 14H 和 25H，输入寄存器的端口地址 PORT1、8 位 DAC 寄存器的端口地址 PORT2，让 DAC 0832 工作于双缓冲方式，程序段如下：

```
MOV  AL, 14H      ; 将14H送至AL
OUT  PORT1, AL    ; 将AL中数据送至DAC 0832的输入寄存器
OUT  PORT2, AL    ; 产生一低电平WR₁将14H锁存在DAC寄存器并启动D/A转换
MOV  AL, 25H      ; 将25H送至AL
OUT  PORT1, AL    ; 将25H送至DAC 0832的输入寄存器
```

双缓冲方式还可以实现多个模拟输出通道，同时进行 D/A 转换。在不同时刻将待转换的数据分别送至各片 DAC 0832 的输入寄存器，之后，用一个转换命令同时启动各个 DAC 0832 的 D/A 转换。例如，一个用两片 DAC 0832 构成的 2 路 D/A 转换系统，如图 7-60 所示。

在图 7-60 中，两片 DAC 0832 的片选 $\overline{CS}$ 引脚接至译码器的前两个片选输出信号引脚，2 个 $\overline{XFER}$ 引脚均接至译码器的第 3 个片选信号输出引脚，$\overline{WR_1}$ 和 $\overline{WR_2}$ 接至 CPU 的写信号 $\overline{WR}$ 引脚。ILE 信号可以由 CPU 产生一个信号控制，ILE = 0，禁止 DAC 0832 工作；ILE = 1，允许 DAC 0832 工作。ILE 也可以直接接高电平。具体过程如下，在 ILE = 1 时，首先，用两

条输出指令分别将数据写入各片 DAC 0832 的输入寄存器；再执行一条输出指令，将两个输入寄存器中的数据写入各自的 DAC 寄存器并启动 D/A 转换，实现同步转换。

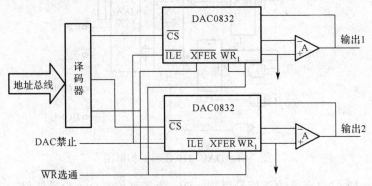

图 7-60　用 DAC 0832 构成的 2 路 D/A 转换系统

设两片 DAC 0832 的输入寄存器的端口地址为 PORT1、PORT2，它们的 DAC 寄存器共用一个端口地址 PORT3，让两片 DAC 0832 工作于双缓冲方式，两个待转换数据为 23H 和 48H，程序段如下：

```
MOV  AL,   23H      ; 将 23H 送至 AL
OUT  PORT1, AL      ; 将 AL 的数据送至第一片 DAC 0832 的输入寄存器
MOV  AL,   48H      ; 将 48H 送至 AL
OUT  PORT2, AL      ; 将 AL 的数据送至第二片 DAC 0832 的输入寄存器
OUT  PORT3, AL      ; 将两个待转换数据分别送至 DAC 0832 的 DAC 寄存器同时启动 D/A 转换
```

2. DAC 1210

1）DAC 1210 的主要技术指标

(1) 分辨率：12 位。

(2) 电流建立时间：1μs。

(3) 3 种输入工作方式：直通方式、单缓冲方式、双缓冲方式。

(4) 数字输入逻辑电平：与 TTL 兼容。

(5) 功耗：20mW。

(6) 单电源：+5～+15V。

(7) 参考电压：−10～+10V。

2）DAC 1210 的逻辑结构

DAC 1210 是美国国家半导体公司生产的 12 位 D/A 转换芯片。由于性能高，常用于智能仪表中。DAC 1210 的逻辑结构框图如图 7-61 所示。

由图 7-61 可见，DAC 1210 具有 12 位数据输入端，12 位输入寄存器由一个 8 位输入寄存器和一个 4 位输入寄存器构成。对于 8 位数据总线的 CPU 需要执行两个写总线周期才能将 12 位数据打入 DAC 1210 的 12 位输入寄存器。要求：第一次写入高 8 位（$\overline{\text{CS}}$ 和 $\overline{\text{WR}_1}$ 为低电平、$B_1/\overline{B_2}$ 为高电平），第二次写入低 4 位（$\overline{\text{CS}}$ 和 $\overline{\text{WR}_1}$ 为低电平、$B_1/\overline{B_2}$ 为低电平）。

DAC 1210 的 24 个引脚含义如下。

$\overline{\text{CS}}$：片选信号，低电平有效。

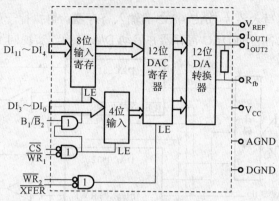

图 7-61　DAC1210 逻辑结构框图

$DI_{11} \sim DI_0$：12 位数字量输入信号引脚，DI_{11} 为最高位，DI_0 为最低位。

$\overline{WR_1}$：数据写入信号 1 引脚，低电平有效。当 $\overline{WR_1} = 0$ 时，与 $B_1 / \overline{B_2}$ 配合产生控制作用。

$B_1 / \overline{B_2}$：字节控制信号引脚。当引脚为高电平时，12 位数据同时输入寄存器；当引脚为低电平时，12 位数据的低 4 位输入 4 位输入寄存器。

$\overline{XFER}$：传送控制信号引脚，低电平有效，与 $\overline{WR_2}$ 配合使用。

$\overline{WR_2}$：数据写入信号 2 引脚，低电平有效，与 $\overline{XFER}$ 同时为低电平才起作用。

I_{OUT1}：电流输出 1 引脚。

I_{OUT2}：电流输出 2 引脚。

R_{fb}：内部反馈电阻引脚。

V_{REF}：参考电压。

V_{CC}：芯片电源。

AGND：模拟地。

DGND：数字地。

3）DAC 1210 的工作方式

与 DAC 0832 相同，只需注意 $B_1 / \overline{B_2}$ 引脚的处理。

7.7.4　D/A 转换器与微处理器的接口

D/A 转换器与微处理器信号连接包括 3 部分：数据线、控制线和地址线。

具体操作如下。

将 D/A 转换器的数据输入引脚连接到总线上(若 D/A 转换器内部无数据锁存器，需加数据缓冲器，因为数据在总线停留时间短)；将 D/A 转换器的相关控制信号接至 CPU 或相关芯片输出端；将片选信号等引脚接至地址译码器相应的输出端(CPU 地址总线接至地址译码器输入端，若地址译码器没有地址锁存器，需要另外加一个地址锁存器)。

1．8 位 D/A 转换芯片与 CPU 的接口

工作于双缓冲方式 DAC 0832 芯片与 8 位 CPU 的连线图如图 7-62 所示。

在图 7-62 中，$\overline{CS}$ 的端口地址为 340H，$\overline{XFER}$ 的端口地址为 341H。一个数据(16H)通过 DAC 0832 的程序段如下：

```
MOV DX, 340H      ; 将 CS 的端口地址送至 DX
```

```
MOV  AL,  16H      ; 将 16H 送至 AL
OUT  DX,  AL       ; 将 16H 写入 DAC 0832 的输入寄存器
INC  DX            ; 指向 DAC 0832 的 DAC 寄存器
OUT  DX,  AL       ; 选通 DAC 寄存器, 启动 D/A 转换
```

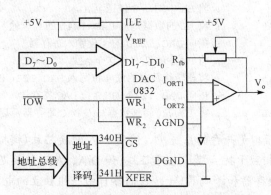

图 7-62　DAC 0832 与 8 位 CPU 的连接

2. 12 位 D/A 转换芯片与 CPU 的接口

工作于双缓冲方式的 DAC 1210 芯片与 8 位 CPU 的连接图如图 7-63 所示。

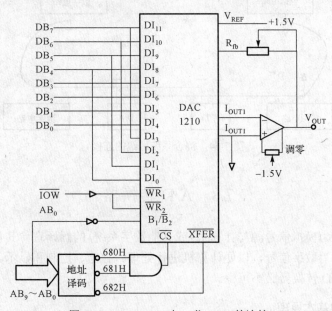

图 7-63　DAC 1210 与 8 位 CPU 的连接

在图 7-63 中, 由于 12 位数据分两次写入, 高 8 位和低 8 位各自有自己对应的端口地址 (680H 和 681H)。在两种情况下, $\overline{CS}$ 都应为低电平, 故地址译码器的两条输出引脚都接与门, 而与门的输出接至 $\overline{CS}$ 引脚。$\overline{XFER}$ 的端口地址为 682H。具体过程为先使 $B1/\overline{B_2}$ 为高电平, 执行第一次写操作, 将高 8 位数据写入 8 位输入寄存器; 再使 $B1/\overline{B_2}$ 为低电平(锁存 8 位数据, 以防第二次写操作时改写第一次写入的数据), 执行第二次写操作, 将低 4 位写入 4 位输入寄存器。注意: 此顺序不可颠倒。

设 12 位数据为 123H, 通过 DAC 1210 输出的程序段如下:

```
MOV   DX,   680H      ; 置 DAC 1210 的起始地址
MOV   BX,   123H      ; 将 123H 送至 BX
MOV   CL,   4         ; 置循环次数 4 次
SHL   BX,   CL        ; 将 BX 中的内容左移 4 位
MOV   AL,   BH        ; 将 BX 中的高 8 位送至 AL
OUT   DX,   AL        ; 将 AL 的数据写入 DAC 1210 的 8 位输入寄存器
INC   DX             ; 指向 DAC 1210 的 4 位输入寄存器
MOV   AL,   BL        ; 将 BX 中的低 8 位送至 AL
OUT   DX,   AL        ; 将待转移数据的低 4 位写入 DAC 1210 的 4 位输入寄存器
INC   DX             ; 指向 DAC 1210 的 12 位 DAC 寄存器
OUT   DX,   AL        ; 将 12 位待转移数据写入 DAC 寄存器, 启动 D/A 转换
```

　　注意: 在数字量和模拟量并存的系统中, 使用 D/A 转换芯片 (模拟芯片) 时必须正确处理地线的连接, 以免造成相互干扰。模拟电路芯片 (如 D/A、A/D 转换芯片) 和集成运放等, 数字电路芯片 (如 CPU、锁存器和译码器) 等。它们各自由一组独立的电源分别供电。地线连接方式 (避免模拟地与数字地形成环路) 一方面将所有的模拟地连接在一起; 另一方面, 将所有的数字地连接在一起; 然后, 将数字地和模拟地连接在一起, 形成一个公共地。连接示意如图 7-64 所示。

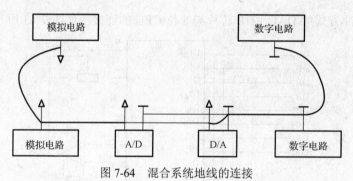

图 7-64　混合系统地线的连接

7.8　A/D 转换器

　　A/D 转换器作为模拟信号源与计算机 (或其他数字系统) 的翻译官, 其任务就是将连续变化的模拟信号转换为数字信号, 以便计算机进行处理、存储、控制和显示。在控制领域和数据采集领域等, A/D 转换器必不可少。

7.8.1　A/D 转换的基本原理

　　实现 A/D 转换的方法很多, 常见的有计数法、双积分法和逐次逼近法。采用逐次逼近法设计的逐次逼近型 A/D 转换器应用最广泛。下面仅对逐次逼近法进行简要的介绍。逐次逼近法又称为二分搜索法或对半搜索法, 其工作原理如图 7-65 所示。

　　当启动信号由高电平变为低电平时, 逐次逼近寄存器清 0, D/A 转换器的输出电压 V_o 为 0, 启动信号重新变为高电平, 转换开始, 同时, 逐次逼近寄存器开始计数。逐次逼近寄存器工作时, 从最高位开始设置试探值进行计数。具体过程是, 第一个 CLK 脉冲到来时, 控制电路使逐次逼近寄存器的最高位为 1, 此时, 其输出为 1000 0000, D/A 转换器的输出电压 V_o。

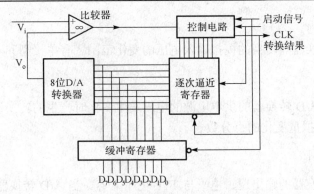

图 7-65　逐次逼近 A/D 转换原理图

为满量程值的 128/255。若 V_o 大于 V_i，比较器的输出为低电平，控制电路清除最高位；若 V_o 小于或等于 V_i，比较器的输出为高电平，控制电路使最高位上的 1 保留。

若保留最高位 1，则逐次逼近寄存器的内容为 1000 0000，下一个 CLK 脉冲到来使次高位 D_6 为 1，此时，其输出为 1100 0000，D/A 转换器的输出电压 V_o 为满量程值的 192/255。若 V_o 大于 V_i，比较器的输出为低电平，据此，控制电路清除次高位；若 V_o 小于或等于 V_i，比较器的输出为高电平，控制电路使次高位上的 1 保留。下一个 CLK 脉冲到来时，D_5 为 1，将 V_o 与 V_i 进行比较，以此判定 D_5 上的 1 清除还是保留。重复上述过程，一直到 D_0，再与输入电压比较。n 次比较以后，逐次逼近寄存器中的值就是转换后的数据。转换结束后，控制电路送出一个低电平结束信号，信号的下降沿使逐次逼近寄存器中的数据送入缓冲寄存器。

7.8.2　A/D 转换器的主要技术指标

1. 分辨率

分辨率表明 A/D 转换器能够反映模拟输入量微小变化的能力。通常用数字输出量的最低位对应的模拟输入电平表示 A/D 转换器的分辨率。例如，一个 n 位的 A/D 转换器，它能分辨的最小量化信号为 $(1/2^n)V_{FS}$。输入电压的满量程为 20V，则 10 位 A/D 转换器的分辨率为 $(10/1024)V \approx 0.02V$。通常，我们以 A/D 转换器的位数来表达，显然，12 位 A/D 转换器的分辨率比 8 位 A/D 转换器的分辨率高。

2. 转换精度

转换精度分为绝对转换精度和相对转换精度。

绝对转换精度指 A/D 转换器的数据输出接近理想输出的精确程度。通常用数字量的最小有效值（LSB）的分数值表示绝对精度。例如，±1LSB、±(1/2)LSB 等。

相对精度指在零点满量程校准后任意数字输出对应的模拟输入量实际与理论值之差(Δ)与模拟电压满量程(V_{FS})的百分比——(Δ/V_{FS})×100%。

3. 转换时间

转换时间指 A/D 转换器完成一次转换花费的时间，即从启动信号开始到转换结束并得到稳定的数字输出量花费的时间。通常约定，转换时间大于 1s 为低速，1ms～1μs 的为中速，小于 1μs 的为高速，小于 1ns 的为超高速。

4. 量程

量程指 A/D 转换器能转换的模拟输入电压的变化范围。有单极型和双极型两种。

5. 电源灵敏度

电源灵敏度指 A/D 转换器的供电电源的电压发生变化时产生的转换误差。通常用电源电压变化 1% 时等效模拟量变化的百分数表示。

6. 输出逻辑电平

大多数 A/D 转换器的输出逻辑电平与 TTL 电平兼容。当 A/D 转换器与微处理器的数据总线连接时，注意是否需要三态逻辑输出，是否要对数据进行锁存等。

7. 工作温度范围

由于比较器、运放等会受到温度影响，A/D 转换器必须工作在一定温度范围内才能保证额定精度指标。

7.8.3 A/D 转换器与系统连接时必须考虑的问题

随着集成电路的发展，已经有很多种集成电路的 A/D 转换芯片被设计出来并投入市场，这些 A/D 转换芯片内部已经包含了 D/A 转换器、逐次逼近寄存器、比较器、数据输出缓冲器以及控制电路。使用芯片时，只需要连接电源，将模拟信号加到输入端，再向控制端加一个控制信号，便可以启动 A/D 转换器。转换结束时，A/D 转换芯片通过一条引脚给出转换结束信号，通知 CPU 此时可读取数据。

A/D 转换芯片的型号很多，通用且便宜的有 AD 570、AD 7574、ADC 0801（0802、0803、0804、0809）；高精度高速度的有 AD 574、AD 578、ADC 1130、ADC 1131；高分辨率的有 ADC 1210（12 位）和 ADC 1140（16 位）；低功耗的有 AD 7550 和 AD 7574 等。

一般来说，A/D 转换芯片的引脚涉及如下几类信号：模拟输入信号、启动转换信号、转换结束信号和数据输出信号。这些信号引脚是 A/D 转换芯片与系统连接时需要考虑的。具体处理方法如下。

1. 输入模拟电压的连接

A/D 转换芯片的模拟电压输入可以是单端输入，也可以是双端输入。此类芯片常用标号 VIN(+)、VIN(−) 或 IN(+)、IN(−) 标注输入端，如 ADC 0804 芯片，它的输入端为 VIN(+)、VIN(−)。单端输入时，若需要输入正向信号，将 VIN(+) 端接信号输入，将 VIN(−) 端接地；若需要输入负向信号，将 VIN(−) 端接信号输入，将 VIN(+) 端接地。双端输入时将模拟信号直接加在 VIN(+) 端和 VIN(−) 端之间。

2. 数据输出线与系统总线的连接

要解决数据输出线与系统总线的连接问题，首先必须了解 A/D 转换芯片的输出方式。A/D 转换芯片通常有 3 种输出方式。一种是输出端具有可控三态输出门的 A/D 转换芯片（如 ADC 0804）。此类芯片可以直接和系统总线连接，三态门由读信号来控制，转换结束后，A/D 转换芯片通知 CPU 执行一条输入指令，从而产生读信号，A/D 转换器中的数据被取出。另一种是具有不可控三态输出门的 A/D 转换芯片(AD 570)，芯片内三态门由 A/D 转换电路在转换结束时自动接通。前两种都可以直接与总线连接，还有一种是 A/D 转换器片内无三态输出门电路，它们必须通过 I/O 通道或三态门电路才能与总线连接。另外，若 A/D 转换器的输出位数与总线位数不一致，则具体连接时需要特别注意。

3. 启动信号的供给

A/D 转换器的启动信号通常有两种：电平启动信号和脉冲启动信号。

(1)电平启动信号。A/D 转换芯片在整个转换过程中必须一直保证启动电平信号有效，若转换途中将电平启动信号撤走，A/D 转换器停止工作，从而得到错误的结果。因此，CPU 通常得通过并行接口对 A/D 转换芯片发出启动信号(或用 D 触发器使启动信号在 A/D 转换期间保持为有效电平)。采用电平启动信号的 A/D 转换芯片有 AD 570、AD 571 和 AD 572 等。

(2)脉冲启动信号。A/D 转换芯片接收到脉冲启动信号后立即开始 A/D 转换。只需 CPU 执行一条输出指令产生片选信号和写信号即可启动 A/D 转换(OUT PROTAD, AL；PROTAD 为 A/D 转换芯片的片选地址，该指令用作产生有效的片选信号和写信号，AL 中是何内容无关紧要)。采用脉冲启动信号的 A/D 转换芯片有 ADC 0804、ADC 0809 和 ADC 1210 等。

4. 转换结束信号以及转换数据的读取

A/D 转换结束时，A/D 转换芯片会输出转换结束信号，从而通知 CPU 读取转换结果。CPU 通常可以采用 4 种方式与 A/D 转换芯片联络来实现转换数据的读取。

(1)中断方式。在中断方式时，将 A/D 转换芯片的转换结束信号作为中断请求信号送至中断控制器的输入端，CPU 执行中断程序实现数据读取。当 CPU 需要同时处理多个任务，并且 A/D 转换速度较慢时，常采用此方式。

(2)程序查询方式。在程序查询方式时，启动 A/D 转换器之后，由程序不断读取 A/D 转换结束信号，一旦发现 A/D 转换信号有效，则认为完成一次转换，执行一条输入指令读取数据。其缺点是在 A/D 转换较慢的场合，占用 CPU 的执行时间太多，降低了 CPU 的工作效率。故常用在 A/D 转换速度快的场合。

(3)固定的延迟子程序方式。在这种方式下，首先得精确地知道完成一次 A/D 转换所需要的时间。A/D 转换开始的同时，CPU 开始执行一个固定的延时子程序，子程序执行完毕的同时，A/D 转换结束，CPU 读取转换数据。此方式适用于 A/D 转换速度快的场合。

(4)CPU 等待方式。在这种方式下，利用 CPU 的 READY 引脚的功能，在 A/D 转换期间，设法使 READY 引脚为低电平，以使 CPU 停止工作，A/D 转换结束时，使 READY 引脚为高电平，从而 CPU 读取转换数据。此方式也常使用在 A/D 转换速度快的场合。

以上 4 种方式各有特色，可视具体情况进行选择(如可利用的资源、性价比等)。

7.8.4　典型的 A/D 转换芯片

下面简单介绍几种常用的 A/D 转换器芯片。

1. ADC 0809

1)ADC 0809 的逻辑结构

ADC 0809 是美国半导体公司生产的 8 位逐次逼近型 A/D 转换芯片。外接 CLK 为 640kHz

时，典型的转换速率为 100μs。片内有 8 路模拟开关，可以输入 8 路模拟量。单极型，量程为 0～+5V。片内有三态输出缓冲器(数据输出端可直接与总线相连)，如图 7-66 所示。

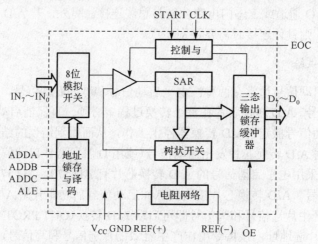

图 7-66　ADC 0809 逻辑结构框图

ADC 0809 总共 28 条引脚，定义如下。

IN$_7$～IN$_0$：8 通道模拟量输入信号。

ADDC、ADDB、ADDA：通道号选择信号。ADDA 是最低位。通道号选择与模拟量输入选通关系如表 7-12 所示。

表 7-12　通道号选择与模拟量输入选通的关系

选中模拟通道	ADDC	ADDB	ADDA
IN$_0$	0	0	0
IN$_1$	0	0	1
IN$_2$	0	1	0
IN$_3$	0	1	1
IN$_4$	1	0	0
IN$_5$	1	0	1
IN$_6$	1	1	0
IN$_7$	1	1	1

ALE：通道号锁存控制端。当 ALE = 1 时，将 ADDC、ADDB 和 ADDA 锁存。

START：A/D 转换启动信号。高电平有效。当 START = 1 时，A/D 转换启动，转换开始。

D$_7$～D$_0$：转换结果数据输出端。D$_0$ 为最低有效位。

OE：输出允许信号。高电平有效。当 OE = 1 时，输出三态门打开，转换结果送至数据总线。

CLK：外接时钟信号。f_{CLK}<1.28MHz。

REF(+)、REF(−)：参考电压输入。一般将 REF(−)接模拟地，参考电压从 REF(+)接入。

2) ADC 0809 的时序

ADC 0809 的时序如图 7-67 所示。

从时序图可知，ADC 0809 的启动信号 START 是脉冲信号。当给 ADC 0809 一个正脉冲时，ADC 0809 启动。当模拟量送至某一输入通道后，由 3 位地址信号译码选择，地址信号

由地址锁存允许信号 ALE 锁存。A/D 转换结束
后，转换结束信号 EOC 由低电平转换为高电平
（有效电平）。输出允许信号 OE 有效时，三态
缓冲门开启，将转换结果送至数据总线。具体
使用时，可利用 EOC 信号向 CPU 申请中断。

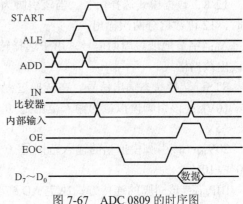

图 7-67　ADC 0809 的时序图

2. AD 574A

1）AD 574A 的逻辑结构

AD 574A 是美国模拟器件公司生产的 12
位逐次逼近型 A/D 转换芯片。芯片的特点如下。

（1）片内有数据输出寄存器，且有三态输出
的控制逻辑。

（2）它既可以进行 12 位 A/D 转换，也可以进行 8 位转换；转换结果可以直接 12 位输出，
也可以先输出高 8 位，再输出低 4 位。

（3）可直接与 8 位或 16 位 CPU 连接。

（4）输入方式：单极型输入和双极型输入。

（5）片内含时钟发生电路。

（6）转换时间：25～35μs。

AD 574A 的逻辑结构框图如图 7-68 所示。

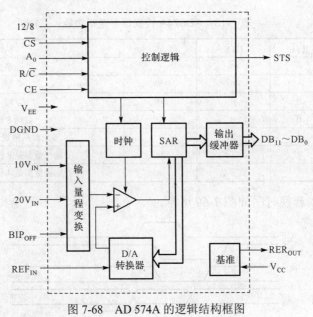

图 7-68　AD 574A 的逻辑结构框图

AD 574A 的 28 条引脚含义如下。

$\overline{CS}$：片选信号，低电平有效。

CE：芯片使能信号，高电平有效。

R/$\overline{C}$：读/启动转换控制信号。当引脚为低电平时，启动转换；当引脚为高电平时，可以
输出数据。

$12/\overline{8}$：数据模式选择信号。当该引脚为高电平时，12 位数据一次输出；当该引脚位低电平时，12 位数据分两次输出。

A_0：字节地址短周期信号。用于选择转换数据的长度。当 $12/\overline{8}$ 引脚接地时，A_0 用于控制读出数据格式。

STS：转换状态输出信号。在转换过程中呈现高电平，转换结束立即返回低电平。

$10V_{IN}$：该引脚模拟量的输入范围是 $0\sim+10V$。若为双极型工作方式，输入范围可以是 $-5\sim+5V$。

$20V_{IN}$：该引脚模拟量的输入范围是 $0\sim+20V$。若为双极型工作方式，输入范围可以是 $-10\sim+10V$。

BIP_{OFF}：该引脚的连接方式决定 AD 574A 的模拟信号输入方式：双极型工作方式和单极型工作方式。

REF_{IN}：参考电压输入端。

REF_{OUT}：参考电压输出端。

2）AD 574A 的控制逻辑和时序

AD 574A 片内含有能根据 CPU 给出的控制信号进行转换或读出等操作的逻辑电路。只有当 CE = 1 和 $\overline{CS}$ = 0 时才能进行一次有效操作；当 CE 和 $\overline{CS}$ 同时有效时，$R/\overline{C}$ 为低电平启动转换，$R/\overline{C}$ 为高电平时读出数据；A0 决定数据转换位数（12 位或 8 位）；若 $12/\overline{8}$ 引脚接+5V 电压，则并行输出 12 位数字；若 $12/\overline{8}$ 引脚接数字地，则由 A0 控制读出高 8 位或低 4 位。控制信号逻辑功能如表 7-13 所示。

表 7-13 AD574A 控制信号逻辑功能

CE	$\overline{CS}$	$R/\overline{C}$	$12/\overline{8}$	A0	功能
0	×	×	×	×	禁止
×	1	×	×	×	禁止
1	0	0	×	0	启动 12 位转换
1	0	0	×	1	启动 8 位转换
1	0	1	+5V	×	输出数据格式为并行 12 位
1	0	1	数字地	0	输出数据是 8 位最高有效位
1	0	1	数字地	1	输出数据是 4 位最低有效位

AD 574A 的启动转换时序如图 7-69 所示。

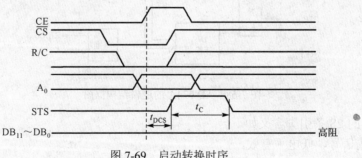

图 7-69 启动转换时序

由时序图可知：①只有 CE 为高电平和 $\overline{CS}$ 为低电平时才能启动转换；②在启动信号有效前，$R/\overline{C}$ 必须为低电平；③实际工作时，CE 和 $\overline{CS}$ 最后变为有效的信号作为启动信号，通常用 CE 作为启动信号；④启动后，最多经 400ns(t_{DCS})后，状态信号 STS 变为高电平，指示转换开始，再经 t_C 时间后转换结束，STS 变为低电平（t_C 为转换时间，12 位转换时 t_C 最大为 35μs）。通常，STS 作为 A/D 转换结束信号，可以采用查询方式，也可以采用中断方式。

AD 574A 读时序图如图 7-70 所示。

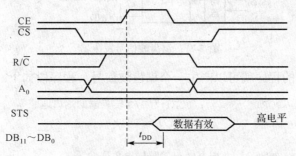

图 7-70 AD574A 的读时序

由图 7-70 可以看出，CE 和 $\overline{CS}$ 均有效且 R/$\overline{C}$ 为高电平时开始进行读操作。CE 通常作为 3 个信号中的最后有效信号，用于启动读操作（读操作开始后最多 200ns(t_{DD})后转换结果程序在 12 位数据线上，并保留一段时间供 CPU 读取）。

3）AD 574A 的单极型和双极型输入方式

AD 574A 的输入方式有两种：单极型输入方式和双极型输入方式。

单极型输入方式：输入电压范围为 0～10V 或 0～20V。

双极型输入方式：输入电压范围为–5～+5V 或–10～+10V。

A/D 转换器的结果是二进制偏移码。在不同方式的输入方式下，AD574A 的输入模拟量与输出数字量的对应关系如表 7-14 所示。

表 7-14 12 位 A/D 输入模拟量与输出数字量的对应关系

输入方式	量程/V	输入模拟量/V	输出数字量
单极型	0～10	0	000H
		5	7FFH
		10	FFFH
	0～20	0	000H
		10	7FFH
		20	FFFH
双极型	–5～+5	–5	7FFH
		0	000H
		+5	FFFH
	–10～+10	–10	7FFH
		0	000H
		+10	FFFH

7.8.5 应用举例

示波器的扫描电路中广泛采用锯齿波信号。锯齿波信号通常是利用阻容电路的冲放电来实现的，但是，由于阻容冲放电过程是近似线性的，很难得到一个线性良好的锯齿波。通常采用 D/A 转换电路来获得线性度极高的锯齿波。实现电路如图 7-71 所示。

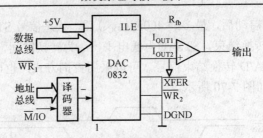

图 7-71　锯齿波信号发生器

图 7-71 配合下面的程序就可以产生一个锯齿波信号。程序段如下：

```
        MOV  DX, PORT        ; PORT 为 D/A 转换器的端口地址
        MOV  AL, 0FFH        ; 初值为 0FFH
R:      INC  AL
        OUT  DX, AL          ; 向 D/A 转换器输出数据
        JMP  R
```

习　　题

7.1　什么是专用接口芯片？什么是通用接口芯片？

7.2　通用接口芯片 8255A 的并行接口有哪些主要功能和特点？

7.3　微机中实现定时控制的主要方法有哪些？

7.4　8253 有哪几种工作方式？各有何特点？其用途如何？

7.5　8255A 的工作方式 0、方式 1 和方式 2 的主要区别是什么？其应用场合有什么不同？

7.6　当 8255A 的端口 A 工作在方式 2 时，其端口 B 可有哪些工作方式？端口 A、端口 B 工作方式确定了，端口 C 又有哪些工作方式或功能？试写出各种不同组合情况下的工作方式控制字。

7.7　某系统使用 8255A，其端口地址为 20H～23H。要求其端口 A 为方式 0，作为输出端口；端口 B 为方式 0，作为输入端口；端口 C 高 4 位为方式 0，作为输出端口；端口 C 低 4 位为方式 0，作为输入端口。试写出其初始化程序。

7.8　若 8255A 的端口地址为 50H～53H。端口 A 定义为方式 1，输入；端口 B 定义为方式 1，输出；端口 C 未被端口 A、B 征用于控制的位(线)定义为方式 0，输出。试编写初始化程序。

7.9　某系统使用 8255A，其端口地址为 10H～13H。系统仅用一个端口 C 的 PC_7，其引脚平时一直输出高电平。试编程实现使 PC_7 引脚向外输出一个负脉冲的程序段。

7.10　某系统使用 8255A，其端口地址为 20H～23H。系统仅用一个端口 B，用于方式 1 的输出端口，并允许其中断请求。试写出其初始化程序。

7.11　将一片 8255A 与 8086 CPU 连接，系统对 8255A 端口地址的分配为 00H～03H。要求端口 A 为方式 0，输入；端口 B 为方式 0，输出；不使用端口 C。试画出 8255A 与 8086 CPU 连接的电路图，并完成 8255A 的初始化程序。

7.12　串行通信和并行通信有什么异同？有何优缺点？

7.13　D25 芯的 RS-232C 接口中哪几根是最基本的数据传送引脚？

7.14　为什么要在 RS-232C 与 TTL 之间加电平转换器件，一般采用哪些转换器件？

7.15　试比较 USB 和 IEEE-1394 串行接口的性能。

7.16　调制解调器的功能是什么？如何利用 Modem 的控制信号进行通信的联络控制？

7.17　8251A 有哪几个端口？它们的作用分别是什么？

7.18　8251A 的引脚分为哪几类？试分别说明它们的功能。

7.19　8251A 的引脚有地址线吗？它如何确定控制字的地址？

7.20　已知一系统中采用 8251A 芯片进行数据通信，数据格式为：7 位数据位、1 个停止位，奇校验，其波特率因子为 64。系统为 8251A 控制寄存器和状态寄存器的端口地址码是 2FBH，发送和接收寄存器的端口地址码是 2F8H。试编写发送方和接收方的 8251A 的初始化程序，并用查询法和中断法完成发送和接收数据的程序段。

7.21　某个应用系统中 8253 端口地址为 340H～343H，定时器 0 用作分频器(N 为分频系数)，定时器 2 用作外部事件计数器，请写出初始化程序。

7.22　现用 8253 的通道 0 对外界事件进行计数。要求每计到 100，产生一个中断请求信号，转去执行中断服务程序。要求：

(1)画出该 8253 外部硬件连接图。

(2)编写该 8253 的初始化程序(设 8253 的地址为 300H～303H)。

7.23　设 8253 计数器 0～2 和控制字的 I/O 地址依次为 F8H～FBH，说明如下程序的作用。

```
MOV AL, 33H
OUT 0FBH, AL
MOV AL, 80H
OUT 0F8H, AL
MOV AL, 50H
OUT 0F8H, AL
```

7.24　试按照如下要求分别编写 8253 的初始化程序，已知 8253 的计数器 0～2 和控制字 I/O 的地址依次为 204H～207H。

(1)使计数器 1 工作在方式 0，仅用 8 为二进制计数，计数初值为 128。

(2)使计数器 0 工作在方式 1，按 BCD 码计数，计数值为 3000。

(3)使计数器 2 工作在方式 2，计数值为 02F0H。

7.25　D/A 转换器接口的任务是什么？它与微机系统连接时，一般有哪几种接口形式？

7.26　A/D 转换器接口电路一般应完成哪些任务？其接口形式有哪几种？

7.27　A/D 转换器的转换结束信号起什么作用？如何使用该信号，以便读取转换结果？

7.28　如果将 DAC 0832 接成直通工作方式，画图说明其数字接口引脚如何连接。

7.29　假定某 8 位 A/D 转换器输入电压范围是−5～+5V，求出如下输入电压 V_{IN} 的数字量编码(偏移码)：3.75V、2V、1.5V、−2.5V、−4.75V。

7.30　假设系统扩展一片 8255A 供用户使用，请设计一个用 8255A 与 ADC0809 接口的电路连接图，并给出启动转换，读取结果的程序段。为简化设计，可只使用 ADC 0809 的一个模拟输入端，如 IN_0。

第8章 嵌入式系统

教学提示：嵌入式系统是以应用为中心，以计算机技术为基础，并且软硬件可裁剪，适用于应用系统对功能、可靠性、成本、体积、功耗有严格要求的专用计算机系统。其特点是：它是嵌入到目标对象中的、软硬件定制的专用计算机系统。

教学要求：通过本章的学习，使读者了解 ARM 微处理器编程模型的一些基本概念，包括工作状态切换、数据的存储格式、处理器异常等，了解 ARM 微处理器的基本工作原理和一些程序设计相关的基本技术。

注意：学习嵌入式系统是在学习微机原理之后，这就给初学者带来过渡知识，尽管微机原理与嵌入式是两种体系，一种是基础性学习；一种是更新上系统的控制器，不管怎样，初学者先把 8086 CPU 的内特征、外特性、存储器、时序、中断、接口电路等相关知识有了初步了解，然后学习嵌入式只不过是位数增加了，容量增大了，速度变快了。因此，嵌入式系统的学习相当简单，自学时就有方向，控制器是层出无穷的，重点是通过微机原理与嵌入式系统学习，能从中找到一套系统的学习方法，为往后新控制器的学习和使用找到一套解决实际问题的方法。

8.1 ARM 微处理器概述

1. ARM

ARM(Advanced RISC Machines)既可以认为是一个公司的名字，也可以认为是对一类微处理器的通称，还可以认为是一种技术的名字。

1991 年，ARM 公司成立于英国剑桥，主要出售芯片设计技术的授权。目前，采用 ARM 技术知识产权(IP)核的微处理器，即通常所说的 ARM 微处理器，已遍及工业控制、消费类电子产品、通信系统、网络系统、无线系统等各类产品市场。基于 ARM 技术的微处理器应用约占据 32 位 RISC 微处理器 75%以上的市场份额，ARM 技术正在逐步渗入到生活的各个方面。

ARM 公司是专门从事基于 RISC 技术芯片设计开发的公司，作为知识产权供应商，本身不直接从事芯片生产，靠转让设计许可由合作公司生产各具特色的芯片。世界各大半导体生产商从 ARM 公司购买其设计的 ARM 微处理器核，根据各自不同的应用领域，加入适当的外围电路，从而形成自己的 ARM 微处理器芯片进入市场。目前，全世界有几十家大的半导体公司都使用 ARM 公司的授权，因此既使得 ARM 技术获得更多的第三方工具、制造、软件的支持，又使整个系统成本降低，使产品更容易进入市场被消费者接受，更具有竞争力。

2. ARM 微处理器的应用领域及特点

1)ARM 微处理器的应用领域
到目前为止，ARM 微处理器及技术的应用几乎已经深入到各个领域。

工业控制领域：作为 32 位的 RISC 架构，基于 ARM 核的微控制器芯片不但占据了高端微控制器市场的大部分市场份额，同时也逐渐向低端微控制器应用领域扩展，ARM 微控制器的低功耗、高性价比，向传统的 8 位/16 位微控制器提出了挑战。

无线通信领域：目前已有超过 85%的无线通信设备采用了 ARM 技术，ARM 以其高性能和低成本，在该领域的地位日益巩固。

网络应用：随着宽带技术的推广，采用 ARM 技术的 ADSL 芯片正逐步获得竞争优势。此外，ARM 在语音及视频处理上进行了优化，并获得了广泛支持，也向 DSP 的应用领域提出了挑战。

消费类电子产品：ARM 技术在目前流行的数字音频播放器、数字机顶盒和游戏机中得到广泛采用。

成像和安全产品：现在流行的数码相机和打印机中绝大部分采用 ARM 技术。手机中的 32 位 SIM 智能卡也采用了 ARM 技术。

除此以外，ARM 微处理器及技术还应用到许多不同的领域，并会在将来取得更加广泛的应用。

2) ARM 微处理器的特点

采用 RISC 架构的 ARM 微处理器一般具有如下特点：

(1) 体积小、低功耗、低成本、高性能；

(2) 支持 Thumb(16 位)/ARM(32 位)双指令集，能很好地兼容 8 位/16 位器件；

(3) 大量使用寄存器，指令执行速度更快；

(4) 大多数数据操作都在寄存器中完成；

(5) 寻址方式灵活简单，执行效率高；

(6) 指令长度固定。

3. ARM 微处理器系列

ARM 系列微处理器目前包括下面几个系列，以及其他厂商基于 ARM 体系结构的处理器。除了具有 ARM 体系结构的共同特点外，每一个系列的 ARM 微处理器都有各自的特点和应用领域。ARM 微处理器主要包括 ARM7 系列、ARM9 系列、ARM9E 系列、ARM10E 系列、SecurCore 系列、Inter 的 Xscale、Inter 的 StrongARM。其中，ARM7、ARM9、ARM9E 和 ARM10 为 4 个通用处理器系列，每一个系列提供一套相对独特的性能来满足不同应用领域的需求。SecurCore 系列专门为安全要求较高的应用而设计。

4. ARM7 微处理器系列

ARM7 系列微处理器为低功耗的 32 位 RISC 处理器，最适合用于对价位和功耗要求较高的消费类应用。ARM7 微处理器系列具有如下特点：具有嵌入式 ICE-RT 逻辑，调试开发方便；极低的功耗，适合对功耗要求较高的应用，如便携式产品；能够提供 0.9MIPS/MHz 的三级流水线结构；代码密度高并兼容 16 位的 Thumb 指令集；对操作系统的支持广泛，包括 Windows CE、Linux、Palm OS 等；指令系统与 ARM9 系列、ARM9E 系列和 ARM10E 系列兼容，便于用户的产品升级换代；主频最高可达 130MIPS，高速的运算处理能力能胜任绝大多数的复杂应用。ARM7 微处理器系列的主要应用领域为工业控制、Internet 设备、网络和调制解调器设备、移动电话等多种多媒体和嵌入式应用。

ARM7 系列微处理器包括 ARM7TDMI、ARM7TDMI-S、ARM720T、ARM7EJ 等类型的核。其中，ARM7TDMI 是目前使用最广泛的 32 位嵌入式 RISC 处理器，属低端 ARM 处理器核。TDMI 的基本含义如下：

(1) T：支持 16 位压缩指令集 Thumb；

(2) D：支持片上 Debug；

(3) M：内嵌硬件乘法器(Multiplier)；

(4) I：嵌入式 ICE，支持片上断点和调试点。

Samsung 公司的 S3C4510B 即属于该系列的处理器。

5. ARM9 微处理器系列

ARM9 系列微处理器在高性能和低功耗特性方面提供最佳的性能。具有的特点有：5 级整数流水线，指令执行效率更高；提供 1.1MIPS/MHz 的哈佛结构；支持 32 位 ARM 指令集和 16 位 Thumb 指令集；支持 32 位的高速 AMBA 总线接口；全性能的 MMU，支持 Windows CE、Linux、Palm OS 等多种主流嵌入式操作系统；MPU 支持实时操作系统；支持数据 Cache 和指令 Cache，具有更高的指令和数据处理能力；ARM9 系列微处理器主要应用于无线设备、仪器仪表、安全系统、机顶盒、高端打印机、数字照相机和数字摄像机等；ARM9 微处理器系列包含 ARM920T、ARM922T 和 ARM940T 三种类型，以适用于不同的应用场合。

6. ARM9E 微处理器系列

ARM9E 系列微处理器为可综合处理器，使用单一的处理器内核提供了微控制器、DSP、Java 应用系统的解决方案，极大地减小了芯片的面积和系统的复杂程度。ARM9E 系列微处理器提供了增强的 DSP 处理能力，很适合于那些需要同时使用 DSP 和微控制器的应用场合。

ARM9E 系列微处理器的主要特点有：支持 DSP 指令集，适合于需要高速数字信号处理的场合；5 级整数流水线，指令执行效率更高；支持 32 位 ARM 指令集和 16 位 Thumb 指令集；支持 32 位的高速 AMBA 总线接口；支持 VFP9 浮点处理协处理器；全性能的 MMU，支持 Windows CE、Linux、Palm OS 等多种主流嵌入式操作系统；MPU 支持实时操作系统；支持数据 Cache 和指令 Cache，具有更高的指令和数据处理能力；主频最高可达 300MIPS。

ARM9 系列微处理器主要应用于下一代无线设备、数字消费品、成像设备、工业控制、存储设备和网络设备等领域。ARM9E 系列微处理器包含 ARM926EJ-S、ARM946E-S 和 ARM966E-S 三种类型，以适用于不同的应用场合。

7. ARM10E 微处理器系列

ARM10E 系列微处理器具有高性能、低功耗的特点。由于采用了新的体系结构，与同等的 ARM9 器件相比，在同样的时钟频率下，性能提高了近 50%，同时，ARM10E 系列微处理器采用了两种先进的节能方式，使其功耗极低。

ARM10E 系列微处理器的主要特点有：支持 DSP 指令集，适合于需要高速数字信号处理的场合；6 级整数流水线，指令执行效率更高；支持 32 位 ARM 指令集和 16 位 Thumb 指令集；支持 32 位的高速 AMBA 总线接口；支持 VFP10 浮点处理协处理器；全性能的 MMU，支持 Windows CE、Linux、Palm OS 等多种主流嵌入式操作系统；支持数据 Cache 和指令 Cache，具有更高的指令和数据处理能力；主频最高可达 400MIPS；内嵌并行读/写操作部件。

　　ARM10E 系列微处理器主要应用于下一代无线设备、数字消费品、成像设备、工业控制、通信和信息系统等领域。ARM10E 微处理器系列包含 ARM1020E、ARM1022E 和 ARM1026EJ-S 三种类型，以适用于不同的应用场合。

　　8. SecurCore 微处理器系列

　　SecurCore 系列微处理器专为安全需要而设计，提供了完善的 32 位 RISC 技术的安全解决方案，因此 SecurCore 系列微处理器除了具有 ARM 体系结构的低功耗、高性能的特点，还具有其独特的优势，即提供了对安全解决方案的支持。

　　SecurCore 系列微处理器除了具有 ARM 体系结构各种主要特点，还在系统安全方面具有如下特点：带有灵活的保护单元，以确保操作系统和应用数据的安全；采用软内核技术，防止外部对其进行扫描探测；可集成用户自己的安全特性和其他协处理器。SecurCore 系列微处理器主要应用于一些对安全性要求较高的应用产品及应用系统，如电子商务、电子政务、电子银行业务、网络和认证系统等领域。

　　SecurCore 系列微处理器包含 SecurCore SC100、SecurCore SC110、SecurCore SC200 和 SecurCore SC210 四种类型，以适用于不同的应用场合。

　　9. StrongARM 微处理器系列

　　Inter StrongARM SA-1100 处理器是采用 ARM 体系结构高度集成的 32 位 RISC 微处理器。它融合了 Inter 公司的设计和处理技术以及 ARM 体系结构的电源效率，采用在软件上兼容 ARMv4 体系结构，同时采用具有 Intel 技术优点的体系结构。

　　Intel StrongARM 处理器是便携式通信产品和消费类电子产品的理想选择，已成功应用于多家公司的掌上电脑系列产品。

　　10. Xscale 处理器

　　Xscale 处理器是基于 ARMv5TE 体系结构的解决方案，是一款全性能、高性价比、低功耗的处理器。它支持 16 位的 Thumb 指令和 DSP 指令集，已使用在数字移动电话、个人数字助理和网络产品等场合。Xscale 处理器是 Inter 目前主要推广的一款 ARM 微处理器。

　　11. ARM 微处理器结构

　　1）RISC 体系结构

　　传统的 CISC（Complex Instruction Set Computer，复杂指令集计算机）结构有其固有的缺点，即随着计算机技术的发展而不断引入新的复杂的指令集。为支持这些新增的指令，计算机的体系结构会越来越复杂，然而，在 CISC 指令集的各种指令中，其使用频率却相差悬殊，大约有 20%的指令会被反复使用，占整个程序代码的 80%。而余下的 80%指令却不经常使用，在程序设计中只占 20%，显然，这种结构是不太合理的。

　　基于以上的不合理性，1979 年美国加利福尼亚大学伯克利分校提出了 RISC（Reduced Instruction Set Computer，精简指令集计算机）的概念，RISC 并非只是简单地去减少指令，而是把着眼点放在了如何使计算机的结构更加简单合理地提高运算速度上。RISC 结构优先选取使用频率最高的简单指令，避免复杂指令；将指令长度固定，指令格式和寻地方式种类减少；以控制逻辑为主，不用或少用微码控制等措施来达到上述目的。

到目前为止，RISC 体系结构也还没有严格的定义。一般认为，RISC 体系结构应具有如下特点：采用固定长度的指令格式，指令归整、简单、基本寻址方式有 2～3 种；使用单周期指令，便于流水线操作执行；大量使用寄存器，数据处理指令只对寄存器进行操作，只有加载/存储指令可以访问存储器，以提高指令的执行效率。

除此以外，ARM 体系结构还采用了一些特别的技术，在保证高性能的前提下尽量缩小芯片的面积，并降低功耗：所有的指令都可根据前面的执行结果决定是否被执行，从而提高指令的执行效率；可用加载/存储指令批量传输数据，以提高数据的传输效率；可在一条数据处理指令中同时完成逻辑处理和移位处理；在循环处理中使用地址的自动增减来提高运行效率。

当然，和 CISC 架构相比，尽管 RISC 架构有前述优点，但绝不能认为 RISC 架构就可以取代 CISC 架构。事实上，RISC 和 CISC 各有优势，而且界限并不那么明显。现代的 CPU 往往采用 CISC 的外围，内部加入了 RISC 的特性，如超长指令集 CPU 就是融合了 RISC 和 CISC 的优势，成为未来的 CPU 发展方向之一。

2）ARM 微处理器的寄存器结构

ARM 处理器共有 37 个寄存器，被分为若干个组（BANK），这些寄存器包括：31 个通用寄存器，包括程序计数器（PC 指针），均为 32 位的寄存器；6 个状态寄存器，用以标识 CPU 的工作状态及程序的运行状态，均为 32 位，目前只使用了其中的一部分。同时，ARM 处理器又有 7 种不同的处理器模式，在每一种处理器模式下均有一组相应的寄存器与之对应。即在任意一种处理器模式下，可访问的寄存器包括 15 个通用寄存器（R_0～R_{14}）、1～2 个状态寄存器和程序计数器。在所有的寄存器中，有些是在 7 种处理器模式下共用的同一个物理寄存器，而有些寄存器则是在不同的处理器模式下有不同的物理寄存器。

3）ARM 微处理器的指令结构

ARM 微处理器在较新的体系结构中支持两种指令集：ARM 指令集和 Thumb 指令集。其中，ARM 指令为 32 位的长度，Thumb 指令为 16 位长度。Thumb 指令集为 ARM 指令集的功能子集，但与等价的 ARM 代码相比，可节省 30%～40%的存储空间，同时具备 32 位代码的所有优点。

12. ARM 微处理器的应用选型

鉴于 ARM 微处理器的众多优点，随着国内外嵌入式应用领域的逐步发展，ARM 微处理器必然会获得广泛的重视和应用。但是，由于 ARM 微处理器有多达十几种的内核结构，几十个芯片生产厂家，以及千变万化的内部功能配置组合，给开发人员在选择方案时带来一定的困难，所以，对 ARM 芯片做一些对比研究是十分必要的。以下从应用的角度出发，对在选择 ARM 微处理器时所应考虑的主要问题做一些简要的探讨。

1）ARM 微处理器内核的选择

从前面介绍的内容可知，ARM 微处理器包含一系列内核结构，以适应不同的应用领域，用户如果希望使用 Windows CE 或标准 Linux 等操作系统以减少软件开发时间，就需要选择 ARM720T 以上带有 MMU（Memory Management Unit）功能的 ARM 芯片，ARM720T、ARM920T、ARM922T、ARM946T、Strong-ARM 都带有 MMU 功能。而 ARM7TDMI 则没有 MMU，不支持 Windows CE 和标准 Linux，但目前有 uCLinux 等不需要 MMU 支持的操作系统可运行于 ARM7TDMI 硬件平台之上。事实上，uCLinux 已经成功移植到多种不带 MMU 的微处理器平台上，并在稳定性和其他方面都有上佳表现。

2）系统的工作频率

系统的工作频率在很大程度上决定了 ARM 微处理器的处理能力。ARM7 系列微处理器的典型处理速度为 0.9MIPS/MHz。常见的 ARM7 芯片系统主时钟为 20～133MHz，ARM9 系列微处理器的典型处理速度为 1.1MIPS/MHz，常见的 ARM9 的系统主时钟频率为 100～233MHz，ARM10 最高可以达到 700MHz。不同芯片对时钟的处理不同，有的芯片只需要一个主时钟频率，有的芯片内部时钟控制器可以分别为 ARM 核和 USB、UART、DSP、音频等功能部件提供不同频率的时钟。

3）芯片内存储器的容量

大多数 ARM 微处理器片内存储器的容量都不太大，需要用户在设计系统时外扩存储器，但也有部分芯片具有相对较大的片内存储空间，如 ATMEL 的 AT91F40162 就具有高达 2MB 的片内程序存储空间，用户在设计时可考虑选用这种类型，以简化系统的设计。

4）片内外围电路的选择

除 ARM 微处理器核以外，几乎所有的 ARM 芯片均根据各自不同的应用领域，扩展了相关功能模块，并集成在芯片之中，我们称为片内外围电路，如 USB 接口、IIS 接口、LCD 控制器、键盘接口、RTC、ADC 和 DAC、DSP 协处理器等。设计者应分析系统的需求，尽可能采用片内外围电路完成所需的功能，这样既可简化系统的设计，又提高系统的可靠性。

8.2　ARM 微处理器的工作状态

对字（Word）、半字（Half-Word）、字节（Byte）的概念主要从两个方面了解。字（Word）在 ARM 体系结构中，长度为 32 位，而在 8 位/16 位处理器体系结构中，字的长度一般为 16 位。半字（Half-Word）在 ARM 体系结构中，半字的长度为 16 位，与 8 位/16 位处理器体系结构中字的长度一致。字节（Byte）在 ARM 体系结构和 8 位/16 位处理器体系结构中，字节的长度均为 8。

1. 切换状态

从编程的角度看，ARM 微处理器的工作状态一般有两种，并可在两种状态之间切换：第一种为 ARM 状态，此时处理器执行 32 位的字对齐的 ARM 指令；第二种为 Thumb 状态，此时处理器执行 16 位的、半字对齐的 Thumb 指令。

当 ARM 微处理器执行 32 位的 ARM 指令集时，工作在 ARM 状态；当 ARM 微处理器执行 16 位的 Thumb 指令集时，工作在 Thumb 状态。在程序的执行过程中，微处理器可以随时在两种工作状态之间切换，并且处理器工作状态的转变并不影响处理器的工作模式和相应寄存器中的内容。

2. 状态切换方法

ARM 指令集和 Thumb 指令集均有切换处理器状态的指令，并可在两种工作状态之间切换，但 ARM 微处理器在开始执行代码时，应该处于 ARM 状态。

进入 Thumb 状态：当操作数寄存器的状态位（位 0）为 1 时，可以采用执行 BX 指令的方法，使微处理器从 ARM 状态切换到 Thumb 状态。此外，当处理器处于 Thumb 状态时发生异常（如 IRQ、FIQ、Undef、Abort、SWI 等），则异常处理返回时，自动切换到 Thumb 状态。

进入 ARM 状态：当操作数寄存器的状态位为 0 时，执行 BX 指令时可以使微处理器从 Thumb 状态切换到 ARM 状态。此外，在处理器进行异常处理时，把 PC 指针放入异常模式连接寄存器中，并从异常向量地址开始执行程序，也可以使处理器切换到 ARM 状态。

8.2.1 ARM 体系结构的存储器格式

ARM 体系结构将存储器看作从零地址开始的字节的线性组合。0~3 字节放置第一个存储的字数据，4~7 字节放置第二个存储的字数据，依次排列。作为 32 位的微处理器，ARM 体系结构所支持的最大寻址空间为 4GB（2^{32} 字节）。

ARM 体系结构可以用两种方法存储字数据，称为大端格式和小端格式。

1）大端格式

在这种格式中，字数据的高字节存储在低地址中，而字数据的低字节则存放在高地址中，如图 8-1 所示。

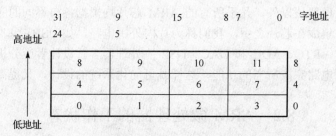

图 8-1　以大端格式存储字数据

2）小端格式

与大端存储格式相反，在小端存储格式中，低地址中存放的是字数据的低字节，高地址存放的是字数据的高字节，如图 8-2 所示。

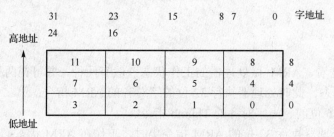

图 8-2　以小端格式存储字数据

8.2.2 指令长度及数据类型

ARM 微处理器的指令长度可以是 32 位（在 ARM 状态下），也可以为 16 位（在 Thumb 状态下）。

ARM 微处理器中支持字节（8 位）、半字（16 位）、字（32 位）3 种数据类型，其中，字需要 4 字节对齐（地址的低两位为 0）、半字需要 2 字节对齐（地址的最低位为 0）。

8.2.3 处理器模式

ARM 微处理器支持如下 7 种运行模式。用户模式（usr）：ARM 处理器正常的程序执行状态。快速中断模式(fiq)：用于高速数据传输或通道处理。外部中断模式(irq)：用于通用的中断处理。管理模式(svc)：操作系统使用的保护模式。数据访问终止模式(abt)：当数据或指令预取终止时进入该模式，可用于虚拟存储及存储保护。系统模式(sys)：运行具有特权的操作系统任务。未定义指令中止模式(und)：当未定义的指令执行时进入该模式，可用于支持硬件协处理器的软件仿真。

ARM 微处理器的运行模式可以通过软件改变，也可以通过外部中断或异常处理改变。大多数的应用程序运行在用户模式下。当处理器运行在用户模式下时，某些被保护的系统资源是不能被访问的。除用户模式以外，其余 6 种模式称为非用户模式，或特权模式(Privileged Modes)；其中除去用户模式和系统模式以外的 5 种又称为异常模式(Exception Modes)，常用于处理中断或异常，以及需要访问受保护的系统资源等情况。

8.3　寄存器组织

ARM 微处理器共有 37 个 32 位寄存器，其中 31 个为通用寄存器，6 个为状态寄存器。但是这些寄存器不能被同时访问。哪些寄存器是可编程访问的，取决微处理器的工作状态及具体的运行模式。但在任何时候，通用寄存器 R14～R0、程序计数器 PC、一个或两个状态寄存器都是可访问的。

8.3.1　ARM 状态下的寄存器组织

通用寄存器包括 R0～R15，可以分为三类：一是未分组寄存器 R0～R7；二是分组寄存器 R8～R14；三是程序计数器 PC(R15)。

在所有的运行模式下，未分组寄存器都指向同一个物理寄存器，未被系统用作特殊的用途。因此，在中断或异常处理进行运行模式转换时，由于不同的处理器运行模式均使用相同的物理寄存器，可能会造成寄存器中数据的破坏。这一点在进行程序设计时应引起注意。

1)分组寄存器 R8～R14

对于分组寄存器，它们每一次所访问的物理寄存器与处理器当前的运行模式有关。对于 R8～R12 来说，每个寄存器对应两个不同的物理寄存器，当使用 fiq 模式时，访问寄存器 R8_fiq～R12_fiq；当使用除 fiq 模式以外的其他模式时，访问寄存器 R8_usr～R12_usr。对于 R13、R14 来说，每个寄存器对应 6 个不同的物理寄存器，其中的一个是用户模式与系统模式共用，另外 5 个物理寄存器对应于其他 5 种不同的运行模式。

采用以下的记号来区分不同的物理寄存器：

```
R13_<mode>
R14_<mode>
```

其中，mode 为以下几种模式之一：usr、fiq、irq、svc、abt、und。

寄存器 R13 在 ARM 指令中常用作堆栈指针。这只是一种习惯用法，用户也可使用其他的寄存器作为堆栈指针。而在 Thumb 指令集中，某些指令强制性的要求使用 R13 作为堆栈指针。由于处理器的每种运行模式均有自己独立的物理寄存器 R13，在用户应用程序的初始化部分，一般都要初始化每种模式下的 R13，使其指向该运行模式的栈空间。当程序的运行进入异常模式时，可以将需要保护的寄存器放入 R13 所指向的堆栈，而当程序从异常模式返回时，则从对应的堆栈中恢复，采用这种方式可以保证异常发生后程序的正常执行。

R14 也称作子程序连接寄存器（Subroutine Link Register）或连接寄存器 LR。当执行 BL 子程序调用指令时，R14 中得到 R15（程序计数器 PC）的备份。其他情况下，R14 用作通用寄存器。与之类似，当发生中断或异常时，对应的分组寄存器 R14_svc、R14_irq、R14_fiq、R14_abt 和 R14_und 用来保存 R15 的返回值。

在每一种运行模式下，都可用 R14 保存子程序的返回地址，当用 BL 或 BLX 指令调用子程序时，将 PC 的当前值复制给 R14，执行完子程序后，又将 R14 的值复制回 PC，即可完成子程序的调用返回。以上的描述可用如下指令完成。

（1）执行以下任意一条指令：

```
MOV PC, LR
    BX LR
```

（2）在子程序入口处使用以下指令将 R14 存入堆栈：

```
STMFD SP!, {<Regs>, LR}
```

对应地，使用以下指令可以完成子程序返回：

```
LDMFD SP!, {<Regs>, PC}
```

R14 也可作为通用寄存器。

2）程序计数器 PC（R15）

寄存器 R15 用作程序计数器（PC）。在 ARM 状态下，位[1:0]为 0，位[31:2]用于保存 PC。在 Thumb 状态下，位[0]为 0，位[31:1]用于保存 PC。虽然可以用作通用寄存器，但是有一些指令在使用 R15 时有一些特殊限制，若不注意，执行的结果将是不可预料的。在 ARM 状态下，PC 的 0 和 1 位是 0，在 Thumb 状态下，PC 的 0 位是 0。

R15 虽然也可用作通用寄存器，但一般不这么使用，因为对 R15 的使用有一些特殊的限制。当违反了这些限制时，程序的执行结果是未知的。由于 ARM 体系结构采用了多级流水线技术，对于 ARM 指令集而言，PC 总是指向当前指令的下两条指令的地址，即 PC 的值为当前指令的地址值加 8 字节。

在 ARM 状态下，任一时刻可以访问以上所讨论的 16 个通用寄存器和一到两个状态寄存器。在非用户模式（特权模式）下，则可访问到特定模式分组寄存器，图 8-3 说明在每一种运行模式下，哪一些寄存器是可以访问的。

3）寄存器 R16

寄存器 R16 用作 CPSR（Current Program Status Register，当前程序状态寄存器）。CPSR 可在任何运行模式下被访问，包括条件标志位、中断禁止位、当前处理器模式标志位，以及其他一些相关的控制和状态位。

每一种运行模式下又都有一个专用的物理状态寄存器，称为 SPSR（Saved Program Status Register，备份的程序状态寄存器）。当异常发生时，SPSR 用于保存 CPSR 的当前值，从异常退出时则可由 SPSR 来恢复 CPSR。由于用户模式和系统模式不属于异常模式，因此没有 SPSR。在这两种模式下访问 SPSR，结果是未知的。

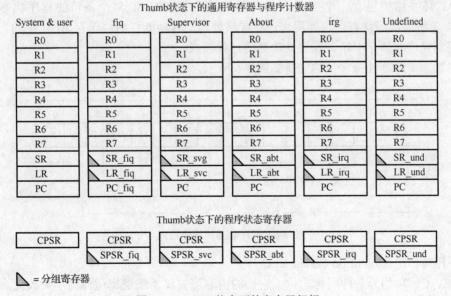

ARM状态下的通用寄存器与程序计数器

System & user	fiq	Supervisor	About	irg	Undefined
R0	R0	R0	R0	R0	R0
R1	R1	R1	R1	R1	R1
R2	R2	R2	R2	R2	R2
R3	R3	R3	R3	R3	R3
R4	R4	R4	R4	R4	R4
R5	R5	R5	R5	R5	R5
R6	R6	R6	R6	R6	R6
R7	R7	R7	R7	R7	R7
R8	R8_fiq	R8	R8	R8	R8
R9	R9_fiq	R9	R9	R9	R9
R10	R10_fiq	R10	R10	R10	R10
R11	R11_fiq	R11	R11	R11	R11
R12	R12_fiq	R12	R12	R12	R12
R13	R13_fiq	R13_svc	R13_abt	R13_irq	R13_und
R14	R14_fiq	R14_svc	R14_abt	R14_irq	R14_und
R15(PC)	R15(PC)	R15(PC)	R15(PC)	R15(PC)	R15(PC)

ARM状态下的程序状态寄存器

CPSR	CPSR	CPSR	CPSR	CPSR	CPSR
	SPSR_fiq	SPSR_svc	SPSR_abt	SPSR_irq	SPSR_und

= 分组寄存器

图 8-3　ARM 状态下的寄存器组织

8.3.2　Thumb 状态下的寄存器组织

Thumb 状态下的寄存器集是 ARM 状态下寄存器集的一个子集，程序可以直接访问 8 个通用寄存器(R7～R0)、程序计数器(PC)、堆栈指针(SP)、连接寄存器(LR)和 CPSR。同时，在每一种特权模式下都有一组 SP、LR 和 SPSR。图 8-4 表明 Thumb 状态下的寄存器组织。

Thumb状态下的通用寄存器与程序计数器

System & user	fiq	Supervisor	About	irg	Undefined
R0	R0	R0	R0	R0	R0
R1	R1	R1	R1	R1	R1
R2	R2	R2	R2	R2	R2
R3	R3	R3	R3	R3	R3
R4	R4	R4	R4	R4	R4
R5	R5	R5	R5	R5	R5
R6	R6	R6	R6	R6	R6
R7	R7	R7	R7	R7	R7
SR	SR_fiq	SR_svg	SR_abt	SR_irq	SR_und
LR	LR_fiq	LR_svc	LR_abt	LR_irq	LR_und
PC	PC_fiq	PC	PC	PC	PC

Thumb状态下的程序状态寄存器

CPSR	CPSR	CPSR	CPSR	CPSR	CPSR
	SPSR_fiq	SPSR_svc	SPSR_abt	SPSR_irq	SPSR_und

= 分组寄存器

图 8-4　Thumb 状态下的寄存器组织

1）Thumb 状态下的寄存器组织与 ARM 状态下的寄存器组织的关系

Thumb 状态下和 ARM 状态下的 R0～R7 是相同的；Thumb 状态下和 ARM 状态下的 CPSR 和所有的 SPSR 是相同的；Thumb 状态下的 SP 对应于 ARM 状态下的 R13；Thumb 状态下的 LR 对应于 ARM 状态下的 R14；Thumb 状态下的程序计数器对应于 ARM 状态下 R15，以上的对应关系如图 8-5 所示。

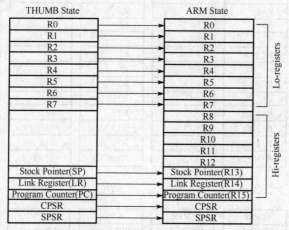

图 8-5　Thumb 状态下的寄存器组织

2）访问 Thumb 状态下的高位寄存器（Hi-registers）

在 Thumb 状态下，高位寄存器 R8～R15 并不是标准寄存器集的一部分，但可使用汇编语言程序添加限制条件地访问这些寄存器，将其用作快速的暂存器。使用带特殊变量的 MOV 指令，数据可以在低位寄存器和高位寄存器之间进行传送；高位寄存器的值可以使用 CMP 和 ADD 指令进行比较或加上低位寄存器中的值。

8.3.3　程序状态寄存器

ARM 体系结构包含一个当前程序状态寄存器（CPSR）和 5 个备份的程序状态寄存器（SPSR）。备份的程序状态寄存器用来进行异常处理，其功能包括：保存 ALU 中的当前操作信息、控制允许和禁止中断、设置处理器的运行模式。

程序状态寄存器的每一位的安排如图 8-6 所示。

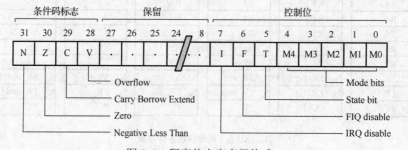

图 8-6　程序状态寄存器格式

1）条件码标志（Condition Code Flags）

N、Z、C、V 均为条件码标志位。它们的内容可被算术或逻辑运算的结果改变，并且可以决定某条指令是否被执行。

在 ARM 状态下，绝大多数的指令都是有条件执行的。

在 Thumb 状态下，仅有分支指令是有条件执行的。

条件码标志各位的具体含义如表 8-1 所示。

表 8-1　条件码标志的具体含义

标志位	含义
N	当用两个补码表示的带符号数进行运算时，N = 1 表示运算的结果为负数；N = 0 表示运算的结果为正数或零
Z	Z = 1 表示运算的结果为零；Z = 0 表示运算的结果为非零
C	可以有 4 种方法设置 C 的值： (1) 加法运算(包括比较指令 CMN)：当运算结果产生了进位(无符号数溢出)时，C = 1，否则 C = 0 (2) 减法运算(包括比较指令 CMP)：当运算时产生了借位(无符号数溢出)时，C = 0，否则 C = 1 (3) 对于包含移位操作的非加/减运算指令，C 为移出值的最后一位 (4) 对于其他非加/减运算指令，C 的值通常不改变
V	可以有 2 种方法设置 V 的值： (1) 对于加/减法运算指令，当操作数和运算结果为二进制的补码表示的带符号数时，V = 1 表示符号位溢出 (2) 对于其他非加/减运算指令，V 的值通常不改变
Q	在 ARMv5 及以上版本的 E 系列处理器中，用 Q 标志位指示增强的 DSP 运算指令是否发生了溢出。在其他版本的处理器中，Q 标志位无定义

2) 控制位

PSR 的低 8 位(包括 I、F、T 和 M[4:0])称为控制位。当发生异常时，这些位可以被改变。如果处理器运行特权模式，这些位也可以由程序修改。

3) 中断禁止位 I、F

I = 1，表示禁止 IRQ 中断；F = 1，表示禁止 FIQ 中断。

4) T 标志位

该位反映处理器的运行状态。对于 ARM 体系结构 v5 及以上版本的 T 系列处理器，当该位为 1 时，程序运行于 Thumb 状态，否则运行于 ARM 状态。

对于 ARM 体系结构 v5 及以上版本的非 T 系列处理器，当该位为 1 时，执行下一条指令会引起伪定义的指令异常；当该位为 0 时，表示运行于 ARM 状态。

运行模式位 M[4:0]：M0、M1、M2、M3、M4 是模式位。这些位决定了处理器的运行模式。具体含义如表 8-2 所示。

表 8-2　运行模式位 M[4：0]的具体含义

M[4:0]	处理器模式	可访问的寄存器
0b10000	用户模式	PC，CPSR,R0～R14
0b10001	FIQ 模式	PC，CPSR, SPSR_fiq，R14_fiq,R8_fiq, R7～R0
0b10010	IRQ 模式	PC，CPSR, SPSR_irq，R14_irq,R13_irq,R12～R0
0b10011	管理模式	PC，CPSR, SPSR_svc，R14_svc,R13_svc,,R12～R0
0b10111	中止模式	PC，CPSR, SPSR_abt，R14_abt,R13_abt, R12～R0
0b11011	未定义模式	PC，CPSR, SPSR_und，R14_und,R13_und, R12～R0
0b11111	系统模式	PC，CPSR(ARM v4 及以上版本)，R14～R0

由表 8-2 可知，并不是所有的运行模式位的组合都是有效的，其他组合结果会导致处理器进入一个不可恢复的状态。

5）保留位

PSR 中的其余位为保留位。当改变 PSR 中的条件码标志位或者控制位时，保留位不要被改变，在程序中也不要使用保留位来存储数据。保留位将用于 ARM 版本的扩展。

8.3.4 异常（Exceptions）

当正常的程序执行流程发生暂时的停止时，称为异常。例如，处理一个外部的中断请求。在处理异常之前，当前处理器的状态必须保留。这样，当异常处理完成之后，当前程序可以继续执行。处理器允许多个异常同时发生，它们将会按固定的优先级进行处理。

ARM 体系结构中的异常，与 8 位/16 位体系结构的中断有很大的相似之处，但异常与中断的概念并不完全等同。

8.3.5 ARM 体系结构所支持的异常类型

ARM 体系结构所支持的异常及具体含义如表 8-3 所示。

表 8-3 ARM 体系结构所支持的异常及具体含义

异常类型	具体含义
复位	当处理器的复位电平有效时，产生复位异常，程序跳转到复位异常处理程序处执行
未定义指令	当 ARM 处理器或协处理器遇到不能处理的指令时，产生未定义指令异常。可使用该异常机制进行软件仿真
软件中断	该异常由执行 SWI 指令产生，可用于用户模式下的程序调用特权操作指令。可使用该异常机制实现系统功能调用
指令预取中止	如处理器预取指令的地址不存在，或该地址不允许当前指令访问，存储器会向处理器发出中止信号，但当预取的指令被执行时，才会产生指令预取中止异常
数据中止	当处理器数据访问指令的地址不存在，或该地址不允许当前指令访问时，产生数据中止异常
IRQ（外部中断请求）	当处理器的外部中断请求引脚有效，且 CPSR 中的 I 位为 0 时，产生 IRQ 异常。系统的外设可通过该异常请求中断服务
FIQ（快速中断请求）	当处理器的快速中断请求引脚有效，且 CPSR 中的 F 位为 0 时，产生 FIQ 异常

8.3.6 对异常的响应

当一个异常出现以后，ARM 微处理器会执行以下几步操作。

（1）将下一条指令的地址存入相应连接寄存器 LR，以便程序在处理异常返回时能从正确的位置重新开始执行。若异常是从 ARM 状态进入的，LR 寄存器中保存的是下一条指令的地址（当前 PC+4 或 PC+8，与异常的类型有关）。若异常是从 Thumb 状态进入的，则在 LR 寄存器中保存当前 PC 的偏移量。这样，异常处理程序就不需要确定异常是从何种状态进入的。例如，在软件中断异常 SWI 时，指令 MOV PC，R14_svc 总是返回到下一条指令，不管 SWI 是在 ARM 状态执行，还是在 Thumb 状态执行。

（2）将 CPSR 复制到相应的 SPSR 中。

（3）根据异常类型，强制设置 CPSR 的运行模式位。

（4）强制 PC 从相关的异常向量地址取下一条指令执行，从而跳转到相应的异常处理程序处。还可以设置中断禁止位，以禁止中断发生。

如果异常发生时，处理器处于 Thumb 状态，则当异常向量地址加载到 PC 时，处理器自动切换到 ARM 状态。

ARM 微处理器对异常的响应过程用伪码可以描述为

```
R14_<Exception_Mode> = Return Link
SPSR_<Exception_Mode> = CPSR
CPSR[4:0] = Exception Mode Number
CPSR[5] = 0                              ; 当运行于 ARM 工作状态时
If <Exception_Mode> == Reset or FIQ then ; 当响应 FIQ 异常时，禁止新的 FIQ 异常
CPSR[6] = 1
CPSR[7] = 1
PC = Exception Vector Address
```

8.3.7　从异常返回

异常处理完毕之后，ARM 微处理器会执行以下几步操作从异常返回。

(1) 将连接寄存器 LR 的值减去相应的偏移量后送到 PC 中。

(2) 将 SPSR 复制回 CPSR 中。

(3) 若在进入异常处理时设置了中断禁止位，要在此清除。

可以认为应用程序总是从复位异常处理程序开始执行，因此复位异常处理程序不需要返回。

8.3.8　各类异常的具体描述

1) FIQ

FIQ(Fast Interrupt Request) 异常是为了支持数据传输或者通道处理而设计的。在 ARM 状态下，系统有足够的私有寄存器，从而可以避免对寄存器保存的需求，并减小了系统上下文切换的开销。

若将 CPSR 的 F 位置为 1，则会禁止 FIQ 中断，若将 CPSR 的 F 位清零，处理器会在指令执行时检查 FIQ 的输入。注意只有在特权模式下才能改变 F 位的状态。

可由外部通过对处理器上的 nFIQ 引脚输入低电平产生 FIQ。不管是在 ARM 状态还是在 Thumb 状态下进入 FIQ 模式，FIQ 处理程序均会执行以下指令从 FIQ 模式返回：

```
SUBS  PC, R14_fiq, #4
```

该指令将寄存器 R14_fiq 的值减去 4 后，复制到程序计数器 PC 中，从而实现从异常处理程序中的返回，同时将 SPSR_mode 寄存器的内容复制到当前程序状态寄存器 CPSR 中。

2) IRQ

IRQ(Interrupt Request) 异常属于正常的中断请求，可通过对处理器的 nIRQ 引脚输入低电平产生，IRQ 的优先级低于 FIQ。当程序执行进入 FIQ 异常时，IRQ 可能被屏蔽。

若将 CPSR 的 I 位置为 1，则会禁止 IRQ 中断，若将 CPSR 的 I 位清零，处理器会在指令执行完之前检查 IRQ 的输入。注意只有在特权模式下才能改变 I 位的状态。

不管是在 ARM 状态还是在 Thumb 状态下进入 IRQ 模式，IRQ 处理程序均会执行以下指令从 IRQ 模式返回：

```
SUBS  PC, R14_irq, #4
```

该指令将寄存器 R14_irq 的值减去 4 后，复制到程序计数器 PC 中，从而实现从异常处理程序中的返回，同时将 SPSR_mode 寄存器的内容复制到当前程序状态寄存器 CPSR 中。

3) ABORT（中止）

产生中止异常意味着对存储器的访问失败。ARM 微处理器在存储器访问周期内检查是否发生中止异常。

中止异常包括两种类型。①指令预取中止：发生在指令预取时。②数据中止：发生在数据访问时。

当指令预取访问存储器失败时，存储器系统向 ARM 处理器发出存储器中止（Abort）信号，预取的指令被记为无效，但只有当处理器试图执行无效指令时，指令预取中止异常才会发生。如果指令未被执行，例如，在指令流水线中发生了跳转，则预取指令中止不会发生。

若数据中止发生，系统的响应与指令的类型有关。

当确定了中止的原因后，Abort 处理程序均会执行以下指令从中止模式返回，无论在 ARM 状态还是 Thumb 状态：

```
SUBS PC, R14_abt, #4          ; 指令预取中止
SUBS PC, R14_abt, #8          ; 数据中止
```

以上指令恢复 PC（从 R14_abt）和 CPSR（从 SPSR_abt）的值，并重新执行中止的指令。

4) SWI

软件中断指令（Software Interruupt，SWI）用于进入管理模式，常用于请求执行特定的管理功能。软件中断处理程序执行以下指令从 SWI 模式返回，无论在 ARM 状态还是 Thumb 状态：

```
MOV  PC, R14_svc
```

以上指令恢复 PC（从 R14_svc）和 CPSR（从 SPSR_svc）的值，并返回到 SWI 的下一条指令。

5) 未定义指令（Undefined Instruction）

当 ARM 处理器遇到不能处理的指令时，会产生未定义指令异常。采用这种机制，可以通过软件仿真扩展 ARM 或 Thumb 指令集。

在仿真未定义指令后，处理器执行以下程序返回，无论在 ARM 状态还是 Thumb 状态：

```
MOVS PC, R14_und
```

以上指令恢复 PC（从 R14_und）和 CPSR（从 SPSR_und）的值，并返回到未定义指令后的下一条指令。

8.3.9　异常进入/退出

表 8-4 给出了进入异常处理时保存在相应 R14 中的 PC 值，以及在退出异常处理时推荐使用的指令。

表 8-4　异常进入/退出

	返回指令	以前的状态		注意
		ARM　R14_x	Thumb R14_x	
BL	MOV PC，R14	PC+4	PC+2	①
SWI	MOVS PC，R14_svc	PC+4	PC+2	①
UDEF	MOVS PC，R14_und	PC+4	PC+2	①
FIQ	SUBS PC，R14_fiq，#4	PC+4	PC+4	②

续表

	返回指令	以前的状态		注意
		ARM　R14_x	Thumb R14_x	
IRQ	SUBS PC，R14_irq，#4	PC+4	PC+4	②
PABT	SUBS PC，R14_abt，#4	PC+4	PC+4	①
DABT	SUBS PC，R14_abt，#8	PC+8	PC+8	③
RESET	NA	—	—	④

注：表中的①表示在此 PC 应是具有预取中止的 BL/SWI/未定义指令所取的地址。②表示在此 PC 是从 FIQ 或 IRQ 取得不能执行的指令的地址。③表示在此 PC 是产生数据中止的加载或存储指令的地址。④表示系统复位时，保存在 R14_svc 中的值是不可预知的。

8.3.10　异常向量

异常向量（Exception Vectors）表如表 8-5 所示。

表 8-5　异常向量表

地址	异常	进入模式
0x0000 0000	复位	管理模式
0x0000 0004	未定义指令	未定义模式
0x0000 0008	软件中断	管理模式
0x0000 000C	中止（预取指令）	中止模式
0x0000 0010	中止（数据）	中止模式
0x0000 0014	保留	保留
0x0000 0018	IRQ	IRQ
0x0000 001C	FIQ	FIQ

8.3.11　异常优先级

当多个异常同时发生时，系统根据固定的优先级决定异常的处理次序。异常优先级（Exception Priorities）由高到低的排列次序如表 8-6 所示。

表 8-6　异常优先级

优先级	异常	优先级	异常
1（最高）	复位	4	IRQ
2	数据中止	5	预取指令中止
3	FIQ	6（最低）	未定义指令、SWI

8.3.12　应用程序中的异常处理

当系统运行时，异常可能随时发生。为保证在 ARM 处理器发生异常时不至于处于未知状态，在应用程序的设计中，首先要进行异常处理，采用的方式是在异常向量表中的特定位置放置一条跳转指令，跳转到异常处理程序。当 ARM 处理器发生异常时，程序计数器 PC 会被强制设置为对应的异常向量，从而跳转到异常处理程序，当异常处理完成以后，返回到主程序继续执行。

8.4 ARM 微处理器的指令系统

介绍 ARM 指令集、Thumb 指令集,以及各类指令对应的寻址方式,能了解 ARM 微处理器所支持的指令集及具体的使用方法。主要内容有 ARM 指令集、Thumb 指令集概述;ARM 指令集的分类与具体应用;Thumb 指令集简介及应用场合。

1. ARM 微处理器的指令集概述

ARM 微处理器的指令集是加载/存储型的,也即指令集仅能处理寄存器中的数据,而且处理结果都要放回寄存器中,而对系统存储器的访问则需要通过专门的加载/存储指令来完成。

ARM 微处理器的指令集可以分为跳转指令、数据处理指令、程序状态寄存器(PSR)处理指令、加载/存储指令、协处理器指令和异常产生指令六大类。具体的指令及功能如表 8-7 所示(表中指令为基本 ARM 指令,不包括派生的 ARM 指令)。

表 8-7   ARM 指令及功能描述

助记符	指令功能描述
ADC	带进位加法指令
ADD	加法指令
AND	逻辑与指令
B	跳转指令
BIC	位清零指令
BL	带返回的跳转指令
BLX	带返回和状态切换的跳转指令
BX	带状态切换的跳转指令
CDP	协处理器数据操作指令
CMN	比较反值指令
CMP	比较指令
EOR	异或指令
LDC	存储器到协处理器的数据传输指令
LDM	加载多个寄存器指令
LDR	存储器到寄存器的数据传输指令
MCR ·	从 ARM 寄存器到协处理器寄存器的数据传输指令
MLA	乘加运算指令
MOV	数据传送指令
MRC	从协处理器寄存器到 ARM 寄存器的数据传输指令
MRS	传送 CPSR 或 SPSR 的内容到通用寄存器指令
MSR	传送通用寄存器到 CPSR 或 SPSR 的指令
MUL	32 位乘法指令
MLA	32 位乘加指令
MVN	数据取反传送指令
ORR	逻辑或指令
RSB	逆向减法指令
RSC	带借位的逆向减法指令

续表

助记符	指令功能描述
SBC	带借位的减法指令
STC	协处理器寄存器写入存储器指令
STM	批量内存字写入指令
STR	寄存器到存储器的数据传输指令
SUB	减法指令
SWI	软件中断指令
SWP	交换指令
TEQ	相等测试指令
TST	位测试指令

2. 指令的条件域

当处理器工作在 ARM 状态时，几乎所有的指令均根据 CPSR 中条件码的状态和指令的条件域有条件地执行。当指令的执行条件满足时，指令被执行，否则指令被忽略。

每一条 ARM 指令包含 4 位条件码，位于指令的最高 4 位[31:28]。条件码共有 16 种，每种条件码可用两个字符表示，这两个字符可以添加在指令助记符的后面和指令同时使用。例如，跳转指令 B 可以加上后缀 EQ 变为 BEQ 表示"相等则跳转"，即当 CPSR 中的 Z 标志置位时发生跳转。

在 16 种条件标志码中，只有 15 种可以使用，如表 8-8 所示，第 16 种(1111)为系统保留，暂时不能使用。

表 8-8　指令的条件码

条件码	助记符后缀	标志	含义
0000	EQ	Z 置位	相等
0001	NE	Z 清零	不相等
0010	CS	C 置位	无符号数大于或等于
0011	CC	C 清零	无符号数小于
0100	MI	N 置位	负数
0101	PL	N 清零	正数或零
0110	VS	V 置位	溢出
0111	VC	V 清零	未溢出
1000	HI	C 置位 Z 清零	无符号数大于
1001	LS	C 清零 Z 置位	无符号数小于或等于
1010	GE	N 等于 V	带符号数大于或等于
1011	LT	N 不等于 V	带符号数小于
1100	GT	Z 清零且(N 等于 V)	带符号数大于
1101	LE	Z 置位或(N 不等于 V)	带符号数小于或等于
1110	AL	忽略	无条件执行

3. 汇编语言的程序结构

1) 汇编语言的程序结构

在 ARM(Thumb)汇编语言程序中，以程序段为单位组织代码。段是相对独立的指令或数据序列，具有特定的名称。段可以分为代码段和数据段，代码段的内容为执行代码，数据段存放代码运行时需要用到的数据。一个汇编程序至少应该有一个代码段。当程序较长时，可以分割为多个代码段和数据段，多个段在程序编译连接时最终形成一个可执行的映像文件。

可执行映象文件通常由以下几部分构成：

(1)一个或多个代码段，代码段的属性为只读；

(2)零个或多个包含初始化数据的数据段，数据段的属性为可读写；

(3)零个或多个不包含初始化数据的数据段，数据段的属性为可读写。

连接器根据系统默认或用户设定的规则，将各个段安排在存储器中的相应位置。因此源程序中段之间的相对位置与可执行的映像文件中段的相对位置一般不会相同。

以下是一个汇编语言源程序的基本结构：

```
AREA Init, CODE, READONLY
ENTRY
Start
LDR R0, =0x3FF5000
LDR R1, 0xFF
STR R1, [R0]
LDR R0, =0x3FF5008
LDR R1, 0x01
STR R1, [R0]
...
END
```

在汇编语言程序中，用 AREA 伪指令定义一个段，并说明所定义段的相关属性，本例定义一个名为 Init 的代码段，属性为只读。ENTRY 伪指令标识程序的入口点，接下来为指令序列。程序的末尾为 END 伪指令，该伪指令告诉编译器源文件的结束。每一个汇编程序段都必须有一条 END 伪指令，指示代码段的结束。

2)汇编语言的子程序调用

在 ARM 汇编语言程序中，子程序的调用一般是通过 BL 指令来实现的。在程序中，使用指令：BL 子程序名，即可完成子程序的调用。

该指令在执行时完成如下操作：将子程序的返回地址存放在连接寄存器 LR 中，同时将程序计数器 PC 指向子程序的入口点，当子程序执行完毕需要返回调用处时，只需要将存放在 LR 中的返回地址重新复制给程序计数器 PC 即可。在调用子程序的同时，也可以完成参数的传递和从子程序返回运算的结果，通常可以使用寄存器 R0～R3 完成。

以下是使用 BL 指令调用子程序的汇编语言源程序的基本结构：

```
AREA Init, CODE, READONLY
ENTRY
Start
LDR R0, =0x3FF5000
LDR R1, 0xFF
STR R1, [R0]
LDR R0, =0x3FF5008
LDR R1, 0x01
STR R1, [R0]
BL PRINT_TEXT
```

```
...
PRINT_TEXT
...
MOV PC, BL
...
END
```

4. 汇编语言程序示例

以下是一个基于 S3C4510B 的串行通信程序，关于 S3C4510B 的串行通信的工作原理。在此仅向读者说明一个完整汇编语言程序的基本结构。

```
;**********************************************************************
; Institute of Automation, ChineseAcademy of Sciences
;Description: This example shows the UART communication!
;Author: JuGuang, Lee
;Date:
;**********************************************************************
UARTLCON0 EQU 0x3FFD000
UARTCONT0 EQU 0x3FFD004
UARTSTAT0 EQU 0x3FFD008
UTXBUF0 EQU 0x3FFD00C
UARTBRD0 EQU 0x3FFD014
AREA Init, CODE, READONLY
ENTRY
;**************************************************
;LED Display
;**************************************************
LDR R1, = 0x3FF5000
LDR R0, = &FF
STR R0, [R1]
LDR R1, = 0x3FF5008
LDR R0, = &FF
STR R0, [R1]
;**************************************************
;UART0 line control register
;**************************************************
LDR R1, = UARTLCON0
LDR R0, = 0x03
STR R0, [R1]
;**************************************************
;UART0 control regiser
;**************************************************
LDR R1, = UARTCONT0
LDR R0, = 0x9
STR R0, [R1]
;**************************************************
;UART0 baud rate divisor regiser
```

```
;Baudrate = 19200，对应于50MHz 的系统工作频率
;****************************************************
LDR R1, = UARTBRD0
LDR R0, = 0x500
STR R0, [R1]
;****************************************************
;Print the messages!
;****************************************************
LOOP
LDR R0, = Line1
BL PrintLine
LDR R0, = Line2
BL PrintLine
LDR R0, = Line3
BL PrintLine
LDR R0, = Line4
BL PrintLine
LDR R1, = 0x7FFFFF
LOOP1
SUBS R1, R1, #1
BNE LOOP1
B LOOP
;****************************************************
;Print line
;****************************************************
PrintLine
MOV R4, LR
MOV R5, R0
Line
LDRB R1, [R5], #1
AND R0, R1, #&FF
TST R0, #&FF
MOVEQ PC, R4
BL PutByte
B Line
PutByte
LDR R3, = UARTSTAT0
LDR R2, [R3]
TST R2, #&40
BEQ PutByte
LDR R3, = UTXBUF0
STR R0, [R3]
MOV PC, LR
Line1 DCB &A, &D, "****************************************************", 0
Line2 DCB &A, &D, "Chinese Academy of Sciences, Institute of Automation,
                Complex System Lab.", 0
Line3 DCB &A, &D, " ARM Development Board Based on Samsung ARM S3C4510B.", 0
```

```
Line4 DCB &A, &D, &A, &D, &A, &D, &A, &D, &A, &D, &A, &D, &A, &D, &A,
         &D, &A, &D, &A, &D, &A, &D, &A, &D, &A, &D, &A, &D, 0
END
```

5. 汇编语言与 C/C++ 的混合编程

在应用系统的程序设计中，若所有的编程任务均用汇编语言完成，其工作量是可想而知的，同时，不利于系统升级或应用软件移植。事实上，ARM 体系结构支持 C/C++ 以及与汇编语言的混合编程。在一个完整的程序设计中，除了初始化部分用汇编语言完成以外，其主要的编程任务一般都用 C/C++ 完成。

汇编语言与 C/C++ 的混合编程通常有如下几种方式：

(1) 在 C/C++ 代码中嵌入汇编指令；

(2) 在汇编程序和 C/C++ 的程序之间进行变量的互访；

(3) 汇编程序、C/C++ 程序间的相互调用。

在以上几种混合编程技术中，必须遵守一定的调用规则，如物理寄存器的使用、参数的传递等，这对于初学者来说，无疑显得过于烦琐。在实际的编程应用中，使用较多的方式是程序的初始化部分用汇编语言完成，然后用 C/C++ 完成主要的编程任务，程序在执行时首先完成初始化过程，然后跳转到 C/C++ 程序代码中，汇编程序和 C/C++ 程序之间一般没有参数的传递，也没有频繁的相互调用，因此，整个程序的结构显得相对简单，容易理解。以下是一个这种结构程序的基本示例。

```
;********************************************************************
; Institute of Automation, ChineseAcademy of Sciences
;File Name: Init.s
;Description:
;Author: JuGuang, Lee
;Date:
;********************************************************************
IMPORT Main                  ; 通知编译器该标号为一个外部标号
AREA Init, CODE, READONLY     ; 定义一个代码段
ENTRY ; 定义程序的入口点
LDR R0, = 0x3FF0000          ; 初始化系统配置寄存器，具体内容可参考第 5、6 章
LDR R1, = 0xE7FFFF80
STR R1, [R0]
LDR SP, = 0x3FE1000          ; 初始化用户堆栈，具体内容可参考第 5、6 章
BL Main                      ; 跳转到 Main() 函数处的 C/C++ 代码执行
END                          ; 标识汇编程序的结束
```

以上程序段完成一些简单的初始化，然后跳转到 Main() 函数所标识的 C/C++ 代码处执行主要的任务，此处的 Main 仅为一个标号，也可使用其他名称，与 C 语言程序中的 main() 函数没有关系。

```
/********************************************************************
* Institute of Automation, ChineseAcademy of Sciences
* File Name: main.c
* Description: P0, P1 LED flash.
```

```
* Author: JuGuang, Lee
* Date:
*****************************************************************/
void main(void)
{
    int i;
    *((volatile unsigned long *)0x3ff5000)=0x0000000f;
    while(1)
    {
        *((volatile unsigned long *)0x3ff5008)=0x00000001;
        for(i = 0; i<0x7fFFF; i++);
            *((volatile unsigned long *)0x3ff5008)=0x00000002;
        for(i = 0; i<0x7FFFF; i++);
    }
}
```

8.5　应用系统设计与调试

8.5.1　系统设计概述

　　根据用户需求，设计出特定的嵌入式应用系统，是每一个嵌入式系统设计工程师应该达到的目标。嵌入式应用系统的设计包含硬件系统的设计和软件系统设计两部分，并且这两部分的设计是互相关联、密不可分的。嵌入式应用系统的设计经常需要在硬件和软件的设计之间进行权衡与折中。因此，这就要求嵌入式系统设计工程师具有较深厚的硬件和软件基础，并具有熟练应用的能力。这也是嵌入式应用系统设计与其他纯粹的软件设计或硬件设计最大的区别。

　　ARM Linux 评估开发板的设计以学习与应用兼顾为出发点，在保证用户完成 ARM 技术学习开发的同时，考虑了系统的扩展、电路板的面积、散热、电磁兼容性及安装等问题，因此，该板也可作为嵌入式系统主板，直接应用在一些实际系统中，如图 8-7 所示。

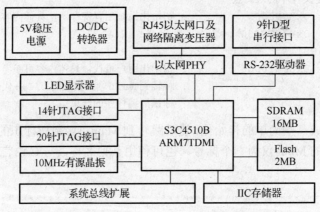

图 8-7　ARM Linux 评估开发板的结构框图

各部分基本功能描述如下。串行接口电路用于 S3C4510B 系统与其他应用系统的短距离双向串行通信。复位电路可完成系统上电复位和在系统工作时用户按键复位。电源电路为 5V 到 3.3V 的 DC-DC 转换器，给 S3C4510B 及其他需要 3.3V 电源的外围电路供电。10MHz 有源晶振为系统提供工作时钟，通过片内 PLL 电路倍频为 50MHz 作为微处理器的工作时钟。Flash 存储器可存放已调试好的用户应用程序、嵌入式操作系统或其他在系统掉电后需要保存的用户数据等。SDRAM 存储器作为系统运行时的主要区域，系统及用户数据、堆栈均位于 SDRAM 存储器中。10M/100M 以太网接口为系统提供以太网接入的物理通道，通过该接口，系统可以 10Mbit/s 或 100Mbit/s 的速率接入以太网。JTAG 接口可对芯片内部的所有部件进行访问，通过该接口可对系统进行调试、编程等。IIC 存储器可存储少量需要长期保存的用户数据。系统总线扩展引出了数据总线、地址总线和必需的控制总线，便于用户根据自身的特定需求，扩展外围电路。

8.5.2　S3C4510B 概述

1.　S3C4510B 及片内外围简介

Samsung 公司的 S3C4510B 是基于以太网应用系统的高性价比 16/32 位 RISC 微控制器，内含一个由 ARM 公司设计的 16/32 位 ARM7TDMI RISC 处理器核。ARM7TDMI 为低功耗、高性能的 16/32 核，最适合用于对价格及功耗敏感的应用场合。

除了 ARM7TDMI 核以外，S3C4510B 比较重要的片内外围功能模块包括：2 个带缓冲描述符（Buffer Descriptor）的 HDLC 通道、2 个 UART 通道、2 个 GDMA 通道、2 个 32 位定时器、18 个可编程的 I/O 口。

片内的逻辑控制电路包括中断控制器、DRAM/SDRAM 控制器、ROM/SRAM 和 Flash 控制器、系统管理器、一个内部 32 位系统总线仲裁器、一个外部存储器控制器。S3C4510B 内核功能描述框图，如图 8-8 所示。

2.　S3C4510B 的引脚分布及信号描述

S3C4510B 的引脚分布与信号描述如图 8-9 所示。

3.　CPU 内核概述及特殊功能寄存器（Special Registers）

S3C4510B 的 CPU 内核是由 ARM 公司设计的通用 32 位 ARM7TDMI 微处理器核。ARM7TDMI 核的结构框图 8-10 所示。整个内核架构基于 RISC 规则。与 CISC 系统相比较，RISC 架构的指令集和相关的译码电路更简洁高效。

ARM7TDMI 处理器区别于其他 ARM7 处理器的一个重要特征是其独有的称为 Thumb 的架构策略。该策略为基本 ARM 架构的扩展，由 36 种基于标准 32 位 ARM 指令集但重新采用 16 位宽度优化编码的指令格式构成。

由于 Thumb 指令的宽度只为 ARM 指令的一半，因此能获得非常高的代码密度。当 Thumb 指令被执行时，其 16 位的操作码被处理器解码为等效的 32 位标准 ARM 指令，然后 ARM 处理器核就如同执行 32 位的标准 ARM 指令一样执行 16 位的 Thumb 指令。也即是 Thumb 架构为 16 位的系统提供了一条获得 32 位性能的途径。

ARM7TDMI 内核既能执行 32 位的 ARM 指令集，又能执行 16 位的 Thumb 指令集，因此，允许用户以子程序段为单位，在同一个地址空间使用 Thumb 指令集和 ARM 指令集混合编程。采用这种方式，用户可以在代码大小和系统性能上进行权衡，从而为特定的应用系统找到一个最佳的编程解决方案。

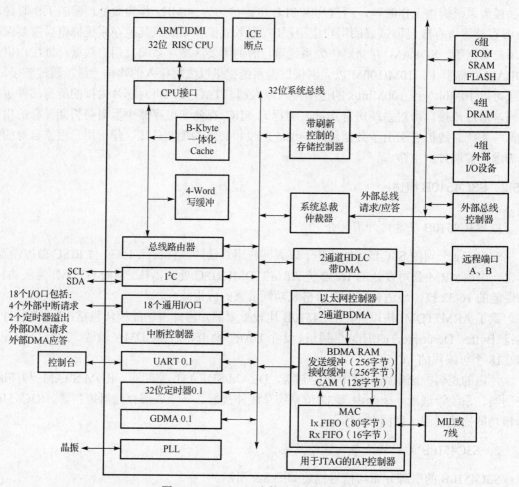

图 8-8　S3C4510B 内核功能描述框图

32 位的 ARM 指令集由 13 种基本的指令类型组成，可分为如下四大类：

（1）分支指令用于控制程序的执行流程、指令的特权等级和在 ARM 代码与 Thumb 代码之间进行切换。

（2）数据处理指令用于操作片上的 ALU、桶型移位器、乘法器以完成在 31 个 32 位的通用寄存器之间的高速数据处理。

（3）加载/存储指令用于控制在存储器和寄存器之间的数据传输。一类为方便寻址进行了优化；另一类用于快速的上下文切换；第三类用于数据交换。

（4）协处理器指令用于控制外部的协处理器。这些指令以开放统一的方式扩展用于片外功能指令集。

几乎所有的 32 位 ARM 指令都可以条件执行。

16 位的 Thumb 指令集为 32 位 ARM 指令集的扩展，共包含 36 种指令格式，可分为四个功能组：

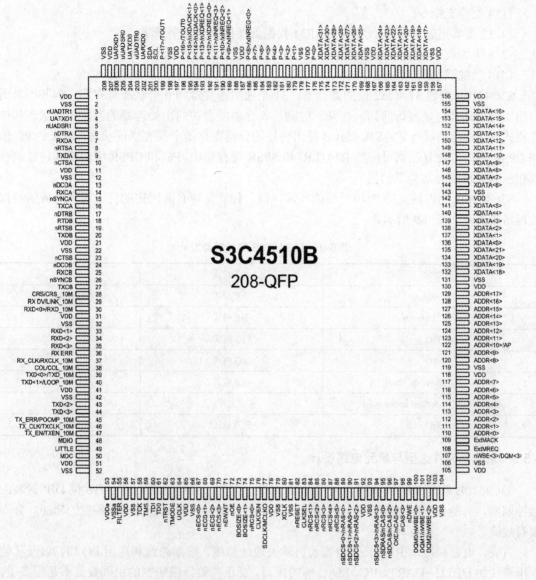

图 8-9 S3C4510B 的引脚与信号描述

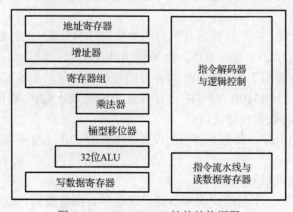

图 8-10 ARM7TDMI 核的结构框图

(1) 4 类分支指令；

(2) 12 类数据处理指令，为标准 ARM 数据处理指令的一个子集；

(3) 8 类加载/存储寄存器指令；

(4) 4 类加载/存储乘法指令。

S3C4510B 内建 37 个 32 位的寄存器：31 个通用寄存器和 6 个状态寄存器。但并不是所有的寄存器都能总是被访问到。在某一时刻，寄存器能否访问由处理器的当前工作状态和操作模式决定。为处理异常，S3C4510B 使用内核的分组寄存器来保存当前状态，原来的 PC 值和 CPSR 的内容被复制到对应的 R14(LR) 和 SPSR 寄存器中，PC 和 CPSR 中的模式位被调整到相应被处理的异常类型的值。

S3C4510B 的内核支持 7 种类型的异常，每一种异常都有其固定的优先级和对应的特权处理器模式，如表 8-9 所示。

表 8-9　S3C4510B 的异常类型

异常	进入模式	优先级
复位(Reset)	管理模式	1(最高)
数据中止(Data Abort)	中止模式	2
FIQ	FIQ 模式	3
IRQ	IRQ 模式	4
预取中止(Prefetch Abort)	中止模式	5
未定义指令(Undefined Instruction)	未定义模式	6(最低)
SWI	管理模式	6(最低)

8.5.3　系统的硬件选型与单元电路设计

S3C4510B 共有 208 只引脚，采用 QFP 封装。这对于那些常使用 8 位/16 位 DIP 封装的微控制器，可能会觉得有点复杂，然而尽管 S3C4510B 引脚较多，但根据各自的功能，分布很有规律。

首先，电源和接地引脚有近 50 根，再除去地址总线、数据总线和通用 I/O 口，以及其他专用模块如 HDLC、UART、IIC、MAC 等的接口，真正需要仔细研究的引脚数就不是很多了。但这些引脚主要是控制信号，需要认真对待。在此先进行简单的分析，其后的单元电路设计里，会有更详细的说明。

在硬件系统的设计中，应当注意芯片引脚的类型，S3C4510B(也包括其他微处理器)的引脚主要分为三类，即输入(I)、输出(O)、输入/输出(I/O)。

输出类型的引脚主要用于 S3C4510B 对外设的控制或通信，由 S3C4510B 主动发出。这些引脚的连接不会对 S3C4510B 自身的运行有太大的影响。输入/输出类型的引脚主要是 S3C4510B 与外设的双向数据传输通道。

而某些输入类型的引脚，其电平信号的设置是 S3C4510B 本身正常工作的前提，在系统设计时必须小心处理。

S3C4510B 的主要控制信号如下。

LITTLE(Pin49)：大、小端模式选择引脚。高电平为小端模式；低电平为大端模式。该引脚在片内下拉，系统默认为大端模式。但在实际系统中一般使用小端模式，更符合我们的使用习惯，因此该引脚可上拉或接电源。

FILTER（Pin55）：如果使用 PLL 倍频电路，应在该引脚和地之间接 820pF 的陶瓷电容。在实际系统中，一般应使用 PLL 电路，因此，该电容应连接。

TCK、TMS、TDI、TDO、nTRST（Pin58～Pin62）：JTAG 接口引脚。根据 IEEE 标准，TCK 应下拉，TMS、TDI 和 nTRST 应上拉。S3C4510B 已按此标准在片内连接，只需要与 JTAG 插座直接相连即可，但某些 ARM 芯片并未做相应的处理，在设计电路时应注意。

TMODE（Pin63）：测试模式。高电平为芯片测试模式；低电平为正常工作模式；用户一般不作芯片测试，该引脚下拉或接地，使芯片处于正常工作模式。

nEWAIT（Pin71）：外部等待请求信号。该引脚应上拉。

B0SIZE[1:0]（Pin74,Pin73）：BANK0 数据宽度选择。01 为 8 位；10 为 16 位；11 为 32 位；00 为系统保留。

CLKOEN（Pin76）：时钟输出允许/禁止。高电平为允许；低电平为禁止。一些外围器件（如 SDRAM）需要 CPU 的时钟输出作为自身的时钟源，该引脚一般接高电平，使时钟输出为允许状态。

XCLK（Pin80）：系统时钟源，接有源晶振的输出。

nRESET（Pin82）：系统复位引脚。低电平复位，当系统正常工作时，该引脚应处于高电平状态。

CLKSEL（Pin83）：时钟选择。高电平为 XCLK 直接作为系统的工作时钟；低电平为 XCLK 经过 PLL 电路倍频后作为系统的工作时钟。

ExtMREQ（Pin108）：外部主机总线请求信号。该引脚应下拉。

S3C4510B 的其余引脚为电源线、接地线、数据总线、地址总线以及其他功能模块地输入/输出线，对 CPU 自身地运行的影响相对较小，其连接方式也比较简单，在此不作详述。

1. 电源电路

在该系统中，需要使用 5V 和 3.3V 的直流稳压电源，其中，S3C4510B 及部分外围器件需要 3.3V 电源，另外部分器件需要 5V 电源。为简化系统电源电路的设计，要求整个系统的输入电压为高质量的 5V 的直流稳压电源。系统电源电路如图 8-11 所示。

有很多 DC-DC 转换器可完成 5V 到 3.3V 的转换，在此选用 Linear Technology 的 LT108X 系列。常见的型号和对应的电流输出如表 8-10 所示。

设计者可根据系统的实际功耗，选择不同的器件。

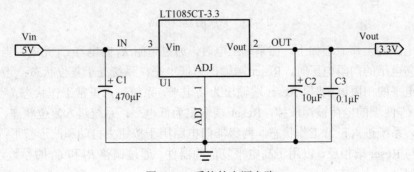

图 8-11　系统的电源电路

2. 晶振电路与复位电路

晶振电路用于向 CPU 及其他电路提供工作时钟。在该系统中，S3C4510B 使用有源晶振。不同于常用的无源晶振，有源晶振的接法略有不同。常用的有源晶振的接法，如图 8-12 所示。

表 8-10　型号和对应的电流

型号	电流/A
LT1083	7.5
LT1084	5
LT1085	3
LT1086	1.5

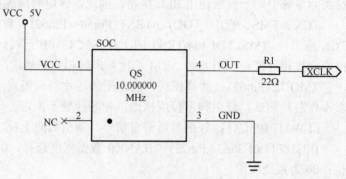

图 8-12　系统的晶振电路

根据 S3C4510B 的最高工作频率以及 PLL 电路的工作方式，选择 10MHz 的有源晶振，10MHz 的晶振频率经过 S3C4510B 片内的 PLL 电路倍频后，最高可以达到 50MHz。片内的 PLL 电路兼有频率放大和信号提纯的功能，因此，系统可以以较低的外部时钟信号获得较高的工作频率，以降低因高速开关时钟造成的高频噪声。有源晶振的 1 脚接 5V 电源，2 脚悬空，3 脚接地，4 脚为晶振的输出，可通过一个小电阻(此处为 22Ω)接 S3C4510B 的 XCLK 引脚。在系统中，复位电路主要完成系统的上电复位和系统在运行时用户的按键复位功能。复位电路可由简单的 RC 电路构成，也可使用其他相对较复杂，但功能更完善的电路。本系统采用较简单的 RC 复位电路，经使用证明，其复位逻辑是可靠的。复位电路如图 8-13 所示。

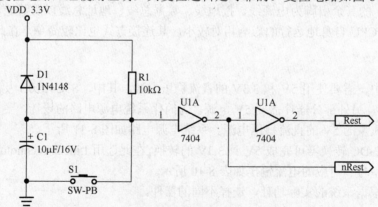

图 8-13　系统的复位电路

该复位电路的工作原理如下。在系统上电时，通过电阻 R_1 向电容 C_1 充电，当 C_1 两端的电压未达到高电平的门限电压时，Reset 端输出为低电平，系统处于复位状态；当 C_1 两端的电压达到高电平的门限电压时，Reset 端输出为高电平，系统进入正常工作状态。当用户按下按钮 S_1 时，C_1 两端的电荷被泻放掉，Reset 端输出为低电平，系统进入复位状态，再重复以上充电过程，系统进入正常工作状态。两级非门电路用于按钮去抖动和波形整形；nReset 端的输出状态与 Reset 端相反，以用于高电平复位的器件。通过调整 R_1 和 C_1 的参数，可调整复位状态的时间。

3. Flash 存储器接口电路

Flash 存储器是一种可在系统(In-System)进行电擦写，掉电后信息不丢失的存储器。它具有低功耗、大容量、擦写速度快、可整片或分扇区在系统编程(烧写)、擦除等特点，并且可由内部嵌入的算法完成对芯片的操作，因而在各种嵌入式系统中得到了广泛的应用。作为一种非易失性存储器，Flash 在系统中通常用于存放程序代码、常量表以及一些在系统掉电后需要保存的用户数据等。常用的 Flash 为 8 位或 16 位的数据宽度，编程电压为单 3.3V。主要的生产厂商为 ATMEL、AMD、HYUNDAI 等，它们生产的同型器件一般具有相同的电气特性和封装形式，可通用。

以该系统中使用的 Flash 存储器 HY29LV160 为例，简要描述 Flash 存储器的基本特性。

HY29LV160 的单片存储容量为 16Mbit(2MB)，工作电压为 2.7～3.6V，采用 48 脚 TSOP 封装或 48 脚 FBGA 封装，16 位数据宽度，可以以 8 位(字节模式)或 16 位(字模式)数据宽度的方式工作。HY29LV160 仅需单 3V 电压即可完成在系统的编程与擦除操作。通过对其内部的命令寄存器写入标准的命令序列，可对 Flash 进行编程(烧写)、整片擦除、按扇区擦除以及其他操作。

HY29LV160 的逻辑框图、引脚分布及信号描述分别如图 8-14、图 8-15 和表 8-11 所示。

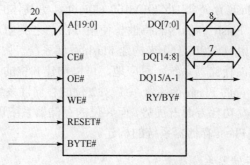

图 8-14　HY29LV160 的逻辑框图

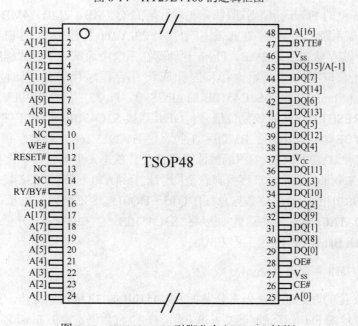

图 8-15　HY29LV160 引脚分布(TSOP48 封装)

表 8-11　HY29LV160 的引脚信号描述

引脚	类型	描述
A[19:0]	I	地址总线
DQ[15]/A[-1] DQ[14:0]	I/O 三态	数据总线。在读写操作时提供 8 位或 16 位的数据宽度。在字节模式下，DQ[15]/A[-1]用作 21 位字节地址的最低位，而 DQ[14:8]处于高阻状态
BYTE#	I	模式选择。低电平选择字节模式，高电平选择字模式
CE#	I	片选信号，低电平有效。在对 HY29LV160 进行读写操作时，该引脚必须为低电平，当为高电平时，芯片处于高阻旁路状态
OE#	I	输出使能，低电平有效。在读操作时有效，写操作时无效
WE#	I	写使能，低电平有效。在对 HY29LV160 进行编程和擦除操作时，控制相应的写命令
RESET#	I	硬件复位，低电平有效。对 HY29LV160 进行硬件复位。当复位时，HY29LV160 立即终止正在进行的操作
RY/BY#	O	就绪/忙状态指示。用于指示写或擦除操作是否完成。当 HY29LV160 正在进行编程或擦除操作时，该引脚位低电平，操作完成时为高电平，此时可读取内部的数据
V_{CC}	--	3.3V 电源
V_{SS}	--	接地

以上为一款常见的 Flash 存储器 HY29LV160 的简介，更具体的内容可参考 HY29LV160 的用户手册。其他类型的 Flash 存储器的特性与使用方法与之类似，用户可根据自己的实际需要选择不同的器件，使用 HY29LV160 来构建 Flash 存储系统。由于 ARM 微处理器的体系结构支持 8 位/16 位/32 位的存储器系统。对应地，可以构建 8 位的 Flash 存储器系统、16 位的 Flash 存储器系统或 32 位的 Flash 存储器系统。32 位的存储器系统具有较高的性能，而 16 位的存储器系统则在成本及功耗方面占优势，而 8 位的存储器系统现在已经很少使用。在此，分别介绍 16 位和 32 位的 Flash 存储器系统的构建。

4. 16 位的 FLASH 存储器系统

选用一片 16 位的 Flash 存储器芯片(常见单片容量有 1MB、2MB、4MB、8MB 等)构建 16 位的 Flash 存储系统已经足够，在此采用一片 HY29LV160 构建 16 位的 Flash 存储器系统，如图 8-16 所示，其存储容量为 2MB。Flash 存储器在系统中通常用于存放程序代码，系统上电或复位后从此获取指令并开始执行，因此应将存有程序代码的 Flash 存储器配置到 ROM/SRAM/Flash Bank0，即将 S3C4510B 的 nRCS<0>(Pin75)接至 HY29LV160 的 CE#端。HY29LV160 的 RESET#端接系统复位信号；OE#端接 S3C4510B 的 nOE(Pin72)；WE#端 S3C4510B 的 nWBE<0>(Pin100)；BYTE#上拉，使 HY29LV160 工作在字模式(16 位数据宽度)；RY/BY#指示 HY29LV160 编程或擦除操作的工作状态，但其工作状态也可通过查询片内的相关寄存器来判断，因此可将该引脚悬空；地址总线[A19~A0]与 S3C4510B 的地址总线 [ADDR19~ADDR0]相连；16 位数据总线[DQ15~DQ0]与 S3C4510B 的低 16 位数据总线 [XDATA15~XDATA0]相连。注意此时应将 S3C4510B 的 B0SIZE[1:0]置为"10"，选择 ROM/SRAM/Flash Bank0 为 16 位工作方式。

5. 32 位的 Flash 存储器系统

作为一款 32 位的微处理器，为充分发挥 S3C4510B 的 32 位性能优势，有的系统也采用两片 16 位数据宽度的 Flash 存储器芯片并联(或一片 32 位数据宽度的 Flash 存储器芯片)构建 32 位的 Flash 存储系统。如图 8-17 所示，其构建方式与 16 位的 Flash 存储器系统相似。

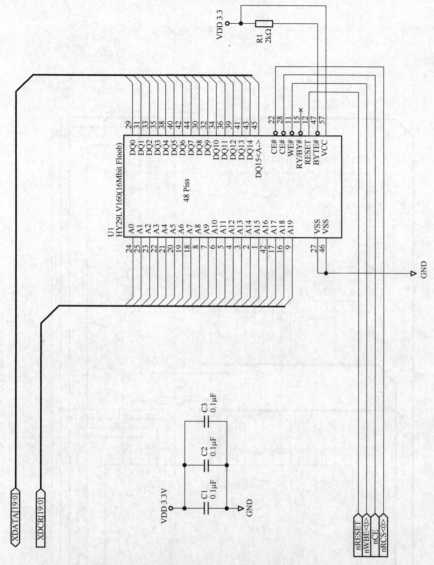

图 8-16　16 位 Flash 存储器系统的实际应用电路图

采用两片 HY29LV160 并联的方式构建 32 位的 Flash 存储器系统，其中一片为高 16 位，另一片为低 16 位，将两片 HY29LV16。作为一个整体配置到 ROM/SRAM/FLASH Bank0，即将 S3C4510B 的 nRCS<0>（Pin75）接至两片 HY29LV160 的 CE＃端；两片 HY29LV160 的 RESET＃端接系统复位信号；两片 HY29LV160 的 OE＃端接 S3C4510B 的 nOE（Pin72）；低 16 位片的 WE＃端接 S3C4510B 的 nWBE<0>（Pin100），高 16 位片的 WE＃端接 S3C4510B 的 nWBE<2>（Pin102）；两片 HY29LV160 的 BYTE＃均上拉，使之均工作在字模式；两片 HY29LV160 的地址总线[A19～A0]均与 S3C4510B 的地址总线[ADDR19～ADDR0]相连；低 16 位片的数据总线与 S3C4510B 的低 16 位数据总线[XDATA15～XDATA0]相连，高 16 位片的数据总线与 S3C4510B 的高 16 位数据总线[XDATA31～XDATA16]相连。

注意此时应将 S3C4510B 的 B0SIZE[1:0]置为“11”，选择 ROM/SRAM/Flash Bank0 为 32 位工作方式。32 位 Flash 存储系统电路如图 8-17 所示。

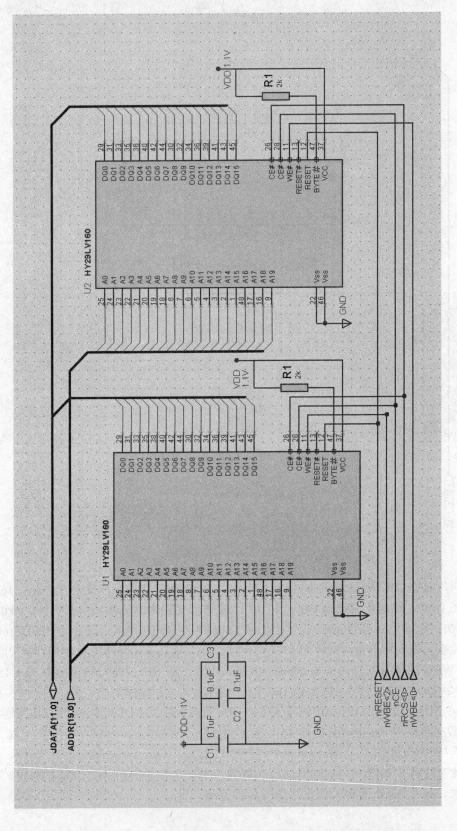

图 8-17　32 位 Flash 存储系统电路图

6. SDRAM 接口电路

与 Flash 存储器相比，SDRAM 不具有掉电保持数据的特性，但其存取速度大大高于 Flash 存储器，且具有读/写的属性，因此，SDRAM 在系统中主要用作程序的运行空间、数据及堆栈区。当系统启动时，CPU 首先从复位地址 0x0 处读取启动代码，在完成系统的初始化后，程序代码一般应调入 SDRAM 中运行，以提高系统的运行速度，同时，系统及用户堆栈、运行数据也都放在 SDRAM 中。

SDRAM 具有单位空间存储容量大和价格便宜的优点，已广泛应用在各种嵌入式系统中。SDRAM 的存储单元可以理解为一个电容，总是倾向于放电。为避免数据丢失，必须定时刷新（充电）。因此，要在系统中使用 SDRAM，就要求微处理器具有刷新控制逻辑，或在系统中另外加入刷新控制逻辑电路。S3C4510B 及其他一些 ARM 芯片在片内具有独立的 SDRAM 刷新控制逻辑，可方便地与 SDRAM 接口。但某些 ARM 芯片则没有 SDRAM 刷新控制逻辑，就不能直接与 SDRAM 接口，在进行系统设计时应注意这一点。

目前常用的 SDRAM 为 8 位/16 位的数据宽度，工作电压一般为 3.3V。主要的生产厂商为 HYUNDAI、Winbond 等。它们生产的同型器件一般具有相同的电气特性和封装形式，可通用。以该系统中使用的 HY57V641620 为例，简要描述 SDRAM 的基本特性及使用方法：HY57V641620 存储容量为 4 组×16Mbit（8MB），工作电压为 3.3V，常见封装为 54 脚 TSOP，兼容 LVTTL 接口，支持自动刷新（Auto-Refresh）和自刷新（Self-Refresh），16 位数据宽度。HY57V641620 引脚分布及信号描述分别如图 8-18 和表 8-12 所示。

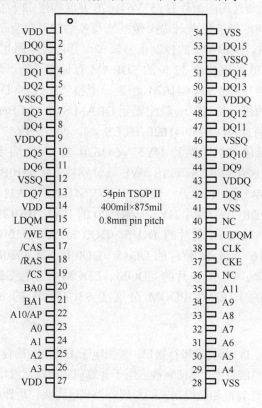

图 8-18　HY57V641620 引脚分布

表 8-12　HY57V641620 引脚信号描述

引脚	名称	描述
CLK	时钟	芯片时钟输入
CKE	时钟使能	片内时钟信号控制
$\overline{CS}$ /CS	片选	禁止或使能除 CLK、CKE 和 DQM 外的所有输入信号
BA0、BA1	组地址选择	用于片内 4 个组的选择
A11～A0	地址总线	行地址：A11～A0,列地址：A7～A0,自动预充电标志：A10
$\overline{RAS}$	行地址锁存	
$\overline{CAS}$	列地址锁存	参照功能真值表,$\overline{RAS}$、$\overline{CAS}$ 和 $\overline{WE}$ 定义相应的操作
$\overline{WE}$	写使能	
LDQM、UDQM	数据 I/O 屏蔽	在读模式下控制输出缓冲；在写模式下屏蔽输入数据
DQ15～DQ0	数据总线	数据输入输出引脚
VDD/VSS	电源/地	内部电路及输入缓冲电源/地
VDDQ/VSSQ	电源/地	输出缓冲电源/地
NC	未连接	未连接

以上为一款常见的 SDRAM HY57V641620 的简介,更具体的内容可参考 HY57V641620 的用户手册。其他类型 SDRAM 的特性与使用方法与其类似,用户可根据自己的实际需要选择不同的器件。根据系统需求,可构建 16 位或 32 位的 SDRAM 存储器系统,但为充分发挥 32 位 CPU 的数据处理能力,大多数系统采用 32 位的 SDRAM 存储器系统。HY57V641620 为 16 位数据宽度,单片容量为 8MB,系统选用的两片 HY57V641620 并联构建 32 位的 SDRAM 存储器系统,共 16MB 的 SDRAM 空间,可满足嵌入式操作系统及各种相对较复杂的算法的运行要求。

与 Flash 存储器相比,SDRAM 的控制信号较多,其连接电路也要相对复杂。如图 8-19 所示,两片 HY57V641620 并联构建 32 位的 SDRAM 存储器系统,其中一片为高 16 位,另一片为低 16 位,可将两片 HY57V641620 作为一个整体配置到 DRAM/SDRAM Bank0～DRAM/SDRAM Bank3 的任一位置,一般配置到 DRAM/SDRAM Bank0,即将 S3C4510B 的 nSDCS<0>(Pin89)接至两片 HY57V641620 的/CS 端。两片 HY57V641620 的 CLK 端接 S3C4510B 的 SDCLK 端(Pin77);两片 HY57V641620 的 CLE 端接 S3C4510B 的 CLE 端 (Pin97);两片 HY57V641620 的/RAS、/CAS、/WE 端分别接 S3C4510B 的 nSDRAS 端(Pin95)、nSDCAS 端(Pin96)、nDWE 端(Pin99);两片 HY57V641620 的 A11～A0 接 S3C4510B 的地址总线 ADDR<11>～ADDR<0>;两片 HY57V641620 的 BA1、BA0 接 S3C4510B 的地址总线 ADDR<13>、ADDR<12>;高 16 位片的 DQ15～DQ0 接 S3C4510B 的数据总线的高 16 位 XDATA<31>～XDATA<16>,低 16 位片的 DQ15～DQ0 接 S3C4510B 的数据总线的低 16 位 XDATA<15>～XDATA<0>;高 16 位片的 UDQM、LDQM 分别接 S3C4510B 的 nWEB<3>、nWEB<2>,低 16 位片的 UDQM、LDQM 分别接 S3C4510B 的 nWEB<1>、nWEB<0>。

7. 串行接口电路

几乎所有的微控制器、PC 都提供串行接口,使用电子工业协会推荐的 RS-232C 标准,这是一种很常用的串行数据传输总线标准。早期它被应用于计算机和终端通过电话线和 Modem 进行远距离的数据传输、随着微型计算机和微控制器的发展,不只远距离,近距离也采用该通信方式。在近距离通信系统中,不再使用电话线和 Modem,而直接进行端到端的连接。RS-232C 标准采用的接口是 9 芯或 25 芯的 D 形插头。以常用的 9 芯 D 形插头为例,各引脚定义如表 8-13 所示。

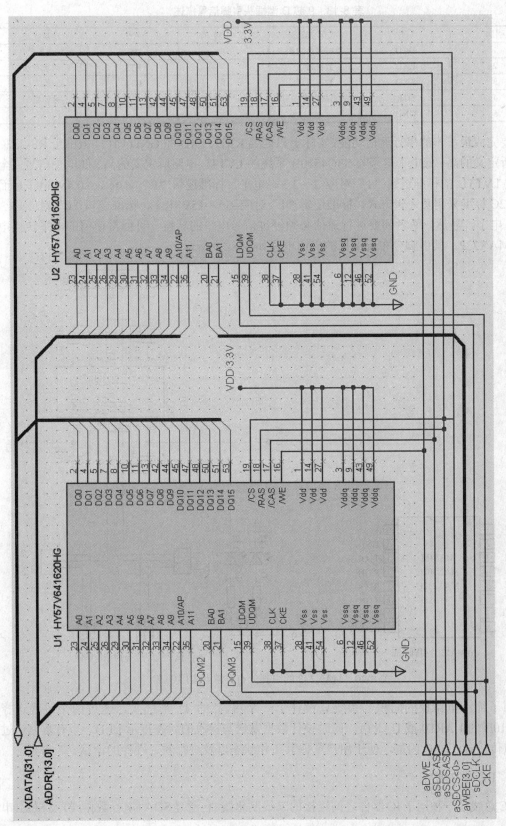

图 8-19 32 位 SDRAM 存储器系统的实际应用电路图

表 8-13　9 芯 D 型插头引脚信号描述

引脚	名称	功能描述	引脚	名称	功能描述
1	DCD	数据载波检测	6	DSR	数据设备准备好
2	RXD	数据接收	7	RTS	请求发送
3	TXD	数据发送	8	CTS	清除发送
4	DTR	数据终端准备好	9	RI	振铃指示
5	GND	地			

　　要完成最基本的串行通信功能，实际上只需要 RXD、TXD 和 GND 即可，但由于 RS-232C 标准所定义的高、低电平信号与 S3C4510B 系统的 LVTTL 电路所定义的高、低电平信号完全不同。LVTTL 的标准逻辑"1"对应 2～3.3V 电平，标准逻辑"0"对应 0～0.4V 电平，而 RS-232C 标准采用负逻辑方式，标准逻辑"1"对应 −5～−15V 电平，标准逻辑"0"对应 +5～ +15V 电平，显然，两者间要进行通信必须经过信号电平的转换。目前常使用的电平转换电路为 MAX232，其引脚分布及常见的应用电路如图 8-20 所示。

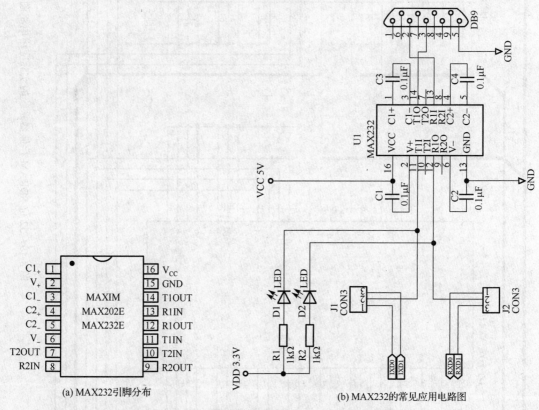

图 8-20　MAX232 的引脚分布及常见应用电路

　　为了缩小电路板的面积，系统只设计了一个 9 芯的 D 形插头，通过两个跳线选择 S3C3410B 的 UART0 或 UART1，同时设计数据发送与接收的状态指示 LED。当有数据通过串行口传输时，LED 闪烁，便于用户掌握其工作状态以及进行软、硬件的调试。

8. IIC 接口电路

IIC 总线是一种用于 IC 器件之间连接的二线制总线。它通过 SDA（串行数据线）及 SCL（串行时钟线)两线在连接到总线上的器件之间传送信息,并根据地址识别每个器件:不管是微控制器、存储器、LCD 驱动器还是键盘接口。带有 IIC 总线接口的器件可十分方便地用来将一个或多个微控制器及外围器件构成系统。尽管这种总线结构没有并行总线那样大的吞吐能力,但由于连接线和连接引脚少,因此,其构成的系统价格低,器件间总线简单、结构紧凑,而且在总线上增加器件不影响系统的正常工作,系统修改和可扩展性好。即使有不同时钟速度的器件连接到总线上,也能很方便地确定总线的时钟,因此在嵌入式系统中得到了广泛的应用。

S3C4510B 内含一个 IIC 总线主控器,可方便地与各种带有 IIC 接口的器件相连。在该系统中,外扩一片 AT24C01 作为 IIC 存储器。AT24C01 提供 128B 的 EEPROM 存储空间,可用于存放少量在系统掉电时需要保存的数据。AT24C01 引脚分布及信号描述和应用电路如图 8-21 和图 8-22 所示。

引脚	功能
NC	未连接
SDA	串行数据
SCL	串行时钟
TEST	测试输入（GND或VCC）

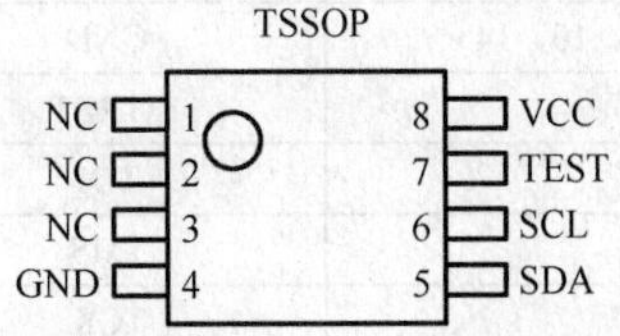

TSSOP

NC	1	8	VCC
NC	2	7	TEST
NC	3	6	SCL
GND	4	5	SDA

图 8-21 AT24C01 引脚分布及信号描述

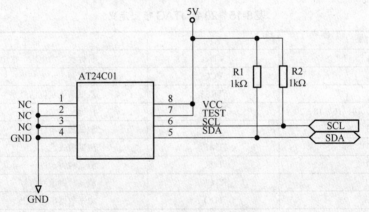

图 8-22 AT24C01 应用电路

8.5.4 JTAG 接口电路

JTAG(Joint Test Action Group,联合测试行动小组)是一种国际标准测试协议,主要用于芯片内部测试及对系统进行仿真、调试。JTAG 技术是一种嵌入式调试技术,它在芯片内部封装了专门的测试电路——测试访问口(Test Access Port,TAP)。通过专用的 JTAG 测试工具对内部节点进行测试。目前大多数比较复杂的器件都支持 JTAG 协议,如 ARM、DSP、FPGA器件等。标准的 JTAG 接口是 4 线:TMS、TCK、TDI、TDO,分别为测试模式选择、测试时钟、测试数据输入和测试数据输出。

JTAG 测试允许多个器件通过 JTAG 接口串联在一起,形成一个 JTAG 链,能实现对各个器件分别测试。JTAG 接口还常用于实现在系统编程(In-System Programmable,ISP)功能,如对 Flash 器件进行编程等。通过 JTAG 接口，可对芯片内部的所有部件进行访问，因而是开发调试嵌入式系统的一种简洁高效的手段。目前 JTAG 接口的连接有两种标准，即 14 针接口和 20 针接口，其定义分别如图 8-23 和表 8-14、图 8-24 和表 8-15 所示。

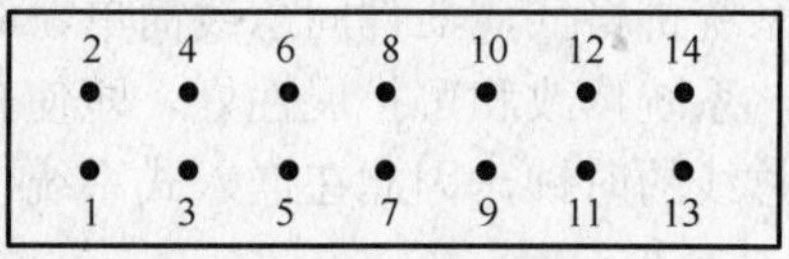

图 8-23　14 针 JTAG 接口定义 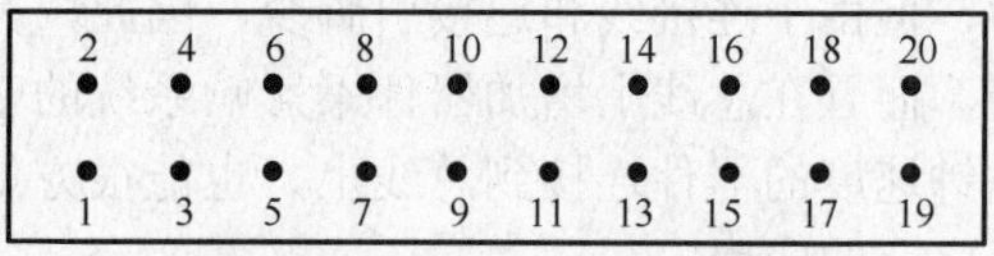　　　　　　　　图 8-24　20 针 JTAG 接口定义

表 8-14　14 针 JTAG 接口定义

引脚	名称	描述
1、13	VCC	接电源
2、4、6、8、10、14	GND	接地
3	nTRST	测试系统复位信号
5	TDI	测试数据串行输入
7	TMS	测试模式选择
9	TCK	测试时钟
11	TDO	测试数据串行输出
12	NC	未连接

表 8-15　20 针 JTAG 接口定义

引脚	名称	描述
1	VTref	目标板参考电压，接电源
2	VCC	接电源
3	nTRST	测试系统复位信号
4、6、8、10、12、14、16、18、20	GND	接地
5	TDI	测试数据串行输入
7	TMS	测试模式选择
9	TCK	测试时钟
11	RTCK	测试时钟返回信号
13	TDO	测试数据串行输出
15	nRESET	目标系统复位信号
17、19	NC	未连接

S3C4510B 提供两个 32 位的定时器 T0 和 T1，均可工作在间隔模式(Interval Mode)或触发模式(Toggle Mode)，对应的信号输出为 TOUT0 和 TOUT1。

通过设置定时器控制寄存器 TCON 中的控制位可以禁止或使能 T0 和 T1。无论何时，当定时器计数溢出(减计数)时都会产生中断请求。

间隔模式。在这种模式下，当定时器计数溢出时产生一个脉冲输出，该脉冲输出产生定时中断请求，同时从定时器配置输出引脚(TOUTn)Pin196、Pin199 输出。引脚的输出脉冲频率可按下式计算：

$$f_{OUT} = f_{MCLK}/定时器的数据值$$

触发模式。在触发模式下，定时器的输出电平会持续到下一次的计数溢出时触发产生翻转，如图 8-25 定时器输出信号时序所示。当发生定时器计数溢出时，会产生定时器中断请求，同时由配置引脚输出电平状态。在该模式下，定时器输出引脚输出占空比为 50%的时钟信号。引脚的输出脉冲频率可按下式计算：

$$f_{OUT} = f_{MCLK} / (2 \times 定时器的数据值)$$

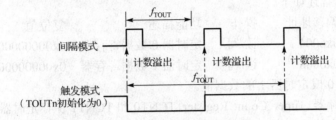

图 8-25　定时器输出信号的时序

图 8-26 所示为定时器的功能模块图。当使能计数器时，会向计数器的计数寄存器装入一个数据值，然后计数寄存器开始递减。当定时器计数溢出时，会产生相应的中断请求，同时重新装入原来的数据值并开始递减。在禁用定时器的情况下，可以向定时器的寄存器写入一个新的数据。如果定时器在运行时暂停，原来的数据值不会被自动重新装入。其工作描述如下。

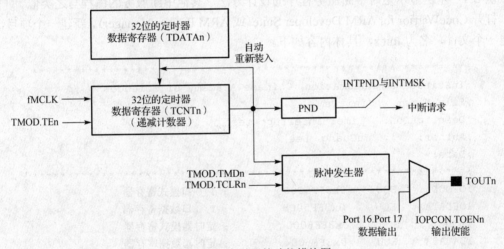

图 8-26　定时器的功能模块图

定时器模式寄存器(Timer Mode Register，TMOD)用于控制两个 32 位定时器的操作。TMOD 寄存器的设置描述如下：

寄存器	偏移地址	操作	功能描述	复位值
TMOD	0x6000	读/写	定时器模式寄存器	0x00000000

[0]定时器 0 使能(TE0)，{0 = 禁用定时器 0，1 = 使能定时器 0}。

[1]定时器 0 模式选择(TMD0)，{0 = 间隔模式，1 = 触发模式}。

[2]定时器 0 初始化 TOUT0 的值(TCLR0)，{0 = 在触发模式下初始化 TOUT0 为 0，1 = 在触发模式下初始化 TOUT0 为 1}。

[3]定时器 1 使能(TE1)，{0 = 禁用定时器 1，1 = 使能定时器 1}。

[4]定时器 1 模式选择(TMD1)，{0 = 间隔模式，1 = 触发模式}。

[5]定时器 1 初始化 TOUT1 的值(TCLR1)，{0 = 在触发模式下初始化 TOUT1 为 0，1 = 在触发模式下初始化 TOUT1 为 1}。

定时器数据寄存器(Timer Data Registers)TDATA0 和 TDATA1 的值决定了每一个定时器的计数溢出时间的长短。该时间的计算公式为(定时器数据+1) 个时钟周期。

TDATA 寄存器描述如下。

寄存器	偏移地址	操作	功能描述	复位值
TDATA0	0x6004	读/写	定时器 0 数据寄存器	0x00000000
TDATA1	0x6008	读/写	定时器 1 数据寄存器	0x00000000

[31：0]定时器 0 或定时器 1 的数据值。

定时器计数寄存器(Timer Count Register)TCNT0 和 TCNT1 保存定时器 0 或定时器 1 在正常工作情况下的当前计数值。

TCNT 寄存器描述如下：

寄存器	偏移地址	操作	功能描述	复位值
TCNT0	0x600C	读/写	定时器 0 计数寄存器	0xFFFFFFFF
TCNT1	0x6010	读/写	定时器 1 计数寄存器	0xFFFFFFFF

[31：0]定时器 0 或定时器 1 的计数值。

例 8.1　示例显示定时中断服务程序的设计方法，其他中断服务的编程与之类似。

打开 CodeWarrior for ARM Developer Suite(或 ARM Project Manager)，新建一个项目，并新建一个文件，名为 Init.s，具体内容如下。

```
;**************************************************************
;Institute of Automation, Chinese Academy of Sciences
;File Name:      Init.s
;Description:    Timer interrupt test
;Author:         JuGuang, Lee
;Date:
;**************************************************************
IOPMOD      EQU     0x3FF5000           ; I/O 口模式寄存器
IOPDATA     EQU     0x3FF5008           ; I/O 口数据寄存器
TMOD        EQU     0x3FF6000           ; 定时器模式寄存器
TDATA0      EQU     0x3FF6004           ; 定时器数据寄存器
INTMOD      EQU     0x3FF4000           ; 中断模式寄存器
INTPND      EQU     0x3FF4004           ; 中断悬挂寄存器
INTMASK     EQU     0x3FF4008           ; 中断屏蔽寄存器
    AREA    Init, CODE, READONLY
    ENTRY
    B       Reset_Handler               ; 复位异常向量，跳转到程序开始位置
    B                                   ; 未定义指令异常，跳转到当前位置
    B                                   ; SWI 异常，跳转到当前位置
    B                                   ; 指令预取中止异常，跳转到当前位置
    B                                   ; 数据访问中止异常，跳转到当前位置
    NOP
    B       IRQ_Handler                 ; IRQ 异常，跳转到响应中断服务程序
    B                                   ; FIQ 异常，跳转到当前位置
```

```
Reset_Handler
;********************************
;LED Display
;********************************
  LDR R1，= IOPMOD
  LDR R0，= &FF
  STR R0，[R1]
  LDR R1，= IOPDATA
  LDR R0，= &03
  STR R0，[R1]
  EOR R0，R0，R0
  LEDDELAY
  ADD R0，R0，#1
  CMP R0，#&180000
  BNE LEDDELAY
  LDR R1，= IOPDATA
  LDR R0，= &0
  STR R0，[R1]
;*************************************
;User Stack
;*************************************
  LDR R0，= 0x3FF0000
  LDR R1，= 0xE7FFFF80        ; 配置 SYSCFG，片内 4KB Cache，4KB SRAM
  STR    R1，[R0]
  LDR SP，= 0x3FE1000         ; SP 指向 4KB SRAM 的尾地址，堆栈向下生成
;*************************************
;Interrupt Special Registers
;*************************************
  LDR R1，= INTMOD            ; 设置中断模式寄存器
  LDR R0，= &0
  STR R0，[R1]
  LDR R1，= INTMSK            ; 设置中断屏蔽寄存器，只允许定时器 0 中断
  LDR R0，= &1FFbFF
  STR R0，[R1]
;*************************************
;Timer0 Special Registers
;*************************************
  LDR R1，= TDATA0            ; 定时器 0 的数据寄存器装入初始化值
  LDR R0，= &3FFFFFF
  STR R0[R1]
  LDR R1，= TMOD              ; 使能定时器 0
  LDR R0，= &01
  STR R0，[R1]
  B  .                       ; 循环等待中断发生
; *************************************
; Timer0 Interrupt Service Routine
; *************************************
```

```
IRQ_Handler
  STMFD  SP!, {R0-R6, LR}    ; 保护现场
  LDR R1, = INTPND            ; 清 INTPND 中的对应位
  LDR R0, = &400
  STR R0, [R1]
  LDR R0, = IOPDATA      ; 读 IOPDATA 的值加一并送回
  LDR R1, [R0]
ADD R1, R1, #1
  STR R1, [R0]
  LDMFD  SP!, {R0-R6, LR}    ; 恢复现场，中断返回
  SUBS   PC, LR, #4
  END
```

　　保存 Init.s，并添加到新建的项目。此时可对该项目进行编译连接，生成可执行的映像文件。由于异常向量地址是固定不变的，注意在连接该文件时应保证载入地址为 0x0，否则程序不能正常运行。当可执行的映像文件运行时，会按程序中定义的时间间隔产生定时器中断，通过外部的 LED 显示器显示中断服务程序的执行。

习　　题

8.1　什么是嵌入式系统？有何特点？

8.2　简述嵌入式操作系统的特点。

8.3　ARM 芯片的主要厂家有哪些？从网上查阅了解各厂家生产的芯片的特色和应用领域。

8.4　什么是 RISC？什么是 CISC？简述它们的特点与差别。

8.5　ARM7 处理器是几级流水线？在 ARM7 处理器中，"PC 指向的是下一条要执行的指令"，这句话对吗？为什么？

8.6　ARM 指令的寻址方式有几种？并指出下列指令中源操作数的寻址方式。

(1) ADD R0, R1, R2

(2) LDR R0, [R2]

(3) MVN R0, #0x0F2

(4) LDMIA R0, {R1-R5}

(5) STR R2, [R4, #0x02]

(6) LDR R1, [R2, R3]

(7) MOV R1, R1, ROR #2

(8) LDR R1, [R3], #0x04

8.7　ARM 处理器的工作状态分为哪两种？ARM 处理器又是怎么定义和标志的？

8.8　指出下列指令是否正确，若不正确请说明原因。

(1) MOV R1, #101

(2) MVN R1, #0x10F

(3) LDMIA R11, {R2-R8}

(4) ADD R0, R2, #4!

(5) LDR R4, [R5]!

(6) MRS　PC，CPSR

(7) LDMFD　R0!，{R2，R5-R8}

(8) ADD　R3，[R3]，R7

8.9　ARM7TDMI 支持哪几种指令集，各有什么特点？

8.10　ARM7 处理器有哪些工作模式？不同工作模式下，CPSR 寄存器的模式位如何设定？列表说明。

8.11　描述 ARM7 处理器的内部寄存器结构，并分别说明 R13、R14、R15 寄存器的作用。

8.12　简述 ARM 处理器中的返回连接寄存器(LR)在处理器工作中的作用。

8.13　分别简述 ARM 处理器中的 CPSR、SPSR 在处理器工作中的作用。

8.14　简述 ARM7TDMI 内部有哪些寄存器及特点。

8.15　什么是 ARM 处理器的异常？ARM 处理器中有哪几种异常？

8.16　分别简述 ARM7 的 IRQ、FIQ 异常处理过程，说明其异常向量地址。

8.17　ARM7 处理器对哪些异常可以屏蔽控制？如何屏蔽或允许控制？

8.18　说明 CPSR 中 T 位的作用，ARM7 处理器如何切换状态？

8.19　存储器和 IO 端口统一编址和独立编址各有什么特点？ARM7 处理器采用哪种编址方式？

8.20　大端存储模式和小端存储模式的含义是什么？画出数据 0x87654321 分别以大端存储模式和小端存储模式存储在 0x4000 单元的具体存储格式。

8.21　简述 LPC2000 系列芯片内部定时器的预分频功能、匹配功能、捕获功能，并举一个应用例子。

8.22　编写一个通用的 UART 驱动程序。要求：

(1) 使用中断方式接收、发送数据；

(2) 要充分利用 UART 的硬件接收、发送 FIFO；

(3) 编写的程序代码要求简洁、高效、可靠。

参 考 文 献

戴梅萼，史嘉权. 2008. 微型计算机技术及应用. 4 版. 北京：清华大学出版社

冯博琴，吴宁. 2011. 微型计算机原理与接口技术. 3 版. 北京：清华大学出版社

高峰. 2011. 单片微型计算机原理与接口技术习题、实验与试题解析. 北京：科学出版社

龚尚福. 2003. 微机原理与接口技术. 西安：西安电子科技大学出版社

洪永强. 2008. 微机原理与接口技术. 北京：科学出版社

李继灿. 2001. 新编 16/32 位微型计算机原理及应用. 2 版. 北京：清华大学出版社

李泽中. 2004. 微机原理与接口技术. 重庆：重庆大学出版社

李芷，杨文显. 2014. 现代微型计算机与接口教程. 北京：电子工业出版社

刘红玲. 2011. 微机接口实用技术教程. 北京：清华大学出版社

毛六平，王小华，卢小勇. 2002. 微型计算机原理与接口技术. 北京：清华大学出版社，北方交通大学出版社

潘新民. 2004. 微型计算机硬件技术教程——原理·汇编·接口及体系结构. 北京：机械工业出版社

彭虎，周佩玲，傅忠谦. 2013. 微机原理与接口技术. 北京：电子工业出版社

彭蔓蔓. 2008. 嵌入式系统导论. 北京：人民邮电出版社

田泽. 2011. 嵌入式系统开发与应用实验教程. 2 版. 北京：北京航空航天大学出版社

王彬华，刘盛军. 2004. 汇编语言程序设计. 成都：电子科技大学出版社

谢瑞和. 2007. 微机原理与接口技术. 2 版. 北京：高等教育出版社

许文丹. 2013. 16 位微机原理及接口技术. 西安：西安电子科技大学出版社

杨素行，等. 2009. 微型计算机系统原理及应用. 3 版. 北京：清华大学出版社

杨志坚. 2003. Intel8086/8088 系列微型计算机原理及接口技术. 北京：中国电力出版社

张晨曦，等. 2013. 嵌入式系统教程. 北京：清华大学出版社

赵全良，马博，孟李林. 2010. 微机原理与嵌入式系统基础. 西安：西安电子科技大学出版社

郑学坚，朱定华. 2012. 微型计算机原理及应用. 4 版. 北京：清华大学出版社

周明德. 2002. 微型计算机系统原理及应用. 4 版. 北京：清华大学出版社

周明德. 2007. 微机原理与接口技术. 北京：人民邮电出版社

朱定华. 2013. 单片微机原理、汇编与 C51 及接口技术. 2 版. 北京：清华大学出版社

朱金钧，麻新旗，等. 2002. 微型计算机原理及应用技术. 北京：机械工业出版社

Sloss A，Symes D. 2004. Chris Wright ARM System Developer's Guide. Morgan Kaufmann